流域/区域气候变化影响评估报告丛书

China Climate Change Impact Report: Haihe River Basin

海河流域气候变化影响评估报告

刘学锋　安月改　翟建青　李春强　曹丽格　主编

内容简介

本书是由中国气象局国家气候中心组织20多位在海河流域气候变化研究中具有丰富理论和实践经验的专家，经过大量资料收集、总结归纳以及作者现有研究成果撰写而成。海河流域属于半干旱半湿润地区，是中国政治、文化中心和经济发达地区之一，流域内用水矛盾突出，深入探索气候变化对海河流域各方面的影响，有助于积极适应和减缓气候变化，对保障海河流域的可持续发展有重要意义。

全书共分八章，在阐述海河流域气候变化事实的基础上，分析气候变化对流域水资源、农业、自然生态系统、能源、人体健康等方面的影响、脆弱性和适应性，并因地制宜地提出适应与减缓对策，为全球气候变化背景下海河流域社会经济的可持续发展提供理论依据和科技支撑。本书是我国关于流域气候变化研究系列评估报告之一。

本书可供中央各部委和流域机构以及地方政府决策参考，亦可作为气候、气象、水文水资源、生态与环境、社会经济等领域的科研人员和有关大专院校师生的参考书。

图书在版编目（CIP）数据

海河流域气候变化影响评估报告/刘学锋等主编. —北京：气象出版社，2012.6
ISBN 978-7-5029-5503-8

Ⅰ.①海… Ⅱ.①刘… Ⅲ.①海河-流域-气候变化-气候影响-研究报告 Ⅳ.①P468.22

中国版本图书馆 CIP 数据核字（2012）第 114922 号

Haihe Liuyu Qihou Bianhua Yingxiang Pinggu Baogao
海河流域气候变化影响评估报告

刘学锋　安月改　翟建青　李春强　曹丽格　主编

出版发行：气象出版社	
地　　址：北京市海淀区中关村南大街46号	邮政编码：100081
总 编 室：010-68407112	发 行 部：010-68406961
网　　址：http://www.cmp.cma.gov.cn	E-mail：qxcbs@cma.gov.cn
责任编辑：张锐锐　李太宇	终　　审：黄润恒
封面设计：博雅思企划	责任技编：吴庭芳
责任校对：永　通	
印　　刷：北京中新伟业印刷有限公司	
开　　本：787 mm×1092 mm　1/16	印　张：12.25
字　　数：314 千字	
版　　次：2012 年 7 月第 1 版	印　次：2012 年 7 月第 1 次印刷
定　　价：48.00 元	

本书如存在文字不清、漏印以及缺页、倒页、脱页等，请与本社发行部联系调换。

科学研究表明,当前全球气候正经历一次以变暖为主要特征的显著变化。政府间气候变化专门委员会(IPCC)2007年公布的第四次评估报告(AR4)指出,最近100 a中,全球平均地表气温升高了0.74℃,这是由于人类活动所排放温室气体产生的增温效应造成的,预计到21世纪末全球平均气温将升高1.1~6.4℃。由气候变暖引起的一系列气候和环境问题日益突出,将对农业(含林业)、水资源、自然生态系统(草原、湖泊湿地、冰川和冻土)、人类健康和社会经济等产生重大影响,甚至给人类社会带来灾难性后果,已经成为全球可持续发展面临的最严峻挑战之一。因此,人类社会应积极应对气候变化并采取措施减缓气候变化带来的负面效应。

我国幅员辽阔,生态环境脆弱,气候变化对不同地区的生态系统将产生不同的影响。我国不同的区域对气候变化的响应不同,敏感度和适应能力也不同,是遭受气候变化不利影响最为严重的国家之一。妥善应对气候变化,事关我国经济社会发展全局和人民群众切身利益,事关国家根本利益。2008年6月,中共中央政治局将第6次集体学习内容定为"全球气候变化和我国加强应对气候变化能力建设"。胡锦涛总书记强调,必须以对中华民族和全人类长远发展高度负责的精神,充分认识应对气候变化的重要性和紧迫性,坚定不移地走可持续发展道路,采取更加有力的政策措施,全面加强应对气候变化能力建设,为我国和全球可持续发展事业进行不懈努力。他还在讲话中指出,我国正处于全面建设小康社会的关键时期。同时也处于工业化、城镇化加快发展的重要阶段,发展经济和改善民生的任务十分繁重,应对气候变化的任务也十分艰巨,并要求加强气候变化综合影响评估,在经济建设和城乡建设中高度重视气候评价和灾害风险评估,夯实应对气候变化及其风险的工程基础。为了贯彻落实胡锦涛总书记的重要讲话精神,科学技术部、中国气象局、中国科学院等牵头启动了第二次《气候变化国家评估报告》的编写并于2011年11月正式出版。同时,《中国气候与环境演变:2012》等一系列重要的气候变化科学报告也正在编制中,而《气候变化国家评估报告》、《中国应对气候变化国家方案》的发布和实施,有力地推动了气候变化影响的研究和评估工作。中国气象局于2008年成立了气候变化中心,强化气候变化决策和公共服务职能,并重点加强在区域温室气体监测、气候系统基础数据分析处理、极端天气气候事件分析和气候系统模式研发,以及农业、水资源等关键领域气候变化影响评估、决策咨询服务等方面的工作。在地方层面为了给气候变化报告提供科学支撑,同时为地方政府把气候变化纳入到区域发展规划提供科学支撑,中国气象局气候变化中心在全国范围组织了流域/区域气候变化综合影响评估系列报告的编写,在不同的气候变化响应区域和流域上,探索研究中国的气候变化及其影响所具有的区域特征,以及气候变化对自然和社会经济系统的影响、脆弱性和适应性;发展区域尺度上气候变化影响评估的理论、方法和技术。

《流域/区域气候变化影响评估报告》丛书的出版适逢IPCC第五次评估报告进入实质性编写阶段。丛书中富有特色的气候变化影响事实与适应对策论述,将为全球尺度的气候变化影响评估工作提供有益参考。这项研究成果的出版,得益于2009年中国气象局气候变化专项的特别资助,同时还要感谢参加编写的所有作者和参与此项工作的评审专家和相关工作人员。

中国气象局局长

郑国光

前言

气候作为人类赖以生存的自然环境的一个重要组成部分,它的变化会对自然生态系统以及社会经济产生深刻的影响。近百年来,全球正经历以显著变暖为主要特征的气候变化,这种变化对人类的生存和发展所带来的影响将是巨大的,人类正在采取不同的减缓和适应性措施以应对气候变化及其所带来的影响。在这种背景下,中国气象局国家气候中心组织了对中国 8 个不同气候敏感区的气候变化影响评估工作,为国家和各地区提供应对气候变化的依据。本报告是以海河流域为案例开展的气候变化影响评估成果。

海河流域是中国政治、文化中心和经济发达地区之一。流域涉及 8 个省(自治区、直辖市),33 个地级市(盟),256 个县(区),城市众多,人口密集。流域总人口 1.34 亿,占全国总人口的 10.2%,平均人口密度 419 人/km^2。国内生产总值(GDP)占全国的 14.1%,人均值是全国平均水平的 1.38 倍。流域内各地区经济发展不平衡,海河平原(面积占 41%)是流域经济发达地区,GDP 占了全流域的 82%;山区(面积占 59%)相对落后,GDP 只占海河流域的 18%。

海河流域地势西北高、东南低,呈扇形向渤海倾斜;区域北部有东西走向的燕山山脉;西部为南北走向的太行山山脉。燕山以北为内蒙古高原;燕山以南、太行山以东为广阔的华北平原,属于温带半湿润半干旱大陆性季风气候区。一年内四季分明,春季冷暖多变,干旱多风;夏季炎热湿润,雨量集中;秋季风和日丽,凉爽少雨;冬季寒冷干燥,雨雪稀少。流域年平均气温 11.4℃,由南往北和由平原向山地降低。年平均降水量 538 mm,是中国东部沿海降水最少的地区。流域天然植被大都遭砍伐破坏,天然次生林主要分布在海拔 1000 m 以上的山峰和山脉。有林地、疏林地、灌木林地面积分别占山区面积的 8.4%、8.6% 和 23%。

海河流域土地、光热资源丰富,适于农作物生长,是中国三大粮食生产基地之一,耕地面积为 1065 万 hm^2,占全流域面积的 33%,实际灌溉面积 636 万 hm^2,灌溉率为 60%,主要粮食作物有小麦、大麦、玉米、高粱、水稻和豆类等。粮食总产量占全国的 10%,太行山山前平原和徒骇马颊河平原是主要农业区;由于海河流域所处的地理位置和特定气候条件——气温温和、光照充足,适宜设施栽培生产,是中国设施农业的重要地区,该地区设施农业面积占全国总面积的70%以上。沿海地区具有发展渔业生产和滩涂养殖的有利条件。20世纪90年代以来,农业生产结构发生了变化,在粮食生产增长的同时,油料、果品、水产品、肉、禽蛋、鲜奶等林牧渔业产品生产取得了较高的增长幅度,大中城市周边农业转向为城市服务的高附加值农业,传统农业逐步向现代化农业过渡,农业生产率不断提高。

海河流域是资源型缺水地区,气候变化对该流域的可持续发展具有深远的影响。气候变化背景下,从流域尺度来研究气候变化的影响,揭示可能存在的问题以及提出适应与减缓对策,是摆在流域管理者、政府决策者和科研人员面前的重大课题。近年来,中外学者在海河流域及流域内所属省份开展了气候变化对农业、林业、水资源、生态系统、社会经济、人体健康等方面的影响和适应性研究,取得了一批有价值的研究成果。本报告在综合评估已有研究结果的基础上,从加强和促进海河流域经济社会可持续发展出发,开展海河流域气候变化影响、适应性对策和减缓措施研究,旨在提高海河流域应对气候变化的综合能力,同时为地方政府区域发展规划提供科学支撑。

《海河流域气候变化影响评估报告》于2008年7月正式启动,在国家气候中心统一组织下,由国家气候中心、河北省气候中心、河北省气象科学研究所、保定市气象局等单位20余位长期从事气候和气候变化的科研和业务人员花费两年多时间共同完成。

报告共分八章,主要内容包括海河流域气候变化的观测事实及未来气候预估,气候变化对海河流域水资源、农业、自然生态系统、能源、人类健康的影响和适应性,气候变化影响适应性措施的综合评估,以及应对气候变化的减缓对策等。各章主要编写人员如下:

前　　言　刘学锋(河北省气候中心)
报告提要　翟建青　曹丽格(国家气候中心)
第 一 章　安月改　刘学锋(河北省气候中心)　李春强(河北省气象科学研究所)
　　　　　车少静(石家庄市气象局)
第 二 章　刘学锋(河北省气候中心)　李春强(河北省气象科学研究所)
第 三 章　李春强(河北省气象科学研究所)　刘学锋(河北省气候中心)
第 四 章　翟建青　许红梅(国家气候中心)
第 五 章　安月改　田国强(河北省气候中心)　司丽丽(保定市气象局)
第 六 章　司丽丽　闫　峰(保定市气象局)　安月改(河北省气候中心)
第 七 章　曹丽格　许红梅　翟建青(国家气候中心)
第 八 章　刘学锋　向　亮(河北省气候中心)

本报告在编写和出版期间,得到了多方的帮助和支持。国家气候中心罗勇研究员、中国气象局袁佳双处长在项目协调、规划和组织等方面给予大力支持;国立新加坡大学吕喜玺教授,中国科学院水生生物研究所蔡庆华研究员,中国科学院地理科学与资源研究所贾绍凤研究员,中国水利电力研究院严登华研究员,水利部气候变化中心王国庆研究员,世界混农林组织驻华代表处 Andreas Wilkes 博士,国家气候中心专家 Marco Gemmer、Thomas Fischer、Lucie Vaucel 等多次提出修改意见。感谢中国气象局科技司巢清尘、张勇,国家气候中心宋连春、任国玉、徐影、苏布达、刘绿柳等给予的指导和帮助。感谢南京信息工程大学研究生李修仓、方玉、谈丰、张杰、钟军等参加了部分工作。感谢中国地质科学院水文地质和环境地质研究所张光辉、严明疆、王金哲以及河北省气象局姚学祥、郭树军、顾光芹、郝立生、于长文、谷永利、张婧、张成伟等给予的帮助和支持。

  本书虽然力求组织长期开展海河流域气候变化相关科研和业务的专家参与编写,但由于气候变化研究涉及面广,尤其是气候变化影响、脆弱性和适应性存在不确定性和复杂性,加之目前中外有关海河流域气候变化影响、适应和减缓方面的研究比较薄弱,积累较少,相关研究尚处于起步阶段,本书不足之处在所难免,恳请广大读者批评指正,以便在后续研究中加以改进。

编者
2011 年 11 月

报告提要

海河流域位于中国北方半湿润与半干旱地带,东接渤海,西抵太行,南界黄河,北到蒙古高原,总面积约32万 km^2,占全国总面积的3.3%。流域内人口密集,经济发达,在中国政治经济中地位重要。近几十年流域内兴建了大量水利工程,在防洪、除涝和水资源利用等方面发挥了重大作用,有力地保障了流域社会经济的发展。但因水资源过度开发和天然来水量减少,造成了河道断流、湿地萎缩、地下水位下降、河口生态恶化等一系列生态环境问题,引起社会各界的广泛关注。在气候变暖大背景下,处于中国主要气候脆弱区、敏感区之一的海河流域将面临十分严峻的挑战。

一、海河流域全流域平均气温呈显著上升趋势,升温幅度高于全国平均水平,四季中以冬季升温趋势最为显著,空间上则是流域北部升温幅度高于南部。降水量除春季略有增加外,其余三季均呈减少趋势,空间上则除滦河流域上游微弱增加外,其余区域均表现为减少趋势,尤以沿渤海湾区域减少趋势最为明显。未来气候变化情景下,海河流域年平均气温在不同情景下均呈明显升高趋势;年降水量则在高排放和中排放情景下呈增加趋势,在低排放情景下表现为减少趋势

海河流域年平均气温11.4℃,空间上表现为由南向北、由平原向山地降低。1961—2007年,海河流域年平均气温表现为明显上升的趋势,全流域升温趋势系数为0.30℃/10 a。由季节来看,冬季升温速率最快,为0.57℃/10 a,春季次之,为0.30℃/10 a,

秋季升温速率为0.22℃/10 a,夏季最小,仅为0.10℃/10 a;从空间上来看,海河北系升温趋势最大,升温速率为0.39℃/10 a,海河南系升温速率最小,为0.26℃/10 a,但各区域升温趋势均通过了0.05显著性检验;流域内年平均最高气温和年平均最低气温也均呈上升趋势,全流域升温趋势系数分别为0.18℃/10 a、0.46℃/10 a。

海河流域年平均降水量为538 mm,降水量具有地域差异大、年际变化大、年内集中程度高三个特点;1961—2007年流域年平均降水呈减少趋势,减少速率为21.3 mm/10 a。四季中除春季降水略有增加外,其余季节降水均表现为减少趋势,尤以夏季减少最为明显;空间分布上,除滦河流域上游呈微弱增加外,其余区域均呈减少趋势,其中沿渤海湾区域减少趋势显著。降水量明显减少趋势主要是由于暴雨量减少引起。年降水量年代际空间分布变化特征明显,呈现出高值区强度、范围随年代逐渐减弱、缩小,低值区强度、范围扩大趋势。

海河流域未来(2011—2050年)流域平均气温均呈现明显升高趋势,A1B情景下升温速率最大,平均每10 a升高0.39℃;其次是A2情景,增温速率略低于A1B情景,平均每10 a升高0.31℃;B1情景下升幅最小,平均每10 a升高0.22℃。不同情景下预估的未来流域年降水量在A2和A1B情景下呈现增加趋势,A1B情景下增长速率较大,平均每10 a增加19.6 mm;A2情景下增加速率略小于A1B,每10 a平均增加6.4 mm。B1情景下预估的年降水量呈减少趋势,平均每10 a减少4.1 mm。

二、海河流域暖干化趋势明显,山区来水明显减少,加之人类活动的影响,导致水资源供需更趋紧张。此外,由于地下水过量开采,亦导致地下水位下降明显;气候变化还影响到流域的气候资源、农作物品种布局及农业气象灾害的发生;气候变化可能使海河流域森林类型南北界发生变化,流域内草地生态系统面积增加,而湿地生态系统面积则急剧减小

近年来,在海河流域山区出现了径流锐减。这种锐减不仅反映在时间尺度较长的年代际变化,也反映在短时的暴雨洪水过程上。在平原地区出现了河流断流,入海径流锐减。近20 a来,海河流域西北部山区人类活动对天然径流量减少的影响最大,并大于暖干气候对径流减少的影响;中南部山区气候对径流减少的影响是主要的,或者至少与人类活动对径流的影响相同;而滦河及河北省沿海地区人类活动对天然径流量的影响很小,气候变异也不大,它们皆未造成径流的趋势性变化。受降水量减少及人类利用程度增加的影响,海河流域地下水资源目前处于开采大于补给、地下水位逐渐下降的阶段。

20世纪90年代以来,海河流域太阳总辐射和日照时数呈明显下降趋势,≥0℃和

≥10℃活动积温明显增加,无霜期与生长季延长;气候变暖使冬小麦播种期推迟,全生育期缩短;同时,农作物品种布局发生变化,大部分地区夏玉米均采用中熟品种,部分地区强冬性冬小麦被半冬性或春性等类型品种取代。流域春季气温升高、越冬期的低温和生育期的降水变化对冬小麦产量都有直接的影响。气温升高,海河流域棉区将可能向北部扩展,冀中南棉区将以麦棉复种两熟制取代传统的中熟或中早熟品种一熟单作,中熟棉花品种的适宜区将由冀南地区扩展到京津唐地区。同时,气温升高,棉花生长期将延长,将有利于棉花产量的提高。

海河流域温带森林受人类活动干扰较大。随着全球气候变暖,温带向极地方向扩展,因此温带森林也将侵入到当前北方森林地带,而在其南界则将被亚热带或热带森林所取代,同时由于该区域受到频繁的干旱影响,有可能导致温带森林景观向草原和荒漠景观转变;海河流域内草地面积由1987年的近2000 hm^2 发展到2002年的4800 hm^2,增加面积比较大,是各类用地类型中动态度最大的一类。增加的草地主要来自耕地、其他用地、水域及部分盐田,其中来自耕地的面积最大,占全部来源的82%左右。近年来随着社会经济的高速发展和人口增加,使得需水量不断增多,加剧了海河流域水资源危机。水资源短缺加重了海河流域湿地生态系统的恶化情况,2009年湿地生态系统总面积仅余4000多 km^2,仅占流域总面积的1.3%左右。

三、气候变化对海河流域能源系统的影响有利有弊。气温升高、干旱加重,致使能源需求加大,对能源发展不利;但冬季气温升高可减少冬季供热耗能,有利于能源的持续利用。海河流域气候变化将在不同程度上影响多种疾病的发生,将使该流域地方性疾病患病群体增大、程度增重

海河流域能源供需一直以传统煤炭能源为主,20世纪50年代以来先后建设了一些水力发电厂(站),但由于受区域水资源的限制,这些水电设施发展规模受到很大限制,主要以小水电为主,辅助煤炭电力供应。近些年,海河流域内尤其是河北北部地区逐步开发了风能发电项目,部分项目已经投入生产运营。另外,部分地区还建设了太阳能发电、生物质发电设施,区域传统能源结构不断发生变化。夏季气温增高、高温热浪发生频率增加。炎热天气增加将加剧夏季日常生活、工业生产制冷的电力需求;也将增加制冷设备需求量,而生产制冷设备又必须消耗大量能源,加大能源供需矛盾,给电力、煤炭等能源供应带来更大压力。冬季气温升高,使取暖用能减少,对能源的可持续利用有利。

海河流域地理环境复杂,造就了该流域多样的气候条件。气候条件的不断变化,自然、生态环境不断遭到破坏,造成了流域内地方病种类较多。由于气温升高,大部分病源生物得以长时间存活,可能导致多种活体病菌所致疾病流行时间增长、范围扩大、程度加强;气候变化使海河流域冬季温暖,降雪较少,导致各种病源微生物安全越冬和繁殖,使人们更易感染疾病;而降水量的减少,将导致区域性饮水困难、水源品质不能保证等问题的出现,会使水源性疾病,如地方性氟中毒、砷中毒等疾病趋于严重化。未来一方面要关注气候变化使某些疾病发病率随之变化,尤其是呈现上升趋势;另一方面要特别关注气候变暖可能导致某些疾病疫区扩大到海河流域。

四、海河流域对气候变化影响的适应性措施主要集中在水资源、农业、自然生态系统、能源和人类健康等几大领域

在水资源适应性方面,按照水资源和水环境承载能力,推进水利和经济社会的协调发展,努力建设节水型社会,积极探索建立水权制度和水市场,促进水资源优化配置,改革水资源管理体制,加强水资源统一管理等措施。

在农业领域,根据气候变化特点调整农业生产结构、大力发展节水农业、加强农业基础设施建设和农田基本建设,改善农业生态环境等。

在自然生态系统适应性方面,应加大对森林、草地和湿地资源的保护、管理、监督和执法力度。制定和完善各种与保护自然生态系统相关的法律、法规和政府规划。同时,大力发展林业生态系统建设工程,加速造林绿化,提高森林质量,扩大人工林地和草地的面积,合理分配现有水资源,保证生态系统的正常用水量。

在能源领域,把节能减排作为加强宏观调控的重点,同时加强能源开发利用政策引导,制定能源发展规划,发展低碳能源和可再生能源,改善能源结构,保障未来能源供应。

在人类健康领域,以监测预防为主,防治与气候变化相关的疾病,通过南水北调来解决由于水源问题引起的地方病,建立多部门合作机制,积极开展气候变化与健康影响的相关研究。

五、海河流域在全国社会经济发展中占有举足轻重的作用,在保证可持续发展的背景下,需要积极采取减缓措施,控制和减少温室气体的排放,增加碳汇、碳储存及碳封存能力

通过推进产业结构调整,促进规模化发展。加快转变经济增长方式,发展高新技术产业和服务业,努力提高高新技术产业和服务业在国民经济中的比重。

优化能源结构，发展可再生能源。采取有力措施，促进太阳能、风能、沼气、地热等新能源和可再生能源利用及核能开发和建设，进一步控制煤炭需求总量，相应减少二氧化碳排放。

强化重点行业管理，减少工业过程中温室气体排放。加强对煤炭、化工、水泥、石灰、钢铁、电石等重点行业生产过程的控制和管理，发展循环经济，提高资源利用效率，推进清洁生产，最大限度地减少工业过程中的温室气体排放。

推广先进适用技术，减少农牧业温室气体的排放。采用科学合理的灌溉方式，优化配置肥料资源，合理调整施肥结构，提高肥料利用率，控制农牧业温室气体的排放；研究开发优良反刍动物品种技术和规模化饲养管理技术，加强对动物粪便、废水和固体废弃物的管理，努力降低甲烷排放强度。

加强林业管理，增加碳汇吸收。通过实施植树造林、退耕还林还草、天然林资源保护、能源林基地和农田基本建设等措施，大力改善林业碳汇吸收的能力，实现流域内碳汇吸收能力得到明显提高。

充分利用清洁发展机制（CDM），推动CDM工作的开展，推进节能减排目标的实现。

目 录

序言
前言
报告提要
第一章 海河流域气候变化观测事实与未来趋势 ………………………………… 1
    引言 …………………………………………………………………………………… 1
    第一节 气候变化研究概述 ………………………………………………………… 1
    第二节 气候变化特征 ……………………………………………………………… 3
    第三节 极端气候事件 ……………………………………………………………… 19
    第四节 气候变化预估 ……………………………………………………………… 32
    小结 …………………………………………………………………………………… 42
    参考文献 ……………………………………………………………………………… 43
第二章 气候变化对海河流域水资源的影响及适应 ……………………………… 46
    引言 …………………………………………………………………………………… 46
    第一节 水资源基本特征 …………………………………………………………… 46
    第二节 开发利用现状与问题 ……………………………………………………… 50
    第三节 水资源对气候变化的敏感性和脆弱性分析 ……………………………… 55
    第四节 未来气候变化对水资源的可能影响 ……………………………………… 72
    第五节 水资源应对气候变化的适应性对策 ……………………………………… 76
    小结 …………………………………………………………………………………… 79
    参考文献 ……………………………………………………………………………… 80
第三章 气候变化对海河流域农业的影响和适应性 ……………………………… 82
    引言 …………………………………………………………………………………… 82
    第一节 概述 ………………………………………………………………………… 83
    第二节 农业气候资源变化 ………………………………………………………… 84
    第三节 气候变化对农业生产的影响 ……………………………………………… 89
    第四节 农业应对气候变化的适应性对策 ………………………………………… 97

小结 ·· 99
　　参考文献 ·· 100
第四章　气候变化对海河流域自然生态系统的影响 ·············· 103
　　引言 ··· 103
　　第一节　自然生态系统概述 ·· 103
　　第二节　气候变化对自然生态系统的影响 ······························· 109
　　第三节　自然生态系统对气候变化的脆弱性和适应性 ················ 112
　　小结 ··· 116
　　参考文献 ··· 117
第五章　气候变化对海河流域能源的影响和适应性对策 ········ 119
　　引言 ··· 119
　　第一节　概述 ·· 119
　　第二节　气候变化对能源的影响 ··· 123
　　第三节　新能源资源的开发情况、前景 ·································· 129
　　第四节　应对气候变化对能源影响的适应性措施 ······················ 133
　　小结 ··· 134
　　参考文献 ··· 134
第六章　气候变化对海河流域人类健康的影响和适应性对策 ·· 136
　　引言 ··· 136
　　第一节　概述 ·· 137
　　第二节　对人类健康影响的途径 ··· 138
　　第三节　对主要地方疾病的影响 ··· 139
　　第四节　未来气候变化对人体健康的可能影响 ························· 144
　　第五节　适应性对策建议 ··· 147
　　小结 ··· 149
　　参考文献 ··· 149
第七章　海河流域气候变化适应性对策综合评估 ·················· 152
　　引言 ··· 152
　　第一节　适应性对策评估方法 ··· 154
　　第二节　主要领域适应气候变化的对策评估 ··························· 159
　　第三节　适应气候变化案例 ·· 164
　　第四节　适应性对策建议 ··· 165
　　小结 ··· 167
　　参考文献 ··· 167
第八章　海河流域应对气候变化减缓对策 ··························· 169
　　引言 ··· 169
　　第一节　温室气体减排现状 ·· 170
　　第二节　主要成就与挑战 ··· 171
　　第三节　减缓对策建议和节能减排重点领域 ··························· 174
　　小结 ··· 176
　　参考文献 ··· 176

Foreword

Preface

Executive Summary

Chapter 1 Observed and Projected Climate Change in the Haihe River Basin ······ 1
   Introduction ·· 1
   1 Overview of Climate Change ··· 1
   2 Characteristics of Climate Change ··· 3
   3 Extreme Climate Events ·· 19
   4 Projected Trends of Climate Change ··· 32
   Concluding Remarks ··· 42
   References ·· 43

Chapter 2 Impacts of Climate Change on Water Resources in the Haihe River Basin and Adaptation Strategies ··· 46
   Introduction ·· 46
   1 Basic Characteristic of Water Resources ··· 46
   2 Current Situation of Water Resources Exploitation ·· 50
   3 Sensitivity and Vulnerability of Water Resources to Climate Change ················· 55
   4 Potential Impacts of Future Climate Change on Water Resources ······················ 72
   5 Adaptation Strategies to Climate Change on Water Resources ·························· 76
   Concluding Remarks ··· 79
   References ·· 80

Chapter 3 Impacts of Climate Change on Agriculture in the Haihe River Basin and Adaptation Strategies ··· 82
   Introduction ·· 82

1 Overview ·········· 83
2 Changes of Agricultural Climate Resources ·········· 84
3 Impacts of Climate Change on Agriculture ·········· 89
4 Adaptation Strategies to Climate Change in Agriculture ·········· 97
Concluding Remarks ·········· 99
References ·········· 100

Chapter 4 Impacts of Climate Change on Natural Ecosystems in the Haihe River Basin and Adaptation Strategies ·········· 103
Introduction ·········· 103
1 Overview on Natural Ecosystems ·········· 103
2 Impacts of Climate Change on Natural Ecosystems ·········· 109
3 Vulnerability and Adaptation Strategies of Natural Ecosystems to Climate Change ·········· 112
Concluding Remarks ·········· 116
References ·········· 117

Chapter 5 Impacts of Climate Change on Energy in the Haihe River Basin and Adaptation Strategies ·········· 119
Introduction ·········· 119
1 Overview ·········· 119
2 Impacts of Climate Change on Energy ·········· 123
3 Development Status and Prospects of New Energy Resources ·········· 129
4 Adaptation Strategies to Climate Change in Energy ·········· 133
Concluding Remarks ·········· 134
References ·········· 134

Chapter 6 Impacts of Climate Change on Human Health in the Haihe River Basin and Adaptation Strategies ·········· 136
Introduction ·········· 136
1 Overview ·········· 137
2 Channels of Climate Change Impacts on Human Health ·········· 138
3 Impacts on Major Diseases ·········· 139
4 Potential Impacts of Future Climate Change on Human Health ·········· 144
5 Adaptation Strategies to Climate Change ·········· 147
Concluding Remarks ·········· 149
References ·········· 149

Chapter 7 Comprehensive Assessment of Adaptation Strategies on Climate Change in the Haihe River Basin ·········· 152
Introduction ·········· 152

1 Assessment of Adaptation Strategies ··· 154
　　2 Assessment of the Main Fields in Adaptation to Climate Change ···················· 159
　　3 Case Studies of Climate Change Adaptation ·· 164
　　4 Adaptation Strategies to Climate Change ·· 165
　　Concluding Remarks ·· 167
　　References ·· 167
Chapter 8 Mitigation Strategies for Climate Change in the Haihe River Basin ··· 169
　　Introduction ··· 169
　　1 Current Greenhouse Gas Emissions ··· 170
　　2 Major Achievements and Challenges ··· 171
　　3 Suggestions of Mitigation Strategies and Major Fields in Energy Saving and Emission
　　　Reduction ··· 174
　　Concluding Remarks ·· 176
　　References ·· 176

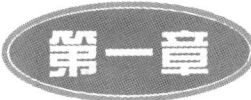

海河流域气候变化观测事实与未来趋势

安月改,刘学锋(河北省气候中心)
李春强(河北省气象科学研究所)
车少静(石家庄市气象局)

引言

海河流域属于温带半湿润、半干旱大陆性季风气候区,年内四季分明。春季冷暖多变,干旱多风;夏季炎热湿润,雨量集中;秋季风和日丽,凉爽少雨;冬季寒冷干燥,雨雪稀少。流域年平均气温 11.4℃,由南往北和由平原向山地降低。年平均降水量538 mm,是中国东部沿海降水量最少的地区。流域内自然灾害频繁发生,最频繁的是干旱,素有"十年九旱"之说。由于流域地域广阔,地形复杂,各地气候条件有明显差异,滦河及冀东平原平均气温比徒骇马颊河流域平均偏低 3.5℃,流域内气象测站年平均气温最低值比最高值相差达10.8℃;山区迎风坡降水量明显大于背风坡和山间盆地。流域内各种自然灾害也有很强的区域性特点,太行山山前平原干旱频率较高,山区冰雹、雷暴、龙卷风等强对流性天气多于平原。

本章主要对海河流域 1961—2007 年气候变化事实和极端天气气候事件的变化特征进行了研究和分析,并利用国家气候中心制作的《中国地区气候变化预估数据集 Version 2.0》,对流域未来 40 a(2010—2050 年)气温、降水进行预估和分析。

第一节 气候变化研究概述

多年来人们对海河流域气候变化及其社会影响进行了大量的研究(沙万英,郭其蕴,

1996)。20世纪80年代河北省气象局就出版了近两千年《海河流域历代自然灾害史料》（河北省旱涝预报课题组，1985），汤仲鑫等（1990）在此基础上对海河流域旱涝、冷暖史料进行了分析；1990年代初开展了"海河平原干旱气候规律及水资源的评价"，对研究区域近500 a 旱涝演变规律进行了研究；气象部门以省为单位也开展了较多的工作，海河流域面积最大的省份——河北省的相关研究成果具有较强的代表性。如《河北气候》（苏剑勤等，1996）一书比较详尽地概述了河北省气候特征、区域气候资源及气候灾害特点。2005—2006年，河北省气象局组织开展了"河北省近50 a 气候变化及其影响研究"项目，着重研究了区域气候变化的特点以及对水资源和农业的影响，得出了较多有意义的成果。国家"973"项目"海河流域水循环演变机理与水资源高效利用"针对海河流域缺水、水污染和水生态退化等问题着重进行了研究，也获得一些海河流域气候及水资源相关的重要成果。

> **专栏**
>
> 气候：狭义上，气候通常被定义为天气的平均状况，或更严格地表述为，在某一个时期内对相关量的均值和变率作出的统计描述，而一个时期的长度从几个月至几千年甚至几百万年不等。通常求各变量平均值的时期是世界气象组织（WMO）定义的30 a。这些相关量一般指地表变量，如气温、降水和风。更广义上，气候就是气候系统的状态，包括统计上的描述（IPCC，2007）。
>
> 气候变化：指气候状态的变化，而这种变化能够通过其特性的平均值和/或变率的变化予以判别（如：运用统计检验），气候变化将在延伸期内持续，通常为几十年或更长时期。气候变化的原因可能是由于自然内部过程或外部强迫，或是由于大气成分和土地利用中持续的人为变化。注意《联合国气候变化框架公约》（UNFCCC）第一条将气候变化定义为"在可比时期内所观测到的自然气候变率之外的直接或间接归因于人类活动改变全球大气成分所导致的气候变化"。因此，UNFCCC对可归因于人类活动而改变大气成分后的气候变化与可归因于自然原因的气候变率作出了明确的区分（IPCC，2007）。
>
> 气候变率：是指在所有空间和时间尺度上气候平均状态和其他统计值（如标准偏差，出现极值的概率等）的变化，这种变化超出了单个天气事件的变化尺度。变率或许由于气候系统内部的自然过程（内部变率），或由于自然或人为外部强迫（外部变率）所致（IPCC，2007）。

众多研究结果表明，近百年来的海河流域所处的华北地区气温变化与中国和北半球的变化趋势基本一致（顾庭敏，1991），只是在变幅上有所不同，升温幅度大于中国和北半球，升温速率达到0.27℃/10 a，是中国升温最明显的地区之一，在中国仅次于东北地区（屠其璞等，1999；张友姝等，2001）。其具体表现为：在百年来的前期是增暖期，到了20世纪40年代中期以后开始变冷,而且它们都与北半球及全国的气温变化趋势基本一致,即前期增暖,1940年代中期以后变冷,经历了1950年代后期的低温期和1970年代初的低温期,1980年代至今气温一直处于上升阶段(徐娟,魏明建,2006)。降水在20世纪初期一直处于偏少阶段,1950—1960年代中期偏多,降水量多于多年平均值,从1960年代中期到1970年代中后期处于波动状态,1980年代以后降水持续偏少,进入21世纪后偏少尤为明显(顾庭敏,1991;刘学锋,2005;徐娟和魏明建,2006)。

第二节 气候变化特征

采用流域内117个气象台站1961—2007年的观测资料对海河流域气候变化特征进行研究,包括河北省82个、北京市6个、天津市7个、山东省11个、山西省3个、河南省8个台站。由于部分台站个别时段存在缺测问题,在研究中应用气候统计学方法对部分资料进行了插补(幺枕生,丁裕国,1990;魏凤英,2007)。图1.1为选用的海河流域气象台站分布情况①。

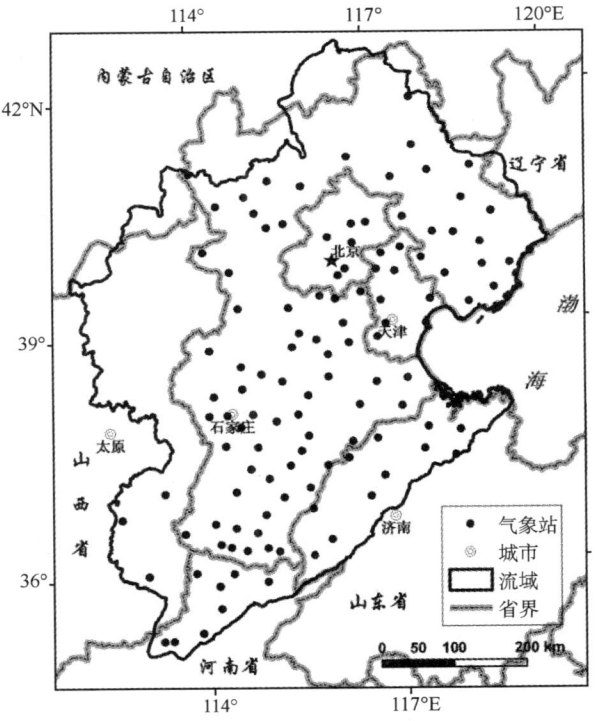

图1.1 海河流域气象台站分布

---

① 山区和丘陵站39个、平原站78个。

研究结果表明:全流域及各分流域年平均气温上升趋势明显,北部升幅大于南部;年降水量整体呈减少趋势;极端天气气候事件如旱涝、高温、低温等呈现出明显的季节差异和区位变化特征。

一、气温

1. 全流域

全流域及各分流域年平均气温均呈波动式上升趋势(图 1.2),全流域升温速率为 0.30℃/10 a。各区域升温速率略有差异,总体来说北部升温幅度大于南部,但各区域升温趋势均通过 0.05 显著性检验。不同区域中,海河北系升温趋势最强,升温速率为 0.39℃/10 a;滦河及冀东平原和徒骇马颊河流域稍弱,分别为 0.27℃/10 a 和 0.28℃/10 a;海河南系升温速率最小为 0.26℃/10 a。流域内年平均气温自 1986 年以后开始上升,大部分地区在 1994 年后升温显著,气温发生突变的时间北部略早,南部略晚,北部在 1989 年,海河南系较晚出现在 1994 年。

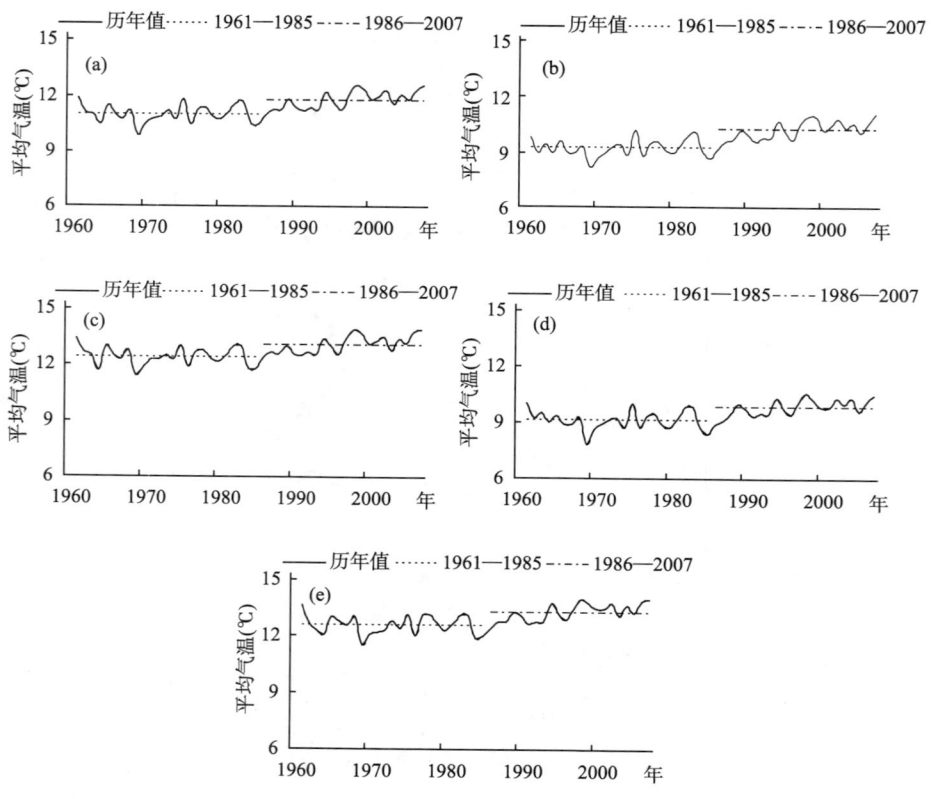

图 1.2　全流域及各分流域平均气温历年变化曲线
(a. 全流域,b. 海河北系,c. 海河南系,d. 滦河及冀东平原,e. 徒骇马颊河)

1961—2007 年,全流域及各分流域年平均最高气温也都呈显著上升趋势。全流域年平均最高气温升温速率为 0.18℃/10 a(表 1.1),小于年平均气温。不同区域升温速率有所差异,北部升温强度大于南部。海河北系升温速率最大为 0.29℃/10 a;滦河及冀东平原为 0.25℃/10 a;海河南系为 0.15℃/10 a;徒骇马颊河平原最小,为 0.13℃/10 a。各区域平均最高气温升温趋势始于 20 世纪 80 年代后期至 90 年代初,北部比平均气温晚 3~6 a,南部晚 8 a 左右。

表 1.1　　　　　海河各流域温度变化升温速率(℃/10 a)

项目	全流域	滦河及冀东沿海	海河北系	海河南系	徒骇马颊河
平均气温	0.30	0.27	0.39	0.26	0.28
平均最高气温	0.18	0.25	0.29	0.15	0.13
平均最低气温	0.46	0.38	0.56	0.42	0.42

海河全流域及各分流域年平均最低气温也均呈显著上升趋势。全流域年平均最低气温升温速率为 0.46℃/10 a(表 1.1)。不同区域中,总体也是北部升温强度大于南部,海河北系升温速率最大为 0.56℃/10 a。与平均气温和平均最高气温不同的是,滦河及冀东平原升温速率最小为 0.38℃/10 a;海河南系和徒骇马颊河升温速率均为 0.42℃/10 a。各区域年平均最低气温升温趋势均始于 1970 年代,北部较早在 1973—1975 年,南部较晚在 1977—1978 年,且于 1980 年代末升温显著。

各季节平均气温均呈显著升高趋势(图 1.3,表 1.2)。四季中,冬季升温速率最大,为 0.57℃/10 a,升温开始时间也最早;春季次之,为 0.30℃/10 a,升温开始时间出现于 1980 年代后期至 1990 年代初;夏季最小,为 0.10℃/10 a,夏季在 1990 年代中后期以来才具有升温趋势;秋季升温速率为 0.22℃/10 a,开始时间与春季相近。

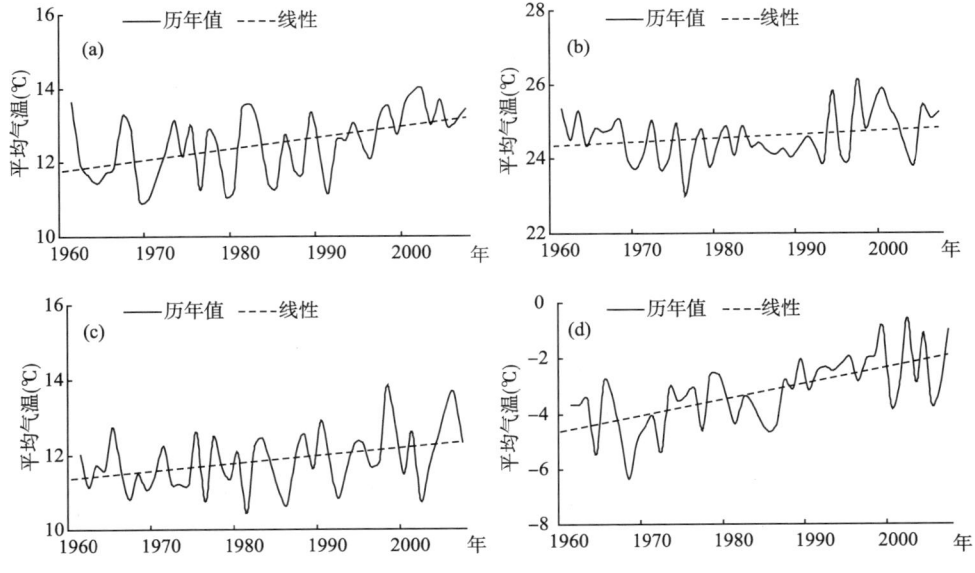

图 1.3　海河流域各季平均气温年际变化
(a. 春季,b. 夏季,c. 秋季,d. 冬季)

各季平均最高气温与平均气温变化趋势相似,均呈升高趋势(表1.2),各季节升温趋势均小于平均气温。四季中,冬季升速最大,为显著升温现象;春季次之;夏季最小。

各季平均最低气温也均呈显著升高趋势(表1.2),升速明显大于平均最高气温。四季中,冬季升速最大;春季次之;夏季最小。

表1.2　　　　　　　海河各流域不同季节气温变化升温速率(℃/10 a)

项目	春季	夏季	秋季	冬季
平均气温	0.30	0.10	0.22	0.57
平均最高气温	0.19	0.04	0.19	0.37
平均最低气温	0.48	0.25	0.32	0.74

海河流域年平均气温呈现自西北向东南逐渐升高的趋势,空间分布南北差异很大(图1.4)。滦河山区与海河北系的北部大部分地区、海河南系西部年平均气温在10.0℃以下,滦河山区北部及海河北系北部局部地区不足4.0℃;海河南系中、东部以及徒骇马颊河平原地区在12.0℃以上,漳卫河平原南部超过14.0℃。其原因除了受南北纬度差异影响外,各地海拔高度的不同也是造成这一分布趋势的主要原因。

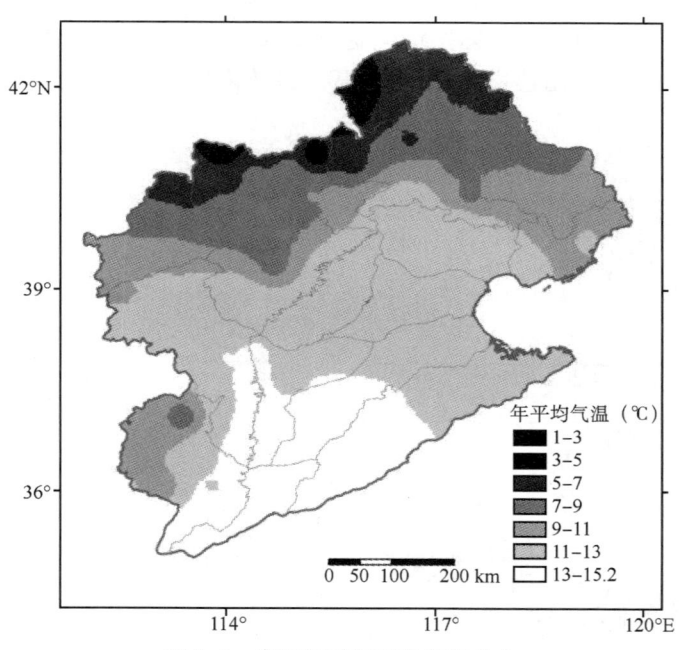

图1.4　海河流域年平均气温分布

流域年平均最高气温在10.6~20.5℃,整体也呈自西北向东南逐渐升高趋势。滦河山区北部及海河北系北部年平均最高气温在14.0℃以下,部分地区低于12.0℃;海河南系中、东部大部分地区以及徒骇马颊河平原区域在18.0℃以上,漳卫河南端局部超过20.0℃。

流域年平均最低气温分布在-3.0~10.4℃,呈自西北向东南逐渐升高趋势。滦河山区北部、海河北系北部年平均最低气温在0℃以下,局部低于-2.0℃;海河北系的北四河下游平原、滦河平原南部以及海河南系中、东部、徒骇马颊河平原地区均在6.0℃以上,其中南部部分地区在8.0℃以上。

2. 京津冀区域

京津冀区域即京津冀都市经济圈,位于海河流域北部。主要包括北京市、天津市以及河北省的8个地级市(秦皇岛、唐山、廊坊、保定、石家庄、沧州、张家口、承德),总面积18.31万km²,其中山区(含山间盆地)11.76万km²,占64%;平原6.55万km²,占36%。京津冀都市圈是中国的政治文化中心和经济发达地区。2004年总人口近7000万人,占全国的5.4%;其中城镇人口3000万人,城镇化率43%;GDP1.7万亿元,占全国的8%;人均GDP达2.5万元,为全国平均的2倍(户作亮,2007)。随着京津冀区域经济的快速发展和天津被确定为环渤海地区的经济中心,以及它的特殊地理位置(处于环渤海地区和东北亚的核心重要区域),越来越引起中国乃至整个世界的瞩目。

研究表明,近百年来京津冀区域主要冷期为1908—1918年、20世纪50—70年代,其中1956、1969年温度最低,主要暖期为20世纪20—40年代及1987年以后(刘学锋,2005)。

京津冀区域1957—2005年年平均气温、平均最高气温和最低气温都呈现升高趋势(图1.5),平均最低气温增幅最大,平均最高气温增幅最小,20世纪50—80年代增温趋势相对比较平缓,1990年代增幅最大,平均气温、平均最高气温和平均最低气温1990年代比1980年代分别增加0.6℃、0.5℃和0.7℃,最暖的10个年份有8个出现在20世纪90年代(刘学锋,2005)。河北省1965—2005年平均气温升高近2℃,平均每10 a升高0.4℃,明显高于全国平均值,在20世纪90年代初增温过程出现突变(李春强等,2009)。

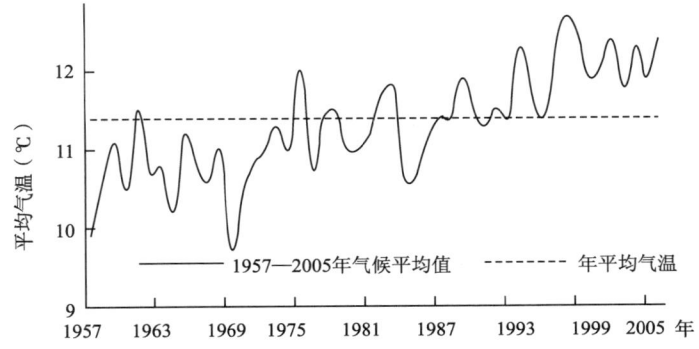

图1.5 京津冀区域年平均气温变化(1957—2005年)(改自刘学锋,2005)

各季平均气温、最高和最低气温变化特点呈现春、秋季平均气温变化程度相对比较平缓,冬季变化比较剧烈,1980年代末开始,暖冬现象明显。四季中,冬季增温幅度最大,春夏季次之,秋季最小(刘学锋,2005)。

在京津冀区域内,各地气温变化趋势一致,均呈上升趋势,但各区域的增温强度不一,冀东平原区增温强度最大,北部高原和燕山丘陵地带增温强度较小(刘学锋,2005)。在河北省区域内,平均气温和最高气温升高明显的地区集中在北部和东部地区,最低气温增温分布在河北省大部分地区(李春强等,2009)。

海河流域其他省市研究结果相似,但有差异。总的来说,海河流域大部分地区平均气温升高速率大于全国平均值(表1.3)。

表1.3　　　　　　　　　海河流域涉及省市气温研究成果一览表

研究区域	论文名称	期刊名称与刊号	作者,发表时间	研究时段	结论	差异
全国	近50a来中国地面气候变化基本特征	《气象学报》,63(6):942~956	任国玉等,2005	1951—2001	年平均气温升温速率0.22℃/10a,四季均为上升趋势,冬季趋势最明显。	
北京	北京地区气温和降水百年变化规律的探讨	《大气科学》,18(6):683~690	谢庄、王桂田,1994	1970—1990	年、季的平均气温变化有着明显的一致性,1920年是个转折点,前期偏低,后期偏高。	与中国东部、北半球、全球1920年前趋势相同,1920年后,北京和中国东部的趋势相同,而和北半球、全球有着明显的差别。
	近50a北京人居环境中气候因子的变化特征	《南京气象学院学报》,30(4):521~523	张秀丽、孙燕,2007	1951—2003	北京增暖趋势明显,高于全球近百年平均增温率,20世纪60年代和90年代以来为高温事件的多发期。	与全球近百年趋势相似,但高于全球平均值。

续表

研究区域	论文名称	期刊名称与刊号	作者发表时间	研究时段	结论	差异
天津	天津城市化对市区气候环境的影响	《生态环境学报》,19(3):610~614	刘德义等,2010	1958—2008	50 a来天津市区气温以0.42℃/10 a的速率快速增加,增温幅度达2.5℃。	变化趋势与全国平均气温变化趋势基本一致,但远高于同期全球和中国地区平均增温率和增幅。
山西	山西省近50 a气温和降水变化基本特征研究	《山西大学学报》(自然科学版),32(4):640~648	王孟本、范晓辉,2009	1959—2008	全省年平均气温呈显著升高趋势,升温速率0.30℃/10 a。	高于同期全球和中国地区平均增温率和增幅。
山西	近47 a来山西省气候变化分析	《干旱区研究》,23(3):500~505	赵桂香等,2006	1957—2003	以20世纪80年代末为界,前为冷期、后为暖期。平均气温总体呈上升趋势,增长率0.15℃/10 a。春、秋、冬季均为增暖趋势,且冬、春季增暖明显,夏季为变冷趋势。平均最低气温四季均为增暖趋势,且冬季增暖幅度最大。	与海河流域及周边省市结果相一致。

二、降水

1. 海河流域

(1)降水量

海河流域降水量具有地域性差异大、年际变化大、年内集中程度高三个特点。

1961—2007年,海河流域年平均降水量为538 mm,不同年份差异较大,全流域变差系数和极值比分别为2.1和2.4。二级分区中变差系数、极值比均以徒骇马颊河为最大,分别达到2.7和3.5。

流域降水量历年变化呈减少趋势(图1.6),减少强度为21.3 mm/10 a。并且,由于受大气环流周期性变化影响,具有丰水段和枯水段交替出现的规律。海河降水变化存在明显的年际变化和年代际尺度的周期性变化,年际3~7 a尺度表现突出,10 a尺度表现也比较明显;年代际19~28 a尺度比较明显(翟劭燚等,2009)。海河流域1954—1964年总体处于丰水期,其年均降水量比多年平均值大15.8%;1965—1979年总体处于平水期,其多年平均降水量与多年平均值基本持平(0.7%);1980—2007年总体处于枯水期,其平均降水量比多年平均值小6.6%,1997年以来降水量持续偏少,2001—2007年年降水量相对于基准期(1971—2000年)减少了53 mm。

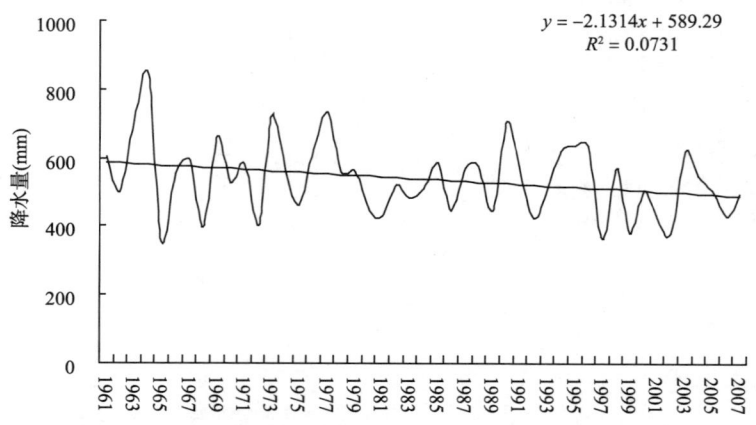

图1.6 海河流域降水量变化

流域中不同区域降水量变化趋势不同。滦河流域上游呈弱增加,其余区域呈减少趋势,其中沿渤海湾区域呈显著减少趋势(刘学锋等,2010)。季节变化上,对流域30个气象站1958—2007年降水资料分析分现,四季中除春季降水量略有增加外,海河流域的降水整体上呈减少趋势,夏季和全年减少趋势非常明显,而且1980年后呈加速减少(褚健婷等,2009)。用117个站1961—2007年的研究也得出,四季中夏季降水量减少最为明显,2001—2007年降水量比基准期减少70 mm,而春季的降水却是增加的,线性倾向率为2.3 mm/10 a(表1.4)。

表1.4 海河流域年及各季降水距平

时段	降水量距平(mm)				
	年平均	春季平均	夏季平均	秋季平均	冬季平均
1961—1970年	40.0	6.0	27.9	8.0	-1.6
1971—1980年	26.1	-11.3	30.2	3.3	4.0
1981—1990年	-10.4	10.1	-16.4	-3.7	-0.1
1991—2000年	-15.7	1.2	-13.8	0.4	-3.3
2001—2007年	-52.5	6.1	-69.8	10.0	1.3
线性倾向率(mm/10 a)	-22.3	2.3	-23.3	-1.1	-0.2

海河流域降水量年内分配高度集中,夏季(6—8月)最大,占全年的69.1%,其中7月最多,占全年的30%;冬季(12月至次年2月)最小,占2.3%。各分区情况大致相同。海河流域及分区降水量的年内分配与控制海河流域的大气环流密切相关。从不同月份历年变化趋势看,各月变化趋势有所不同,其中7、8两个月份下降强度较大,以8月份最甚,7、8月份降水量减少的趋势造成了海河流域夏季降水量的明显减少(王晓霞等,2010)。

由于燕山、太行山对来自南和东南方向的水汽起着阻挡作用,降水量的空间分布存在明显的地带性差异(翟劭燚等,2009),海河流域降水量呈现由东南向西北递减分布(图1.7)。西北区域在500 mm以下,东南部区域在550 mm以上。子牙河、大清河存在小于500 mm的低值中心;海河南系漳卫河区域和海河北系与滦河交界处各有一大降水中心,降水量在600 mm以上(刘学锋等,2010)。海河流域夏季和全年的降水分布形势相似,以太行山和燕山为界,分为山前多雨带、山前平原区少雨带以及山后少雨带,而且降水从南向北,从沿海到内陆逐渐减少;冬季降雨最少,基本上呈南多北少的分布;春秋季的分布特征相似,表现为冬夏季的过渡状态(褚健亭等,2009)。

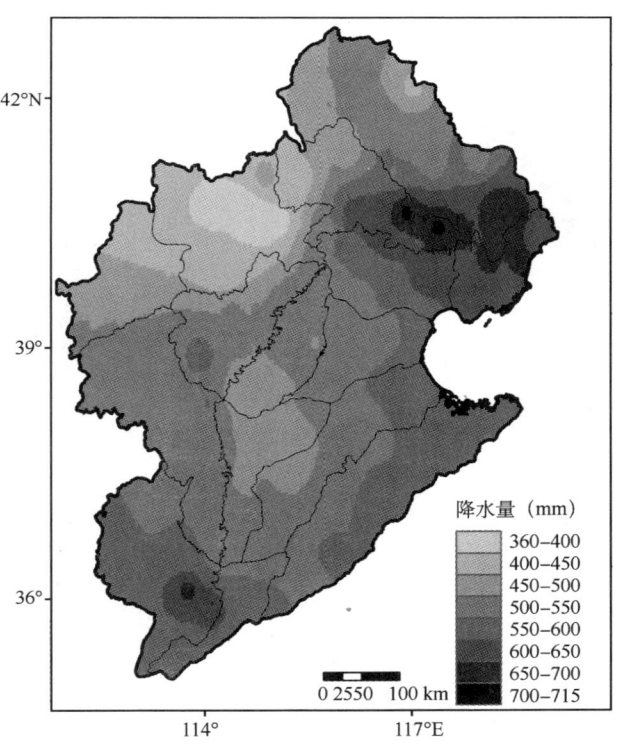

图1.7 海河流域降水量分布

海河流域年代际降水量空间变化特征明显,呈现出高值区强度、范围随年代逐渐减弱、缩小;低值区强度、范围扩大(图1.8)。20世纪60年代,降水量在500 mm以下的区域主要出现在海河北系中西部的永定河、北三河以及滦河北部,海河南系仅局部雨量小于500 mm;70年代以后,在海河北系降水量小于500 mm的范围不断增大的同时,海河南系500 mm以下的区域迅速扩展,2001—2007年海河南系的中东部大部区域平均降水量小于500 mm。

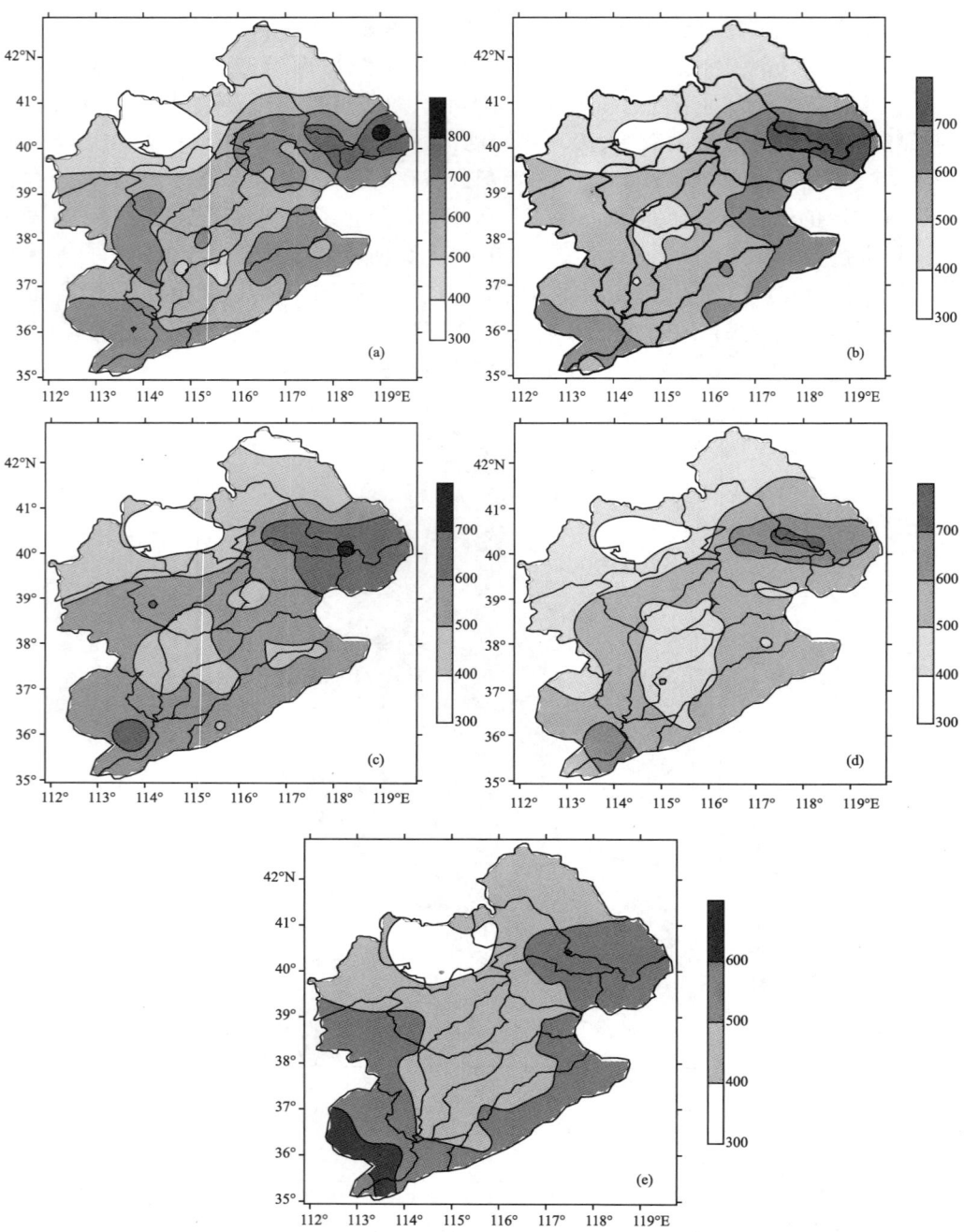

图1.8 海河流域各年代平均降水量空间分布

(a. 1960年代,b. 1970年代,c. 1980年代,d. 1990年代,e. 2001—2007年,单位:mm)

在海河流域降水量小于 500 mm 的范围迅速扩大的背景下，存在于海河北系的降水量小于 400 mm 的区域也发生相应变化。总地来看，1970 年代至 1980 年代范围较小，而后呈现增大的趋势。

与此同时，海河流域降水量 600 mm 以上的范围逐年代明显缩小，尤其流域东部的高值区域变化显著。1960 年代至 1970 年代，滦河水系南部、海河北系东部和海河南系东部大部分地区降水量超过 600 mm，北三河东南部与滦河山区和平原的过渡地带在 700 mm 以上；1980 年代至 1990 年代，海河南系东部降水量超过 600 mm 的区域完全消失，滦河水系南部、海河北系东部的区域也明显缩小，仅局部区域降水量超过 700 mm；2001—2007 年，海河流域东部降水量在 600 mm 以上的区域已无处可寻。另外，漳卫河区域多降水中心由 1960 年代到 1980 年代范围逐步缩小，1990 年代以后又逐渐扩大。

以降水量变化来确定干湿区域界线的变动是干湿区划的一个重要指标（张家诚，1982）。400 mm 等降水量线是重要的自然地理区域分异指标：在大农业上，是农业与牧业交错地带；在林业上，400 mm 降水量是营造乔木林的基本水分条件；在水系上，是内陆水系和外流水系的分界；在民族地域分布上，是少数民族和汉族杂居的区域，是气候的敏感地带。最传统、应用最多是用 400 mm 等降水量线作为中国半干旱与半湿润区分界线（龚高法，1993）。鉴于此，我们采用近 50 a 的长序列流域降水资料，计算了年平均降水量 ≤400 mm 范围变化（图 1.9）。可以看出，20 世纪 60 年代，海河流域年平均降水量 ≤400 mm 范围位于西北区域的永定河上游，面积占全流域的 7%（图 1.9a）。1970 年代，年平均降水量 ≤400 mm 范围分为两小块，永定河上游区域范围变小，同时在海河流域北部的滦河子流域上游出现一块三角形状区域。两块区域总面积占到整个海河流域的 6% 左右（图 1.9b）。1980 年代，两块区域面积都有所扩大，总面积达到 11%（图 1.9c）。至 1990 年代，海河流域年平均降水量 ≤400 mm 范围仍可分为两块区域。其中，北部的滦河子流域上游的三角形区域范围变小，而西北区域范围扩大并沿太行山脉走向向南延伸。总面积扩大到流域面积的 15%（图 1.9d）。进入 21 世纪，采用 2001—2007 年降水资料进行分析，年平均降水量 ≤400 mm 范围总面积较之 1981—2000 年有所减小（面积占流域面积的 10%），减小明显区域位于西部太行山中部及北部滦河上游区域。此外，徒骇马颊河子流域东部出现小范围年平均降水量 ≤400 mm 区域（图 1.9e）。

海河流域位于中国华北地区，以华北地区为研究区的降水相关研究成果也较多。顾庭敏（1991）认为，华北地区年降水量空间分布为南部（东南部）多、北部（西北部）少，山区多、平原少，山地迎风坡多、背风坡少。从时间变化上，华北各地降水量季节变化均为夏季最多，秋季次之，冬季最少，年降水量 70% 左右集中在夏季，夏季降水量的变化趋势直接影响着年降水量的变化。华北地区夏季降水距平在 20 世纪 50 年代基本高于平均值，但 1965 年后降水开始减少（马晓波，1999），特别是 1977 年后，华北地区夏季降水进一步减少（周连童，黄荣辉，2006）。气候变化国家评估报告编写委员会（2007）得到的结论是，近 50 a 来 (1961—2007 年)华北地区年降水量呈现明显的下降趋势，夏季和秋季降水减少趋势系数分别为 9.6 mm/10 a 和 4.5 mm/10 a。华北中南部年降水量出现下降趋势，黄河、海河、辽河和淮河流域平均年降水量从 1956 年到 2000 年减少了 50~120 mm，海河流域减少较多。

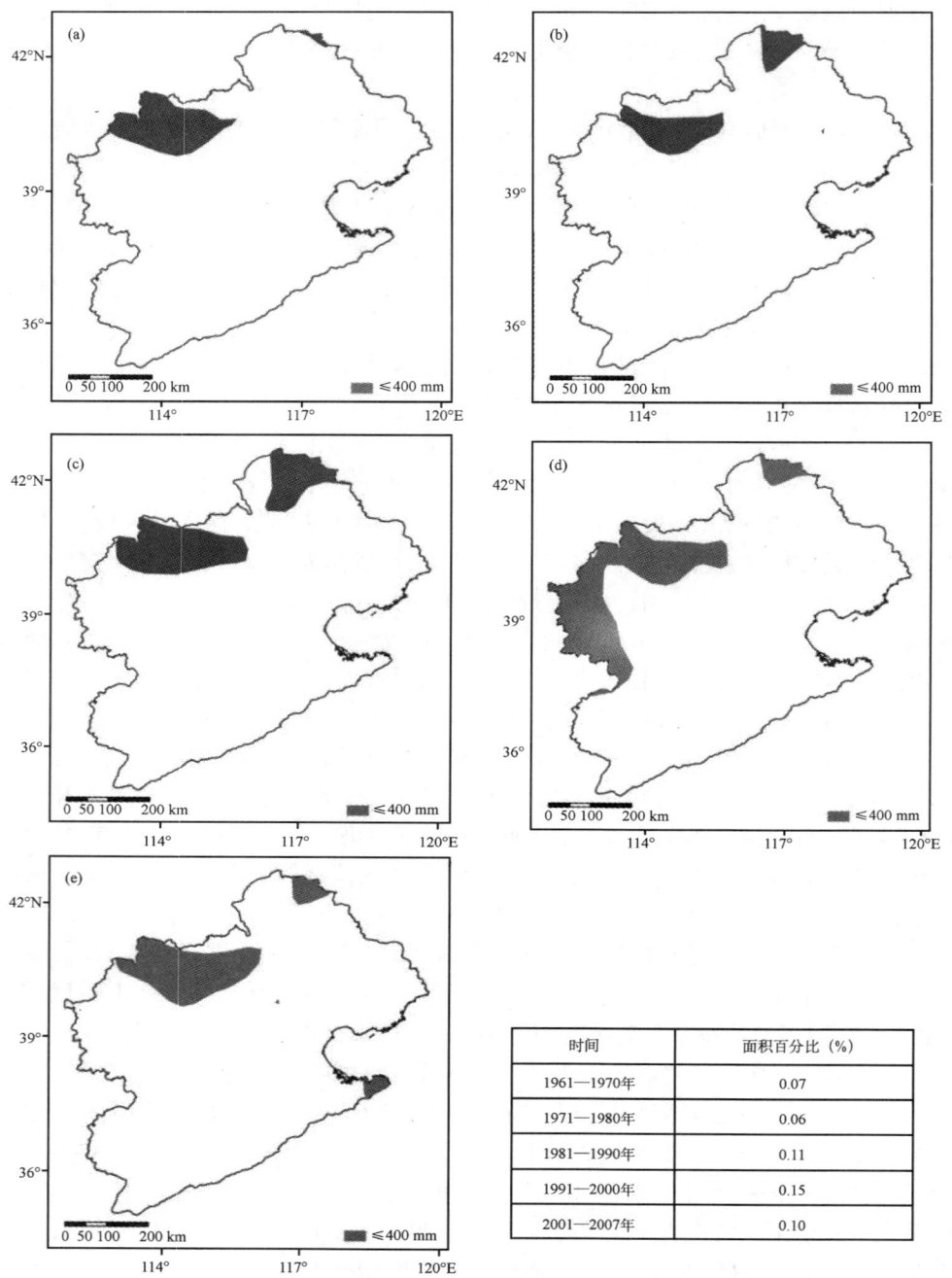

图 1.9 海河流域年平均降雨量≤400 mm 范围变化

（a. 1961—1970 年，b. 1971—1980 年，c. 1981—1990 年，d. 1991—2000 年，e. 2001—2007 年）

（2）降水日数

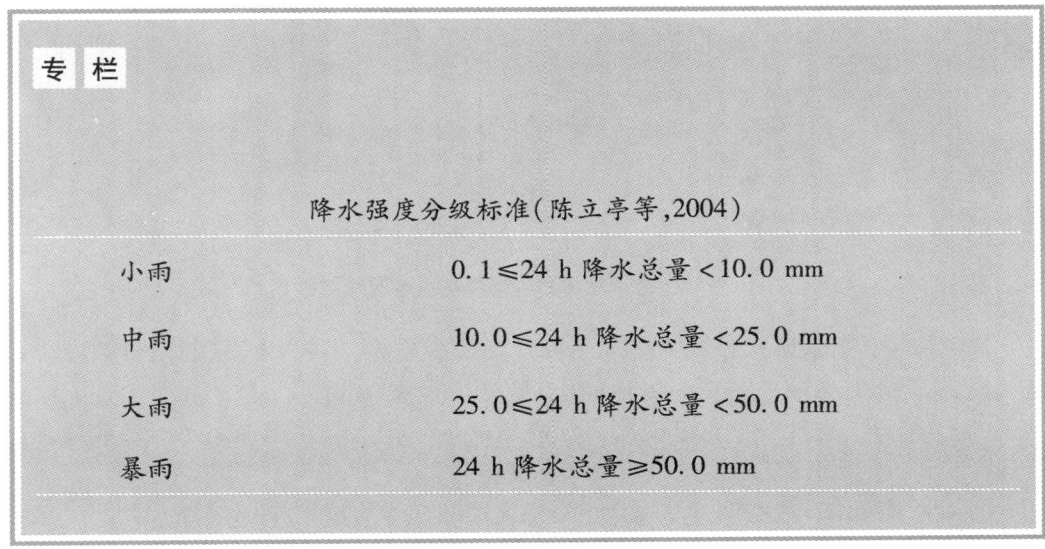

海河流域年平均降水日数为 70.9 d。其中，小雨、中雨、大雨和暴雨日数分别占年平均总降水日数的 78.7%、13.5%、5.5% 和 2.3%。在各级降水中，强降水日数（包括大雨、暴雨）在总降水日数 7.8% 内所产生的降水量是总降水量的 46.7%，反映了海河流域降水在时间上较为集中（表1.5）。

表1.5　　　　　　　　　各等级降水的降水量和降水日数比例

	总雨量	小雨	中雨	大雨	暴雨
降水量（mm）	538.1	132.6	149.8	133.3	122.3
（%）		25.2	28.1	24.6	22.1
降雨日数（d）	70.9	55.8	9.6	3.9	1.6
（%）		78.7	13.5	5.5	2.3

1961—2007 年，海河流域不同等级降水日数变化与降水量变化趋势一致，均呈减少趋势（图1.10），说明在海河流域降水量大小取决于当地降水日数的多少，且小雨、暴雨日数减少趋势是总降水日数呈显著减少的主要原因，小雨、暴雨日数分别减少了 2.6%/10 a、8.4%/10 a，均通过了 0.05 水平显著性检验。由于小雨日数占总降水日数比例最高（表1.5），因此，小雨日数减少对总降水日数减少贡献最大。

各级降水日数年代际变化与相应等级降水量呈现同步变化态势。计算两者之间的相关系数，小雨、中雨、大雨、暴雨日数与相应等级降水量的相关系数分别为 0.93、0.99、0.99、0.97，说明海河流域降水日数的多寡在一定程度上决定年降水量多少，降水量变化很大程度上取决于降水日数的变化。

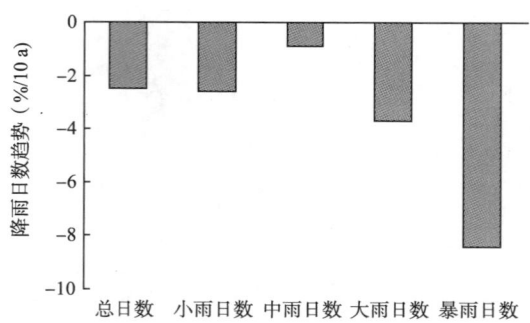

图 1.10　海河流域各级别降水日数变化趋势

海河流域各等级降水日数均呈现不同程度减少趋势,小雨、大雨、暴雨日数减少趋势明显,总降水日数减少主要是由于小雨日数减少所致,弱降水日数的减少会加剧某些地区的干旱程度,这从一个角度说明海河流域的干旱化趋势在增加。暴雨日数呈现显著减少趋势,说明海河流域出现洪涝概率在减少。

海河流域降水日数空间分布呈现由东南向西北递增的趋势(图 1.11a),西北区域在 80 d 以上,东南部区域在 70 d 以下,海河南系的东部存在小于 65 d 的低值区。海河流域除个别地区外,降水日数整体呈现减少趋势,环渤海湾和徒骇马颊河及漳卫河山区减少趋势明显(图 1.11b)。降水日数的年代际变化特征表现为海河流域东南部区域降水日数的低值区(小于 60 d)范围随着年代增长在逐步扩大,20 世纪 90 年代出现了更低值区(小于 50 d),21 世纪初范围又有所缩小;高于 80 d 的范围自 20 世纪 60 年代到 90 年代逐步缩小,21 世纪初的范围有所增长。

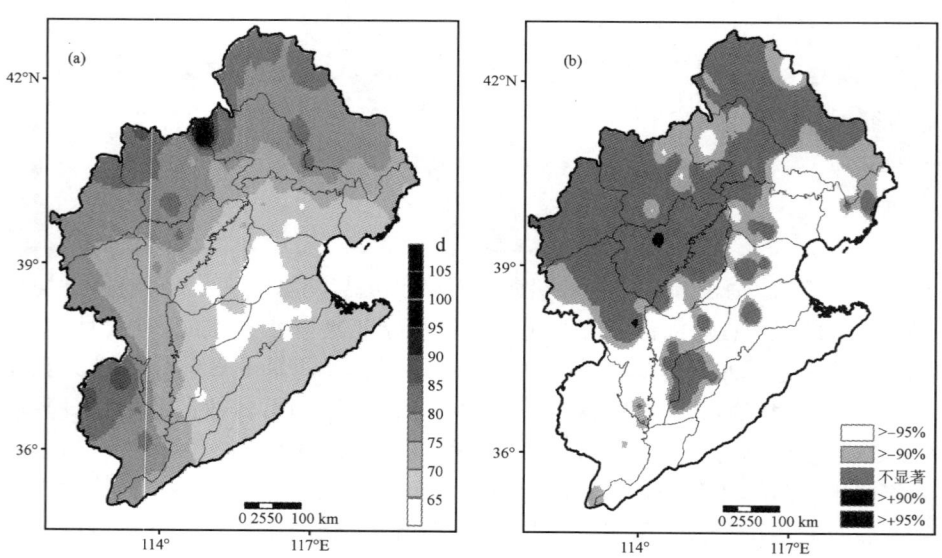

图 1.11　海河流域年降水日数(a)及其变化趋势(b)分布

2. 京津冀区域

(1) 降水量

1951—2006年京津冀区域年降水量600 mm以下的区域从20世纪60年代的66%扩大到1990年代的89%,尤其是河北省中南部地区年降水量500 mm以下的范围不断扩大,1960年代仅存在于石家庄、衡水和邢台交界处,而1990年代这一少降水量区覆盖了河北中南部平原大部分地区。1951—2006年区域平均降水量减少约120 mm,进入21世纪的前6 a降水最少(图1.12)。降水最少的10个年份有5个出现在1997—2006年的10 a中,2006年平均偏少20%。1990年代以来北部降水略有增加,东部沿海和南部平原地区降水持续减少。四季中,春季降水有所增加,夏、秋季降水减少,冬季降水变化不大。

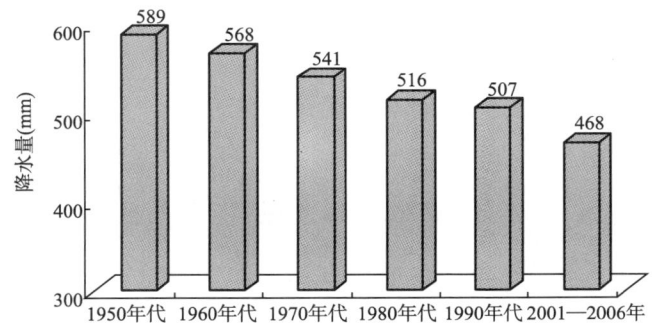

图1.12 京津冀各年代年降水量变化

1950—2006年京津冀大部分地区年降水量减少,但趋势并不明显,年平均降水量减少速率为-15 mm/10 a;年内主要表现为夏季降水减少,在20世纪90年代初夏季降水的减少是一突变现象,其他季节降水量无突变现象;年和四季降水量大致存在4个周期的变化(张健等,2009)。平原降水减少速率要远远高于山地,东部沿海和南部平原减少最明显(高霞等,2008;李春强等,2009)。

对流域内不同区域的研究结果均得出降水量呈下降趋势的一致结论,只是不同区域下降强度有所差异(表1.6)。

表1.6   海河流域涉及省市降水研究成果一览表

研究区域	论文名称	期刊名称与刊号	作者和发表时间	研究时段	结论
全国	气候变化国家评估报告	《气候变化国家评估报告》:28~29	气候变化国家评估报告编写委员会,2007		近100 a来,中国的年降水量呈现出明显的年际和年代际震荡,但趋势变化不明显,仅有微弱的减少。

续表

研究区域	论文名称	期刊名称与刊号	作者和发表时间	研究时段	结论
全国	第二次气候变化国家评估报告	《第二次气候变化国家评估报告》:42-43	第二次气候变化国家评估报告编写委员会,2011		大体上1910年代、1930年代、1950年代、1970年代和1990年代属于多雨期,1900年代、1920年代、1940年代、1960年代和1980年代属于少雨期,反映出中国的降水以20 a左右的周期性变化为主,无明显变化趋势。
北京	北京地区气温和降水百年变化规律的探讨	《大气科学》18(6):683-690	谢庄、王桂田,1994	1840—1990	1840年以来有两个多雨时段和三个少雨时段,两个多雨时段为19世纪90年代和20世纪50年代,三个少雨时段为19世纪60年代、20世纪40年代和80年代。从50年代至80年代年降水量持续下降,平均每10 a下降12.2%,夏季降水与年降水具有大致相同的趋势。
天津	近50 a天津地区局地气候变化特征分析	《气候与环境分析》16(2):159-168	高润祥等,2011	1960—2007	夏季降水最多、冬季最少、秋季多于春季。降水量随时间呈现减少趋势,20世纪90年代以后进入一个较为显著的减少期。7、8月份趋势减少最明显,5、6及10月有显著的增加趋势,而冬季月份变化相对不大。
	天津城市化对市区气候环境的影响	《生态环境学》,19(3):610-614	刘德义等,2010	1958—2008	降水量呈现明显的减少趋势。
山西	山西省近50 a气温和降水变化基本特征研究	《山西大学学报》(自然科学版),32(4):640-648	王孟本、范晓辉,2009	1959—2008	大部站点的年降水量均呈减少趋势,部分站减少显著。

(2)降水日数

京津冀区域1961—2000年平均各级降水日数均减少,年总降水日数平均每10 a减少1.6 d。各级降水日数中,暴雨日数的减少最明显,其次是大雨日数,中雨日数变化最小。

各级降水日数在20世纪70年代末均明显减少,小雨、中雨和大雨日数均在80年代明显增加,1990年代又出现减少趋势;而暴雨日数从20世纪70年代末到90年代初持续偏少。

区域年降水量与暴雨日数和大雨日数的年际变化具有高度一致性(图1.13),年降水量与暴雨日数和大雨日数的相关系数分别为0.9和0.8(0.01显著性水平),说明年降水量的减少主要原因是暴雨日数和大雨日数的减少所致。

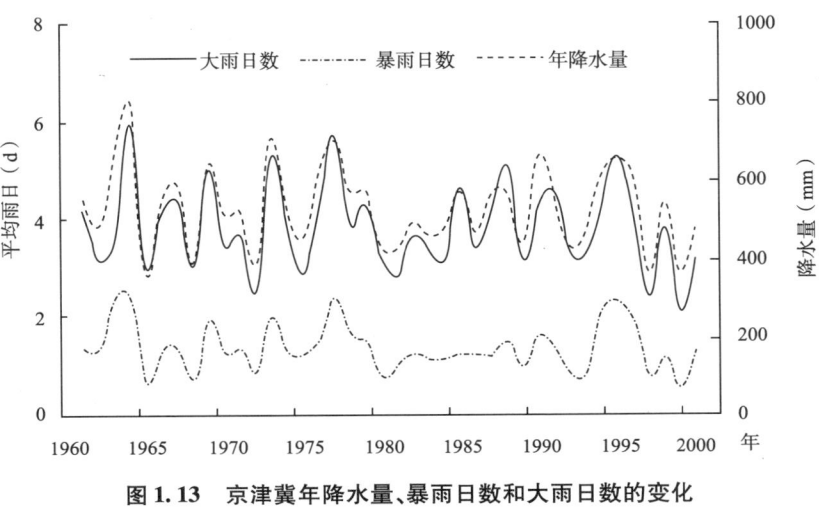

图1.13 京津冀年降水量、暴雨日数和大雨日数的变化

第三节 极端气候事件

> **专栏**
>
> ### 极端事件
>
> 当某地天气的状态严重偏离其平均态时,就可以认为是不易发生的小概率事件。在统计意义上,不易发生的事件就可以称为极端事件。干旱、洪涝、高温热浪和低温冷害等事件都可以看成极端气候事件(气候变化国家评估报告编写委员会,2007)。
>
> 气候极端值是指气温、降水等气象要素的极端观测值;极端气候事件是指如高温、干旱、沙尘暴、台风等异常气候事件。二者既有联系,又有区别。

一、极端气温

极端气温是指一天中观测到的气温最高或最低值超过一定界限的情况。比如：日最高气温≥35℃或≤-10℃等。

1. 变化特征

海河流域年极端最高气温呈现先降低再升高的趋势（图1.14）。1961—2007年，前期年极端最高气温较高，中期较低，后期又升高。1964年最高为43.5℃，其次是2002年43.4℃，1984年最低为38.4℃。47 a中，7 a（1961、1964、1966、1972、1979、2000和2002年）极端最高气温超过43.0℃，仅1 a低于39.0℃（1984年）。各分流域极端最高气温历年变化趋势与全流域相似，只是变化幅度有所不同。各分流域前期的下降趋势差异不大，但后期的升温趋势不同，海河北系和滦河及冀东沿海升温速度较大，徒骇马颊河升温速率最小。

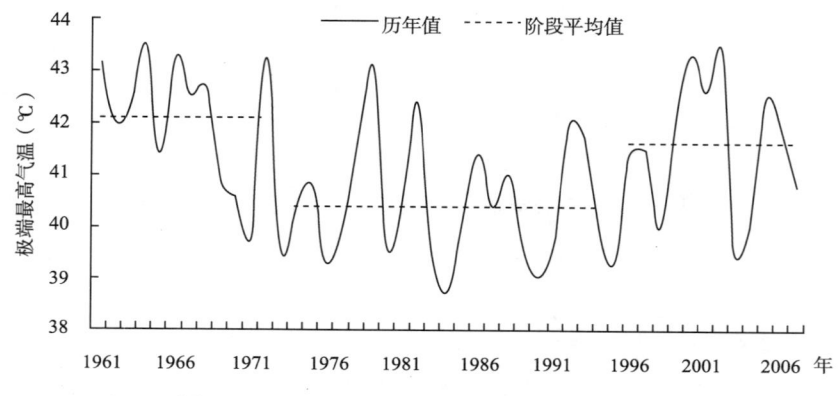

图1.14 1961—2007年极端最高气温历年变化

海河流域各地累年极端最高气温分布在35.0～43.5℃，整体呈现出北部、西部低，东南部高的趋势。滦河山区北部及海河北系北部的部分地区极端最高气温在36℃以下。滦河山区中部、海河北系东部、海河南系中子牙河和漳卫河山区的东部及其以东地区、徒骇马颊河平原地区在40℃以上，其中海河南系中子牙河平原及其周边地带、漳卫河平原大部分地区、徒骇马颊河西部、滦河山区中部部分地区超过42℃。从年代际变化看，20世纪60—80年代极端最高气温≥40℃和≥42℃的范围均呈逐渐减小的趋势，1990年代后范围逐渐扩大且向北发展，海河北系≥40℃出现的范围明显扩大。

海河流域年极端最低气温呈升高趋势，1992年以后年际变化明显加大，冬季极端最低气温不稳定性明显增加，极端气温事件增加（图1.15）。各分流域变化趋势与全流域相似，只是变化幅度有所不同，南部升温幅度明显大于北部，徒骇马颊河升温速率最大，海河北系最小。徒骇马颊河、海河南系、滦河及冀东沿海、海河北系极端最低气温升温速率分别为1.05、0.95、0.54和0.44℃/10 a。

海河流域各地累年平均极端最低气温分布在-35.3～-15.5℃，整体呈现出北部、西部低，东南部平原高的趋势。滦河山区北部、海河北系北部极端最低气温低于-30℃；海河南系的大清河山区南部、子牙河山区东部、漳卫河山区东部、漳卫河平原中西部以及海河南系的沿海地区在 -20℃以上；其他区域大部在 -30～-20℃。从最低气温年代际变化看，1960 年代以来≤-25℃的范围呈现逐渐减小的趋势，>-20℃的范围不断扩大（图 1.16）。

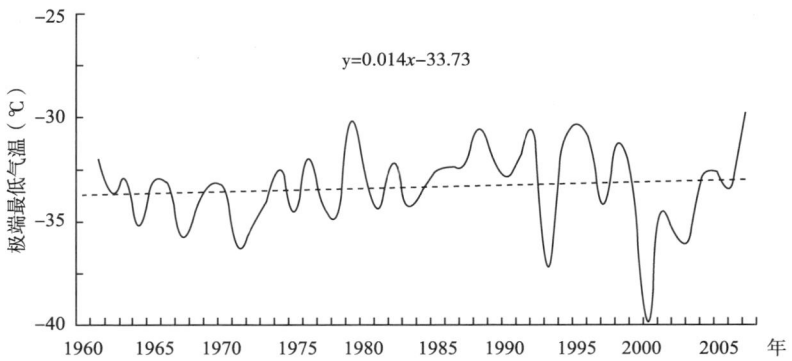

图 1.15　1961—2007 年极端最低气温历年变化

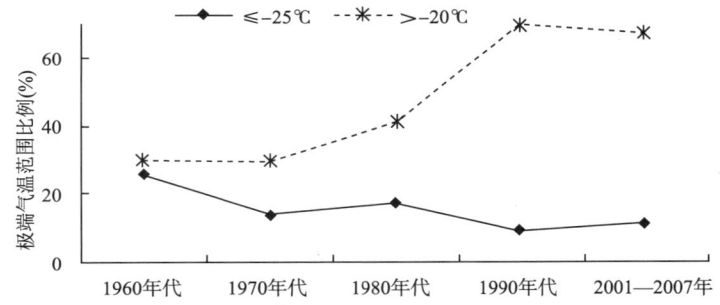

图 1.16　各年代极端最低气温≤-25℃和>-20℃的范围所占比例

日最高气温≥30℃日数年际变化呈增加趋势，增加速率为 1.1 d/10 a，自 20 世纪 70 年代至 21 世纪的前 7 a 逐年代增加，2001—2007 年平均比 1970 年代增加 10.7 d。但≥35℃、≥38℃和≥40℃日数呈减少趋势（表 1.7）。≥35℃、≥38℃和≥40℃日数多的年份与干旱少雨年具有良好的对应关系。

表 1.7　　　　　　各年代不同级别高温日数和低温日数（d）变化情况

	项目	1960 年代	1970 年代	1980 年代	1990 年代	2001—2007 年	47 a 变化速率（d/10 a）
极端最高气温	≥30℃	63.2	55.1	57.2	64.0	65.8	1.1
	≥35℃	12.5	8.2	6.8	9.9	10.2	-0.5
	≥38℃	2.1	1.1	0.7	1.3	1.5	-0.12
	≥40℃	0.5	0.2	0.1	0.2	0.4	-0.04

续表

	项目	1960年代	1970年代	1980年代	1990年代	2001—2007年	47 a 变化速率 (d/10 a)
极端最低气温	≤0℃	130.7	127.9	126.8	121.0	114.2	-4.0
	≤-10℃	43.3	35.2	33.8	23.9	22.4	-5.4
	≤-15℃	14.8	11.5	10.9	7.2	7.0	-2.0
	≤-20℃	3.5	2.7	2.7	1.4	1.5	-0.5

日最低气温≤0℃、≤-10℃、≤-15℃和≤-20℃的日数年际变化均呈显著减少趋势（表1.7）。可见，日最低气温≤0℃日数减少趋势主要出现在≤-10℃的日数减少，且在-10～-15℃的日数减少最多，而0～-10℃的低温日数为增加趋势。

众多对海河流域极端气温的研究均得出相似结论，即在气候变暖背景下，极端天气气候事件的频率和强度出现了明显变化，全国平均炎热日数呈现先下降后增加趋势（气候变化国家评估报告编写委员会，2007）；而冷夜呈现明显减少趋势（Zhai，Pan，2003），≤-10℃的日数减少幅度大于≤0℃的日数（刘学锋等，2007）。

2. 极端事件

1997年夏季，河北省出现了有气象观测记录以来罕见的高温天气（王颖等，1998），中南部地区大部分地区，高温日数在30 d以上，局部高达40 d，高温持续时间之长为历史罕见，部分地区突破历史极值。期间部分地区极端最高气温超过40℃，肥乡和曲周达42℃，7—8月有18个站点极端最高气温超过历史极值；最长连续高温日数8～10 d，达到或超过建站以来的极大值（臧建升等，2008）。由于高温持续时间长、程度重，中南部大部分地区期间平均最高气温超过历史极大值。

2009年6月23—25日，河北省中南部连续出现超过40℃的酷热天气。期间，18个站突破本站有气象观测记录以来的最高值，邢台市沙河站极端最高气温44.4℃，突破全省日最高气温历史极值。

2010年7月2—7日，河北省连续6 d出现≥35℃的高温天气，部分地区连续4 d出现40℃以上的高温，全省33个县（市）日极端最高气温达到极端最高阈值标准（5%概率），涿鹿、乐亭和廊坊突破历史最高值。期间，部分地区连续出现≥35℃、≥38℃、≥40℃的高温日数达到或超过历史最多值。

二、极端降水

1. 变化特征

海河流域平均极端强降水量减少趋势非常明显（通过0.05水平显著性检验）。从20世纪70年代末开始持续下降，1990年代以后略有反弹，1996年出现突变，其后呈直线下降趋势（图1.17），1997—2007年比1961—1996年减少了56.8 mm，同时出现大范围极端强降水事件的情形更为少见。

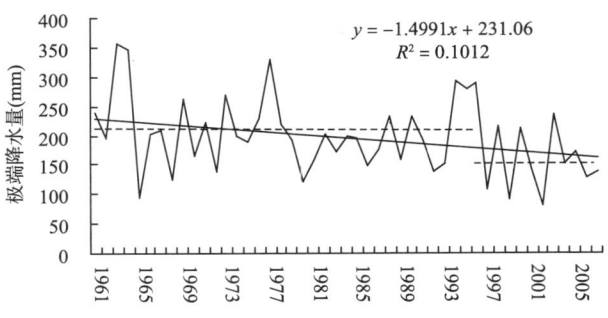

图 1.17　海河流域极端强降水量逐年变化

（虚线分别为 1961—1996 年和 1997—2007 年平均值）

流域内极端强降水量在大部分区域都呈现减少趋势（图 1.18），占整个区域范围的 83%，其中 24% 的区域减少明显（通过 0.1 水平显著性检验），12% 的区域减少显著（通过 0.05 水平显著性检验）。减少明显的区域主要集中在环渤海湾区域、海河北系部分区域以及海河南系局部区域。流域内 17% 的区域极端强降水量呈现增加趋势，但均不显著，主要分布在海河南系山前平原部分地区、海河北系西部山区以及滦河流域东北部地区。

海河流域极端强降水强度和日数（频数）与极端强降水量一样，也呈显著减少趋势，同时，1996 年也为明显减少转折点。流域平均年极端降水事件强度和日数分别减少了 3.9 mm/d 和 1.1 d。因此，海河流域极端强降水量的减少主要是极端强降水频数和强度减少共同作用结果，但极端强降水频数变化的影响更大一些。

流域内极端强降水量占年降水总量比值呈显著的下降趋势（通过 0.05 水平显著性检验）；而年极端强降水日数占年降水日数的份额虽呈下降趋势，但趋势并不明显；年极端强降水强度与年总降水强度的比值也呈下降趋势，但同样变化趋势不明显。因此，在海河流域年总降水量呈总体减少趋势情况下，极端强降水量呈更为明显的减少趋势。

海河流域极端强降水阈值自东南向西北逐步减小，从海河流域各水系下游大于 35 mm 始，降低到永定河、北三河、滦河上游地区的小于 25 mm，直至不足 20 mm，子牙河山区和漳卫河部分山区在 25～30 mm，徒骇马颊河区域在 35 mm 以上，流域的其他区域在 30～35 mm。海河流域极端强降水阈值在 17～42 mm，基本上属于中到大雨，比暴雨标准略低。

1961—2007 年，海河流域大部分区域极端强降水频数呈现减少趋势，占全流域的 84%，其中 19% 的区域减少明显（通过了 0.1 水平显著性检验），10% 的区域减少显著（通过了 0.05 水平显著性检验）；而 16% 的区域极端强降水频数呈现增加趋势，但趋势不明显。极端强降水频数增加和减少趋势分布特征与极端强降水量基本相似。

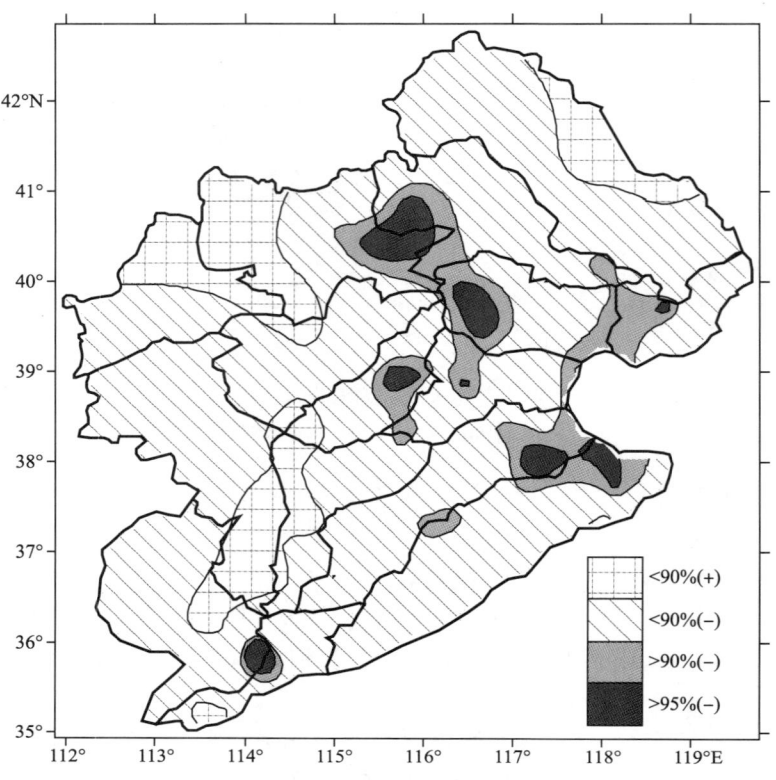

图 1.18　海河流域强极端降水量变化空间分布趋势

流域内大部分区域年极端强降水强度也呈减少趋势,占全流域的 69% 的,其中 12% 的区域减少趋势明显(通过了 0.1 水平显著性检验);31% 的区域呈增加趋势,但趋势并不明显。极端强降水强度变化空间分布态势与极端强降水量和频数相比,显著减少的趋势范围有所缩小,而增加趋势的范围有所扩大。

极端强降水事件间隔时间反映了极端强降水集中发生的程度。对相邻极端强降水事件间隔天数的统计显示(表 1.8),海河流域极端强降水事件构成中,约 43% 事件发生在间隔 1～10 d,尤其集中于 1～5 d,占到 27.3%;>30 d 间隔占到 22.8%。极端强降水事件变化趋势在相当大程度上取决于间隔 1～5 d 和 >30 d 极端强降水事件的变化。

表 1.8　海河流域不同时间间隔极端强降水频率分布

	相邻极端降水间隔日数(d)						
	1～5	6～10	11～15	16～20	21～25	26～30	>30
百分比(%)	27.3	15.5	12.5	8.9	7.4	5.6	22.8

间隔 1～5 d 强降水事件频数有明显减少趋势(通过 0.1 水平显著性检验),1997 年以后减少尤其显著,而间隔＞30 d 极端强降水事件频数有微弱增加趋势。海河流域极端强降水事件发生的短间隔事件明显减少和长间隔在时间间隔上有不断分散的趋势。

海河流域极端强降水主要发生在 6—9 月,占全年的 91%,主要集中在 7 月下旬至 8 月上旬;10 月至次年 5 月发生极端强降水的概率较少。1961—2007 年,海河流域极端强降水事件年内分布格局发生了改变,年内分布出现分散的趋势,5 和 6 月出现极端强降水的站点数量有所增加,而 7、8 月极端强降水出现站点数量有所减少,8 月减少比较明显(图 1.19)。可见,极端强降水事件的发生在时间分布上更趋向于均匀,发生极端强降水事件和洪涝概率在减小。并且,1996 年以后,大范围区域同时发生极端强降水事件的情形明显少见。

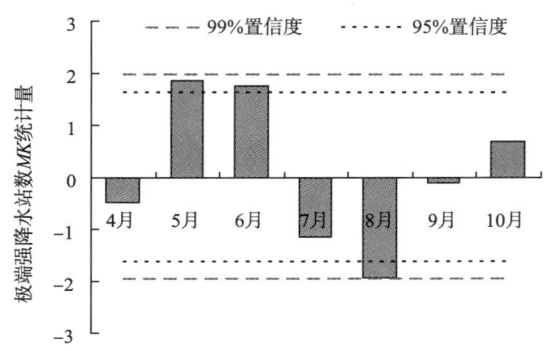

图 1.19　海河流域极端强降水站数趋势

2. 极端事件

1963 年 8 月上旬,受切变线和低涡连续影响,河北省连续遭到大暴雨袭击,暴雨来势之猛,雨量之大,是近百年历史罕见。邢台、邯郸、石家庄和保定部分测站累计降水量超过 1000 mm,最大超过 2000 mm(獐么 2050 mm)。此次暴雨创下河北省 24 h 降水量、3 d 雨量、5 d 雨量、7 d 雨量历史极大值(臧建升等,2008)。

1996 年 8 月 4—5 日,受台风外围云团影响,邯郸、邢台、石家庄、保定等地连续出现大暴雨和特大暴雨,30 h 内,51 个县市雨量超过 100 mm,其中 30 个县市超过 200 mm,6 个县市超过 300 mm,4 个县市超过 400 mm,井陉微水站达 670 mm(臧建升等,2008),部分站点日降水量为建站以来最大值。

2009 年 11 月 8—12 日,河北省出现强度大、持续时间长的罕见暴雪天气。全省共有 47 个气象台站的最大积雪深度突破当地有气象观测记录以来的历史极值,29 个气象台站日最大降雪量突破当地有气象观测记录以来的历史极值。石家庄站降雪量 94 mm、最大积雪深度 55 cm 突破全省建站以来最大值。

三、旱涝特征

海河流域是中国东部沿海降水量最少的地区。由于气候、地形等因素的影响,年平均降水量的变差系数很大,夏季暴雨集中,冬春雨雪稀少,具有春旱秋涝的特点(冯平等,2003)。1961年以来,海河流域曾出现过1963和1996年夏季严重的洪涝灾害,但旱灾更是频繁出现。据统计,海河流域的干旱发生频率居全国之首,素有"十年九旱"的说法(海河志编纂委员会,1997)。自20世纪80年代以来,几乎连年少雨。1997年以来,海河流域又遇到了连续5 a的干旱少雨,范围波及整个海河流域。这一地区的干旱问题已严重地阻碍了该区域社会及经济的发展。

海河流域旱涝具有明显的持续性和阶段性,往往连续几年持续干旱或雨涝。12个月时间尺度的标准化降水指数逐月变化显示(图1.20),1961—1964年为多雨阶段,1965—1972年以干旱为主,1973—1979年雨涝频率高,1980年代表现为持续的干旱,前期干旱较严重;1990—1996年以多雨为主,1997年后干旱程度严重、出现频繁且持续时间较长,目前海河流域仍处于干旱期。

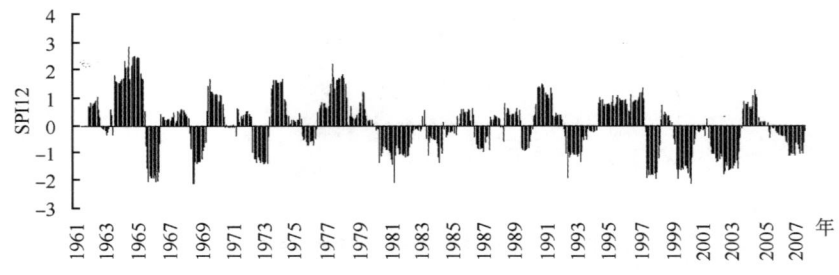

图1.20　海河流域12个月时间尺度SPI变化

海河流域旱涝存在15~16 a的长周期、2~3 a的短周期以及6~8 a周期变化。从15~16 a的长周期变化看,1961—2007年海河流域经历了"雨涝—干旱—雨涝—干旱—雨涝—干旱—雨涝"7个阶段,20世纪60年代后期到70年代前期、80年代前期和90年代后期至21世纪初为干旱期,20世纪60年代初、70年代中后期、90年代前期和2005年后为湿润期。从2~3 a的短周期看,1960—1970年代和1990年代旱涝变化比较剧烈;1980年代短期旱涝变化相对稳定。从6~8 a的周期看,海河流域旱涝在1960—1970年代存在6~8 a的周期,1970年代末到1990年代中期存在6 a和8~10 a的周期,1990年代中期后4~5 a小波系数出现闭合中心,中心系数值较大,表明4~5 a周期明显,6~10 a的周期仍然存在。

> **专栏**
>
> **气象干旱**
>
> 气象干旱(meteorological drought)指某时段内,由于蒸发量和降水量的收支不平衡,水分支出大于水分收入而造成的水分短缺现象。气象干旱指数(meteorological drought index)是利用气象要素,根据一定的计算方法所获得的指标,用于监测或评价某区域某时间段内由于天气气候异常引起的水分亏欠程度。气象干旱等级(classification of meteorological drought)是描述干旱程度的级别标准,即气象干旱指数的级别划分。
>
> 标准化降水系数(SPI)是表征某时段降水量出现的概率多少的指标之一,该指标适合于月以上尺度相对于当地气候状况的干旱监测与评估。SPI 就是在计算出某时段内降水量的分布概率后,再进行正态标准化处理,最终用标准化降水累积频率分布来划分干旱等级。
>
> | 等级 | 类型 | SPI |
> |---|---|---|
> | 1 | 无旱 | $-0.5 <$ SPI |
> | 2 | 轻旱 | $-1.0 <$ SPI ≤ -0.5 |
> | 3 | 中旱 | $-1.5 <$ SPI ≤ -1.0 |
> | 4 | 重旱 | $-2.0 <$ SPI ≤ -1.5 |
> | 5 | 特旱 | SPI ≤ -2.0 |
>
> 海河流域旱涝事件是根据旱涝划分等级确定,一次干旱(或雨涝)事件定义为 SPI 持续为负(或正),且期间内至少有一个月 SPI≤ -1.0(或 SPI≥ 1.0)的时期,由 SPI<0(或 SPI>0)的时间作为旱(涝)的起始时间,SPI≤ -1.0(或 SPI≥ 1.0)之后的 SPI>0(或 SPI<0)的时间为旱(涝)的结束时间。

1. 干旱

(1) 干旱特点及变化趋势

海河流域总体上呈干旱化趋势,而且沿海地区干旱化较内陆明显,占流域 81% 的区域干旱化趋势通过了 0.01 水平显著性检验,87% 的区域通过了 0.05 水平显著性检验,仅 6% 的区域变化趋势系数为正值(图 1.21)。

从 12 月时间尺度干旱站点数与总站点数的百分比看,1961—2007 年平均每个月受旱面积百分比为 16.3%,其中特旱、重旱和中旱所占比例分别为 1.8%、4.9% 和 9.6%。不同年份干旱范围相差很大(图 1.22)。较大范围的特旱主要发生在 20 世纪 60 年代和 90 年代后期至 21 世纪初,重旱较特旱范围扩大,也表现为 60 年代和 90 年代后期至 21

世纪初较70年代和80年代范围大,中旱范围随时间呈扩大趋势。从长期旱涝来看,海河流域的干旱呈加重趋势。

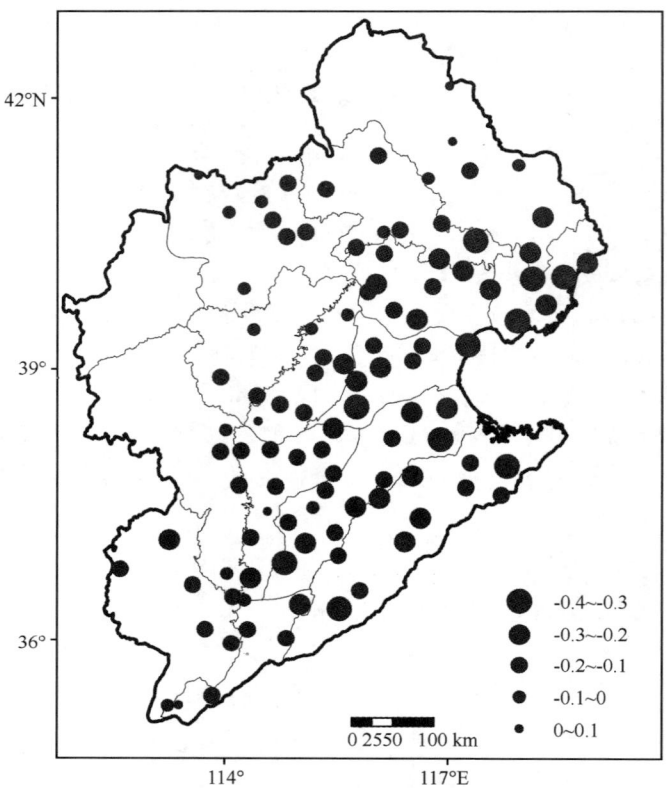

图1.21　海河流域 SPI12 各站趋势系数分布图

多年来,众多科学家采用不同的旱涝等级评价指标和方法对华北地区、海河流域以及河北省区域旱涝发生特征进行了研究,指出中国北方地区不同程度的干旱面积均有扩大趋势(王志伟,翟盘茂,2003;阮新等,2007),且存在非常强的变旱趋势,干旱现象具有明显的地区差异,1965年、1972年、1981年这3个典型的大旱年份,干旱的重灾区均在河北省的西南部和中部地区,并且1951—2001年的51 a内,中旱以上旱情出现最少的地区——北京也在21 a以上,说明海河流域整体的干旱问题比较严重(李庆祥等,2002),气候变化和超负荷的水资源开发利用可能是干旱化的两个主要原因(刘芳圆等,2008)。

(2)典型干旱年份

1965年,河北省因旱受灾面积235万 hm^2,成灾119万 hm^2,减产8成以上至绝收者55.6万 hm^2。该年为1949年以来汛期降水最少的一年。6月—8月中旬全省平均降雨不足150 mm,张家口地区比常年偏少3~5成,保定西部山区偏少6~8成,东南部广大平原地区偏少5~9成,魏县8月份仅降雨1 mm。河北省全年仅降雨348 mm。海滦河年径流量116亿 m^3(其中海河79.8亿 m^3),仅为常年的52%。旱灾以邯郸、邢台、衡水三个地区最重,沧州、保定、张家口三个地区次之,天津、石家庄地区较轻。持续干旱无雨,导致水库无水,河水断流,地下水位降低约 2 m,白洋淀、南北大洼均已干涸,水电站不能继续发电,石家庄、天津用电、水困难,河北省内津浦路沿线的五个供水站火车供水发生困难,部分村民吃水发生了困难(臧建升等,2008)。

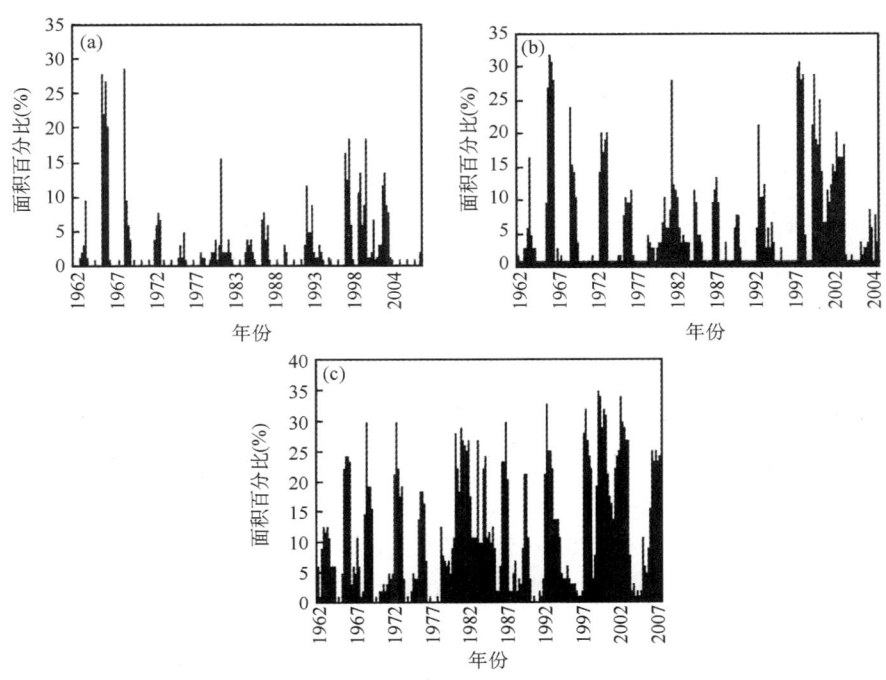

图 1.22　基于 SPI12 的海河流域不同等级干旱面积百分比
(a. 特旱, b. 重旱, c. 中旱)

1972 年大旱。河北省因旱受灾面积 269.9 万 hm², 成灾 164.7 万 hm²。旱灾主要集中分布在西、北部山区,黑龙港流域和承德、张家口地区的广大地区。2 月下旬即显露旱象,春季平均雨量 25 mm, 石家庄、衡水地区雨量在 10 mm 以下, 无雨日持续天数大部分超过 50 d, 太行山前坡 80~90 d, 整个春季基本无雨, 3 月底全省受旱面积 106.7 万 hm²。6 月份平均雨量只有 22 mm, 比常年偏少 70%, 而且地区分布不均匀, 献县只有 0.3 mm, 邢台 1.1 mm, 个别地区全年未下透雨, 甚至延续到 1973 年 5 月。至 1972 年 6 月下旬, 全省受旱面积 373.3 万 hm², 占耕地面积的 64%。5—7 月, 各河普遍断流, 许多以地表水为水源的扬水站, 只能开挖河中河截取潜流。6 月底各大中型水库除黄壁庄、王快、友谊等水库仅有 0.45 亿 m³ 水外, 其余水库均降到死库容以下。平原地区地下水位大幅度下降, 衡水地区 1972 年 6 月与 1971 年同期相比, 水位最大下降 6.9 m, 天津地区普遍降 5~7 m。全年平原地区降雨 350 mm, 局部地区降雨在 200 mm 以下。天津市宝坻县 300 d 无雨, 墒情不好; 静海县自冬至春严重干旱, 造成河干、井干、河渠断流, 至 7 月 19 日才下透雨。张家口大旱。承德地区 9 个月未下透雨, 井水干涸, 河水断流, 树叶脱落, 野草不生, 人畜无饮用水, 疫病流行, 牲畜死亡严重。平泉县从 1971 年 8 月到 1972 年 7 月, 降雨 201 mm, 10 处水利发电站停止发电,15处水库到7月份干涸10处,地下水位普降2 m多,旱死林木1581 hm², 黄土梁子林场旱死15 a生落叶松20 hm², 宋营子公社有66.7 hm²杨柳树旱死;牲畜死亡156头,羊死2065只。保定市春旱,沧州专区:入春风多雨少,严重干旱,至7月15日,全区19.3万hm²夏茬未播种,35.7万hm²春作物严重减产。吴桥县自春至秋,270 d未降透雨。井陉大部分地区井水干竭,人畜饮水困难,春玉米靠挑水点种(臧建升等,2008)。

1997年,河北省出现了全省范围的特大干旱,比1972年的大旱还要严重,部分地区夏季降水量突破历史极小值。6月份全省各地降水量为10~60 mm,北部较常年同期偏少3~5成,中南部偏少5~8成,同时中南部地区持续高温酷热天气,此时正值农作物生长的关键时期,干旱致使旱地玉米昼夜卷叶打蔫,花生、谷子、豆类大面积干枯绝收,地表水源枯竭,地下水位明显下降(邢台市严重地方浅层水位超过20 m),邢台、衡水两市4万眼机井出水不足,146村、28.8万人和4.92万头大牲畜出现饮水困难;保定市通天河、唐河断流,坑塘蓄水枯竭,地下水位下降,全市87座小型水库有33座干涸,12万眼机井有3万多眼不能出水,农业受灾面积达32万hm²,因旱未出苗的0.7万hm²,死苗的有2.56万hm²,致使秋粮大幅度减产,因灾造成15.5万人,2.4万头大牲畜饮水困难。7月份降水量为50~100 m,北部较常年同期偏少1~5成,中南部偏少5~9成。7月中旬末统计,全省受旱面积仍有266.7万hm²,重旱面积126.7万hm²,干枯6.3万hm²。干旱严重的地区重旱约40 d,严重旱区主要集中在石家庄东部及衡水、沧州两市。因干旱,全省有20万hm²麦茬翻耕,始终不能播种。8月份大部分地区降水量持续偏少,北部较常年同期偏少2~6成,中南部偏少4~9成,辛集市最少,仅22.5 mm,"卡脖旱"严重影响春、夏玉米的正常生长。9月份的降雨,仅使中南部旱情有所缓解。10月份全省20多天滴雨未降,11月降雨仍偏少,夏旱连了秋旱。到11月中旬末统计,全省麦田受旱面积170.7万hm²,其中严重受旱面积44.7万hm²,超过13万hm²出现死苗断垄(臧建升等,2008)。

2. 洪涝

(1) 海河流域洪涝趋势

海河流域平均每个月受涝面积百分比为15.8%,其中极涝、重涝和中涝所占百分比分别为2.4%、4.4%和9.0%。由于海河流域降水量时空分布不均,年降水量主要集中在夏季,并且年际间差异较大,故洪涝年际变化也较大,洪涝百分比年际间相差很大,如不同年份极涝面积百分比从0%至40.4%。1961—2007年,中涝范围年代际变化不明显,在80年代中期和90年代后期至21世纪初发生中涝区域很少,重涝和极涝范围随时间表现为显著减少的趋势,60年代初期、70年代末和90年代中期出现3个峰值(图1.23)。从洪涝的整体变化看,海河流域洪涝有所减轻。

(2) 历史洪涝情况

20世纪海河流域出现过1917、1929、1939、1956、1963和1996年等洪涝年份,各次洪水时空分布不同,但按灾情最重的是1917、1939、1963年。1917年是大清、子牙两水系洪水为主的流域性洪水。1939年是以北系永定河为主的流域性洪水。这两年的洪水都曾侵入天津市区。按洪水总量,1939年7—8月的洪水总量约170亿m³,比1963年8月洪水总量301.29亿m³小得多。1917年洪水按水文水情分析,也比1963年洪水小。可以说,1963年的洪水是20世纪最大的洪水。在按近500 a海河流域受灾80县以上,淹地266.6万 hm² 以上的有17次大洪水,接近1963年洪水的有1604年(明万历卅二年)、1653年(清顺治十年)、1668年(清康熙七年)、1801年(清嘉庆六年)等,1963年洪水的稀遇程度约在百年以上。

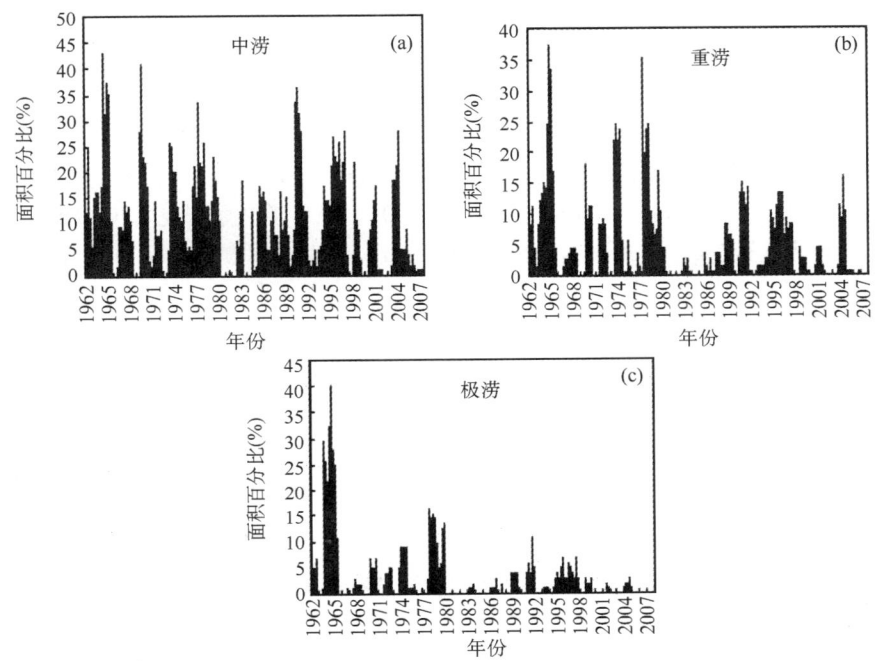

图1.23　基于SPI12的海河流域不同等级洪涝面积百分比图
(a. 中涝,b. 重涝,c. 极涝)

(3) 近50 a 典型洪涝

"63.8"暴雨,是1963年8月上旬的一次强度大、历时长、范围广的罕见暴雨,海河流域南部暴雨强度和范围均创有水文记录以来之最。8月1—10日,旬雨量超过1000 mm的面积达5430 km²,超过500 mm的面积达43800 km²;主要分布在太行山东麓、北京至新乡的京广路两侧。最大暴雨中心在河北省内丘县獐么站,最大7 d雨量2050 mm,为中国大陆迄今为止的最高纪录。北部暴雨中心在保定市西完县司仓站,旬降雨量1392 mm。对比河南中部著名的"75.8"大暴雨(暴雨中心最大过程雨量达1631 mm,超过400 mm的降雨面积达19410 km²),从雨区发展看是先南后北,雨区主要在太行山迎风坡,洪水形成快。漳卫、子牙河系洪水先形成,但入海流程长,大清河洪水后形成,但入海流程短。这种南北洪水几乎同时到达天津外围的形式对防汛非常不利。特大暴雨发生后,漳卫、子牙、大清各河系洪水猛涨。由于各河洪水来量很大且十分凶猛,中游河道狭窄,根本无法承泄洪水。特别是滏阳河系,洪水所到之地,堤防多处溃决,平地行洪宽达百里。加之平原的沥水,致使豫北、冀南、冀中、天津市南郊广大地区一片汪洋。漳卫、子牙、大清三河系主要堤防决口2369处,支流河道决口4489处。受灾人口 2200 万,死亡 5030 人,淹没农田 357.3 万 hm²,占 7 个专区总耕地的 71%。水利工程遭到严重破坏,5 座中型、332 座小型水库被冲垮,灌溉、排涝工程遭到严重破坏,大清、子牙、漳卫干流堤防决口 2396 处,滏阳河 350 km 全线溃不成堤。铁路被冲毁 822 处,计 116.4 km。京广线 27 d 不能通车,7 个专区 84% 公路被冲毁,长 6700 km。

1996 年 8 月的特大暴雨,简称"96.8",是 20 世纪 90 年代以来出现的最大暴雨,主要出现在 8 月 2—5 日。2—4 日,邢台、邯郸、石家庄、保定 4 个市的 15 个县(市)普降暴雨,降雨量 200~450 mm,朱庄、临城 2 个大水库、4 个中型水库、51 座小水库已全部溢洪下泄。4—5 日不到 30 h 内,51 个县(市)雨量超过 100 mm,其中 30 个县(市)超过 200 mm,6 个县市超过 300 mm,4 个县市超过 400 mm,井陉微水站达 670 mm。这次暴雨时间短、强度大、径流急,造成许多地方山洪暴发,河水猛涨,太行山区 11 座大型水库 10 座溢洪,24 座中型水库 21 座溢洪,428 座水库有 317 座溢洪。滏阳河、滹沱河、漳河三大水系上游洪峰流量均超过 1963 年。虽然降水总量只相当于 1963 年的一半,但由于降水集中、径流急,洪峰流量大,致灾严重。据统计,这次特大洪涝灾害涉及全省 113 个县(市)、1052 个乡镇的 15900 个村庄,受灾人口 1618.89 万,倒塌房屋 135.81 万间,死亡 677 人,失踪 231 人,死亡大牲畜 16.85 万头。河北省水利设施损失严重,损坏大型水库 1 座、中型水库 5 座,小型水库 114 座,堤防 1607 km,护岸 1500 处,水闸 1373 座,小水电站 33 座。15 条国道、76 条省道、100 多条县道一度断交,毁坏通讯线路 2290 km,南电网 11 台发电机组相继停运,电力设施遭到损坏。这次洪涝灾害,给农业、工业、交通、通信、电力等系统造成严重损失,造成直接经济损失 456.3 亿元(臧建升等,2008)。

第四节 气候变化预估

气候变化预估是科学家、公众和政策制定者共同关心的问题,尤其几十年到一百年时间尺度的气候变化预估,与各个国家和地区制定长远社会经济发展规划密切相关。目前,在预测未来气候变化研究方面,主要依靠的计算工具是气候模式,它在气候变化预估中具有不可代替的作用。

专栏

气候模式是气候系统的数值表述,是建立在其系统各部分的物理、化学和生物学性质及其相互作用和反馈过程的基础上,以解释全部或部分已知的特征。气候系统可以用不同复杂程度的模式进行描述,即:通过某个分量或者分量组合就可以对某个模式体系进行识别。各模式的不同可以表现在以下几个方面,如空间维数、物理、化学或生物过程所明确表述的程度,或者经验参数化的应用程度。耦合的大气/海洋/海冰大气环流模式(AOGCM)给出了对气候系统的一个综合描述,可包括化学和生物的复杂模式在内。气候模式不仅是一种模拟气候的研究时段,而且还被用于业务预测,包括月、季节、年际的气候预测(IPCC,2007)。

气候模式从空间范围可分为全球气候模式和区域气候模式,而从复杂程度上可分为简单气候模式、中等复杂程度气候模式和完全耦合气候模式。目前用于气候变化预估的气候模式主要是海气耦合模式。

为了预估未来全球和区域气候变化,必须事先提供未来温室气体和硫酸盐气溶胶排放的情况,即所谓的排放情景。排放情景通常是根据一系列因子(包括人口增长、经济发展、技术进步、环境条件、全球化、公平原则等)的假设得到。对应于未来可能出现的不同社会经济发展状况,通常要制作不同的排放情景。目前,主要采用 SRES 排放情景,其主要有四个框架组成:A1、A2、B1 和 B2。

专栏

联合国政府间气候变化专门委员会(Intergovernmental Panel on Climate Change),简称 IPCC。成立于 1988 年,由世界气象组织(WMO)和联合国环境规划署(UNEP)联合组建,对联合国和 WMO 的全体会员开放。

IPCC 的作用是在全面、客观、公开和透明的基础上,评估与理解人为引起的气候变化、这种变化的潜在影响以及适应和减缓方案的科学基础有关的科技和社会经济信息。

IPCC 已发布了 4 次评估报告。报告提供有关气候变化、其成因、可能产生的影响及有关对策的全面的科学、技术和社会经济信息。

在 1990 年发表的首份评估报告中,IPCC 为人们指明了气温升高的危险。这份报告推动了联合国环境与发展大会 1992 年通过《联合国气候变化框架公约》。该公约是世界上第一个旨在全面控制二氧化碳等温室气体排放、应对全球气候变暖给人类经济和社会带来不利影响的国际公约。

在 1995 年的第二份报告中,IPCC 认为,"证据清楚地表明人类对全球气候的影响"。

在 2001 年的第三份报告中,IPCC 表示,有"新的、更坚实的证据"表明人类活动与全球气候变暖有关,全球变暖"可能"由人类活动导致,"可能"表示 66% 的可能性。

在 2007 年第四份报告中，IPCC 表示，全球气候系统的变暖已经是不争的事实，这一现象很可能是人类活动导致温室气体浓度增加所致，"很可能"意味着结论的可靠性在 90% 以上。如果不采取行动，人类活动导致的气候变化可能带来一些"突然的和不可逆的"影响(IPCC，2007)。

排放情景 SRES

为了预估未来全球和区域的气候变化，必须事先提供未来温室气体和硫酸盐气溶胶的排放情况，即所谓的排放情景(Special Report on Emissions Scenarios，SRES)。排放情景通常是根据一系列因子(包括人口增长、经济发展、技术进步、环境条件、全球化、公平原则等)假设而得到。对应于未来可能出现的不同社会经济发展状况，通常要制作不同的排放情景。到目前为止，IPCC 先后发展了两套温室气体和气溶胶排放情景，即 IS92 和 SRES 排放情景。SRES 排放情景于 2000 年提出，主要由四个框架组成：

A1 框架和情景系列。经济快速增长，全球人口峰值出现在 21 世纪中叶、随后开始减少，未来会迅速出现新的和更高效的技术。它强调地区间的趋同发展和能力建设，文化和社会的相互作用不断增强，地区间人均收入差距持续减少。

A2 框架和情景系列。该系列描述的是一个发展极不均衡的世界。其基本点是自给自足和地方保护主义，地区间的人口出生率很不协调，导致人口持续增长，经济发展主要以区域经济为主，人均经济增长与技术变化日益分离，低于其他框架的发展速度。

B1 框架和情景系列。该系列描述的是一个经济结构向服务和信息经济方向快速调整的世界，材料密度降低，引入清洁、能源效率高的技术。其基本点是在不采取气候行动计划的条件下，在全球范围更加公平地实现经济、社会和环境的可持续发展。

B2 框架和情景系列。该系列描述的世界强调区域经济、社会和环境的可持续发展。全球人口以低于 A2 的增长率持续增长，经济发展处于中等水平，技术变化速率与 A1, B1 相比趋缓，发展方向多样。同时，该情景所描述的世界也朝着环境保护和社会公平的方向发展，但所考虑的重点仅局限于地方和区域一级(IPCC, 2007)。

不确定性：指关于某一变量(如未来气候系统的状态)未知程度的表述。不确定性可源于缺乏有关已知或可知事物的信息或对其认识缺乏一致性。主要来源有许多，如从资料的可量化误差到概念或术语定义的含糊，或者对人类行为的不确定预估。因而，不确定性能够用量化的度量表示(如不同模式计算值的一个变化范围)或进行定性描述，如体现一个专家组的判断(IPCC，2007)。

可信度:IPCC报告表述结果正确性的可信度水平,运用了如下定义的标准术语:

术语	关于结论正确性的可信度水平
很高可信度	至少有九成机会是正确的
高可信度	约有八成机会是正确的
中等可信度	约有五成机会是正确的
低可信度	约有二成机会是正确的
很低可信度	正确的机会小于一成

可能性:是指发生某个时间、出现后果或结果的可能性,可按概率进行估算,在IPCC报告中用标准术语表述可能性。

术语	发生/出现的可能性
几乎确定	发生概率大于99%
很可能	发生概率大于90%
可能	发生概率大于66%
多半可能	发生概率大于50%
或许可能	发生概率为33%~66%
不可能	发生概率小于33%
很不可能	发生概率小于10%
极不可能	发生概率大于99%

(IPCC,2007)

一、不同模式模拟能力分析

利用国家气候中心提供的20多个不同分辨率的全球气候系统模式的模拟结果,这些模式为IPCC第四次评估报告所采用,经过插值降尺度计算,将其统一到同一分辨率下。对其在东亚地区的模拟效果进行检验,利用可靠性加权平均进行多模式集合(张建云,王国庆,2007;徐影,2008),制作成一套1901—2100年月平均资料,其中SRESA1B、B1情景下17个模式,SRESA2情景下16个模式(详细信息见表1.9和表1.10)。利用这套资料,对海河流域未来40 a(2011—2050)年温度、降水情况进行预估。

> **专栏**
>
> **气候预测**
>
> 气候预测或气候预报是试图对未来的实际气候演变作出估算,例如:季、年际的或更长时间尺度的气候演变。由于气候系统的未来演变或许对初始条件高度敏感,因此实质上这类预测通常是概率性的(IPCC,2007)。
>
> **气候预估**
>
> 对气候系统响应温室气体和气溶胶的排放情景或浓度情景或响应辐射强迫情景所作出的预估,通常基于气候模式的模拟结果。气候预估与气候预测不同,气候预估主要依赖于所采用排放/浓度/辐射强迫情景,而预测则基于相关的各种假设,例如:未来也许会或也许不会实现的社会经济和技术发展,因此具有相当大的不确定性(IPCC,2007)。

表1.9　　不同 SRES 情景下月平均资料模式集合平均值所用模式的特征

模式名称	国家	大气模式	海洋模式	海冰模式	陆面模式
BCC-CM1	中国	T63L16 1.875°×1.875°	T63L16 1.875°×1.875°	热力学	L13
BCCR_BCM2_0	挪威	ARPEGE V3 T63L31	NERSC-MICOM V1L35 1.5°×0.5°	NERSC 海冰模式	ISBA ARPEGE V3
CCCMA_3 (CGCMT47)	加拿大	T47L31 3.75°×3.75°	L29 1.85°×1.85°		
CNRMCM3	法国	Arpege-Climatv3 T42L45 (2.8°×2.8°)	OPA8.1 L31	Gelato 3.10	
CSIRO_MK3	澳大利亚	T63L18 1.875°×1.875°	MOM2.2 L31 1.875°×0.925°		
GFDL_CM2_0	美国	AM2 N45L24 2.5°×2.0°	OM3 L50 1.0°×1.0°	SIS	LM2
GFDL_CM2_1	美国	AM2.1 M45L24 2.5°×2.0°	OM3.1 L50 1.0°×1.0°	SIS	LM2

续表

模式名称	国家	大气模式	海洋模式	海冰模式	陆面模式
GISS_AOM	美国	L12 4°×3°	L16	L4	L4-5
GISS_E_H	美国	L20 5°×4°	L16 2°×2°		
GISS_E_R	美国	L20 5°×4°	L13 5°×4°		
IAP_FGOALS1.0	中国	GAMIL T42L30 2.8°×3°	LICOM1.0	NCAR CSIM	
IPSL_CM4	法国	L19 3.75°×2.5°	L19 (1°−2°)×2°		
INMCM3	俄罗斯	L20 5°×4°	L33 2°×2.5°		
MIROC3	日本	T42L20 2.8°×2.8°	L44 (0.5°−1.4°)×1.4°		
MIROC3_H	日本	T106L56 1.125°×1°	L47 0.2812°×0.1875°		
MIUB_ECHO_G	德国	ECHAM4 T30L19	HOPE-G T42L20	HOPE-G	
MPI_ECHAM5	德国	ECHAM5 T63 L32(2°×2°)	OM L41 1.0°×1.0°	ECHAM5	
MRI_CGCM2	日本	T42L30 2.8°×2.8°	L23 (0.5°−2.5°)×2°		SIB L3
NCAR_CCSM3	美国	CAM3 T85L26 1.4°×1.4°	POP1.4.3 L40 (0.3°−1.0°)×1.0°	CSIM5.0 T85	CLM3.0
NCAR_PCM1	美国	CCM3.6.6 T42L18 (2.8°×2.8°)	POP1.0 L32 (0.5°−0.7°)×0.7°	CICE	LSM1 T42
UKMO_HADCM3	英国	L19 2.5°×3.75°	L20 1.25°×1.25°		MOSES1
UKMO_HADGEM	英国	N96L38 1.875°×1.25°	(1°−0.3°)×1.0°		MOSES2

表 1.10　　　　　　　　　不同 SRES 情景数据所用到的模式

A1B 情景	A2 情景	B1 情景
CCCMA_3	BCCR_BCM2_0	BCCR_BCM2_0
CNRMCM3	CCCMA_3	CCCMA_3
CSIRO_MK3	CNRMCM3	CNRMCM3
GFDL_CM2_0	CSIRO_MK3	CSIRO_MK3
GFDL_CM2_1	GFDL_CM2_0	GFDL_CM2_0
GISS_AOM	GFDL_CM2_1	GISS_AOM
GISS_E_H	GISS_E_R	GISS_E_R
IAP_FGOALS	INMCM3	IAP_FGOALS
INMCM3	IPSL_CM4	INMCM3
IPSL_CM4	MIROC3	IPSL_CM4
MIROC3_H	MIUB_ECHO_G	MIROC3_H
MIROC3	MPI_ECHAM5	MIROC3
MIUB_ECHO_G	MRI_CGCM2	MIUB_ECHO_G
MPI_ECHAM5	NCAR_CCSM	MPI_ECHAM5
MRI_CGCM2	NCAR_PCM1	MRI_CGCM2
NCAR_CCSM	UKMO_HADCM3	NCAR_CCSM
UKMO_HADCM3		UKMO_HADCM3

　　通过对 16(17) 个模式 1956—2007 年的模拟结果以及多模式算术加权平均值与同时期的实际观测值进行统计分析，发现对平均气温而言，三个情景下均是多模式算术平均值优于单一模式预测结果，实测值与模拟值的相关系数均超过 0.67，说明模拟结果对气温有很好的趋势预测效果，但预测数值较实际偏低 4~4.6℃ （相对于 1961—2000 年平均）。在单一模式中，三个情景下 CNRMCM3 模式模拟结果都比较好，相关系数在 0.57~0.65。对降水量预测而言，IPSL_CM4 模式对三种情景下年降水量预测结果都相对较好，尤其对 A2、B1 情景下的预测结果优于其他单一模式以及多模式的算术平均值，但相关系数在 0.21~0.27，模拟效果低于平均气温，其中仅在 A2 情景下的模拟结果通过 0.05 水平显著检验。IPSL_CM4 模式对三个情景下年降水量的模拟值比实测值略偏

少几毫米(相对于 1961—2000 年平均)。

根据以上效果检验,采用多模式的算术平均值预测三个情景下年平均气温,采用 IP-SL_CM4 模式对三种情景下的年降水量进行预估。气温预测值以针对 1961—2000 年平均值的距平表示。

二、气候变化预估

1. 未来 40 a 气候变化预估

图 1.24 反映了 A2、A1B、B1 三种情景下 2001—2050 年海河流域年平均气温的变化情景。可见,不同情景下预测的未来流域平均气温均呈现明显升高趋势,A1B 情景下升温速率最大,平均每 10 a 升高 0.39℃;其次是 A2 情景,增温速率略低于 A1B 情景,平均每 10 a 升高 0.31℃;B1 情景下升幅最小,平均每 10 a 升高 0.22℃。

图 1.25 为上述三种情景下 2001—2050 年海河流域年降水量的变化情况。可见,A1B 和 A2 情景下预测的未来流域年降水量均呈现增加趋势,A1B 情景下增长速率较大,平均每 10 a 增加 19.6 mm;A2 情景下增加速率略小于 A1B,每 10 a 平均增加 6.4 mm。B1 情景下预测的年降水量呈减少趋势,平均每 10 a 减少 4.1 mm。

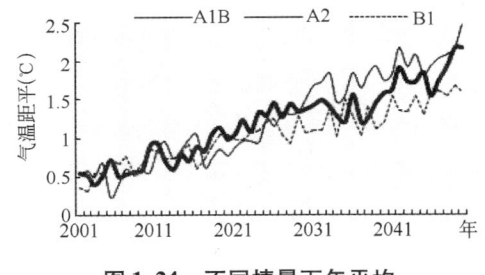

图 1.24 不同情景下年平均气温变化情况

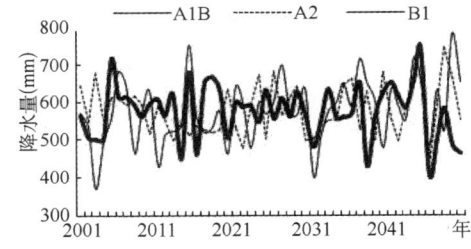

图 1.25 不同情景下年平均降水量变化情况

2. 未来 20~30 年逐年代气候变化预估

图 1.26 是模式预估的海河流域未来 20~30 a 在 A1B、A2、B1 三种情景下各年代年平均气温相对于 1971—2000 年平均值的变化空间分布。可以看出,海河流域 2011—2040 年区域年平均气温的预估都是升高的,三种情景下不同年代、各地变化不太相同,但空间分布趋势大致相似,均呈现出北部升幅大于南部的变化态势。不同模式预估结果有所不同,反映出模式预估的复杂性和结果存在的不确定性。

海河流域 2011—2040 年各年代年降水量的预估基本上都为微弱增加趋势,不同情景下各地表现不大相同(图 1.27)。A1B 情景下,2011—2020 年大清河和子牙河上游部分区域降水量微量减少,其他区域均为增加,徒骇马颊河增幅最大;2021—2030 年海河北系局部微量减少,其他区域均增加,海河南系的漳卫河区域增幅最大;2031—2040 年各地降水变化预估均增加。A2 情景下,各年代降水量预估均增加,2011—2020 年海河南系西南部增幅最大;2021—2030 年海河北系和滦河水系增幅最大;2031—2040 年海河南系的南部以及徒骇马颊河增幅最大。B1 情景下,不同年代降水量预估各地均增加,各年代中基本都是海河南系的南部和徒骇马颊河增幅最大。

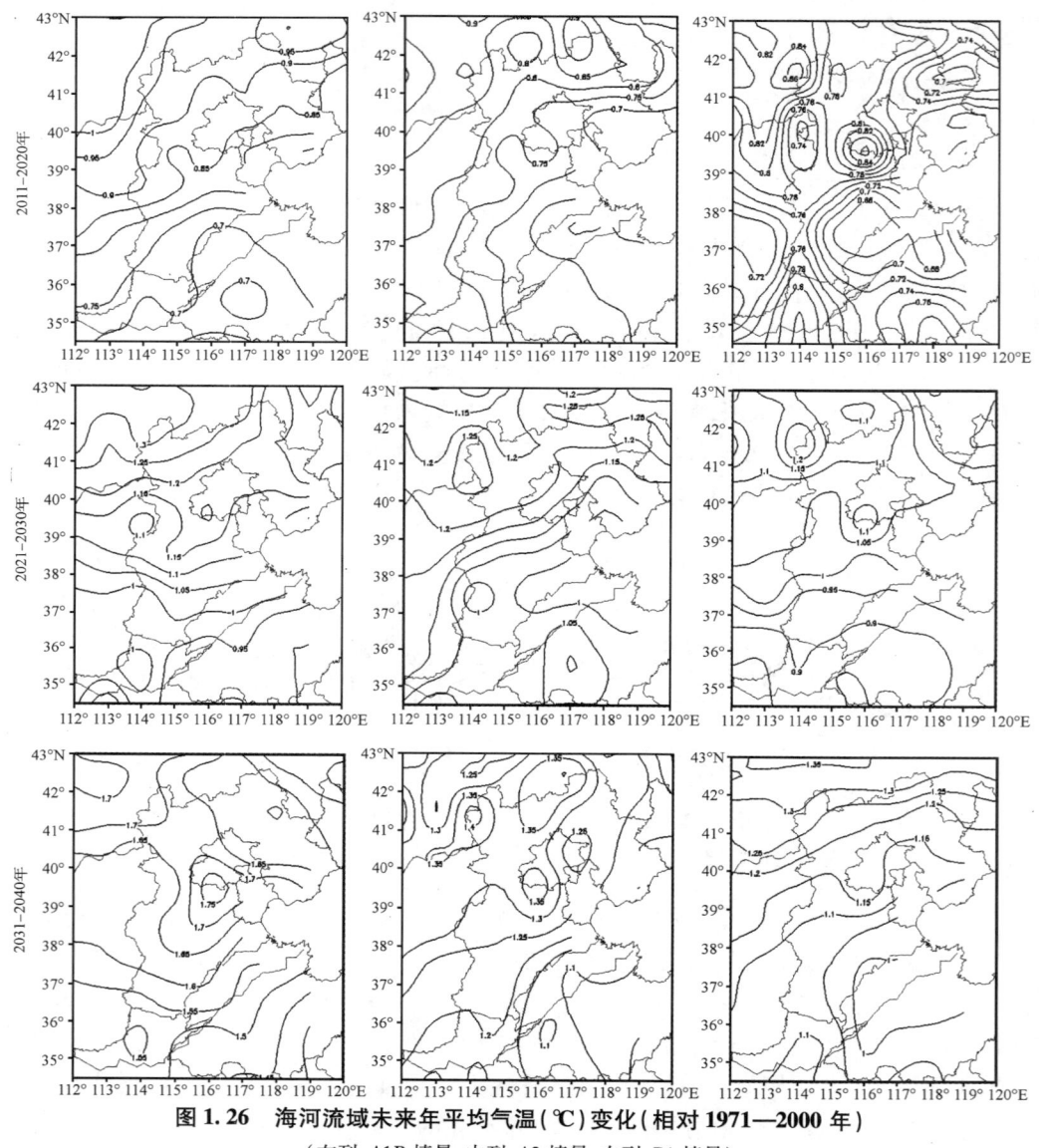

图 1.26　海河流域未来年平均气温(℃)变化(相对 1971—2000 年)

(左列:A1B 情景;中列:A2 情景;右列:B1 情景)

3. 未来不同季节气候变化预估

在不同情景下,预估的海河流域不同季节未来 20~30 年平均气温都为升高趋势,A1B 和 A2 情景下升高最多,B1 情景下升高较小。不同季节中,冬季气温升高幅度最大,夏季次之,春季、秋季升高幅度最小。预估结果显示,冬季预估结果年际波动很大,说明未来冬季冷暖年波动较大。

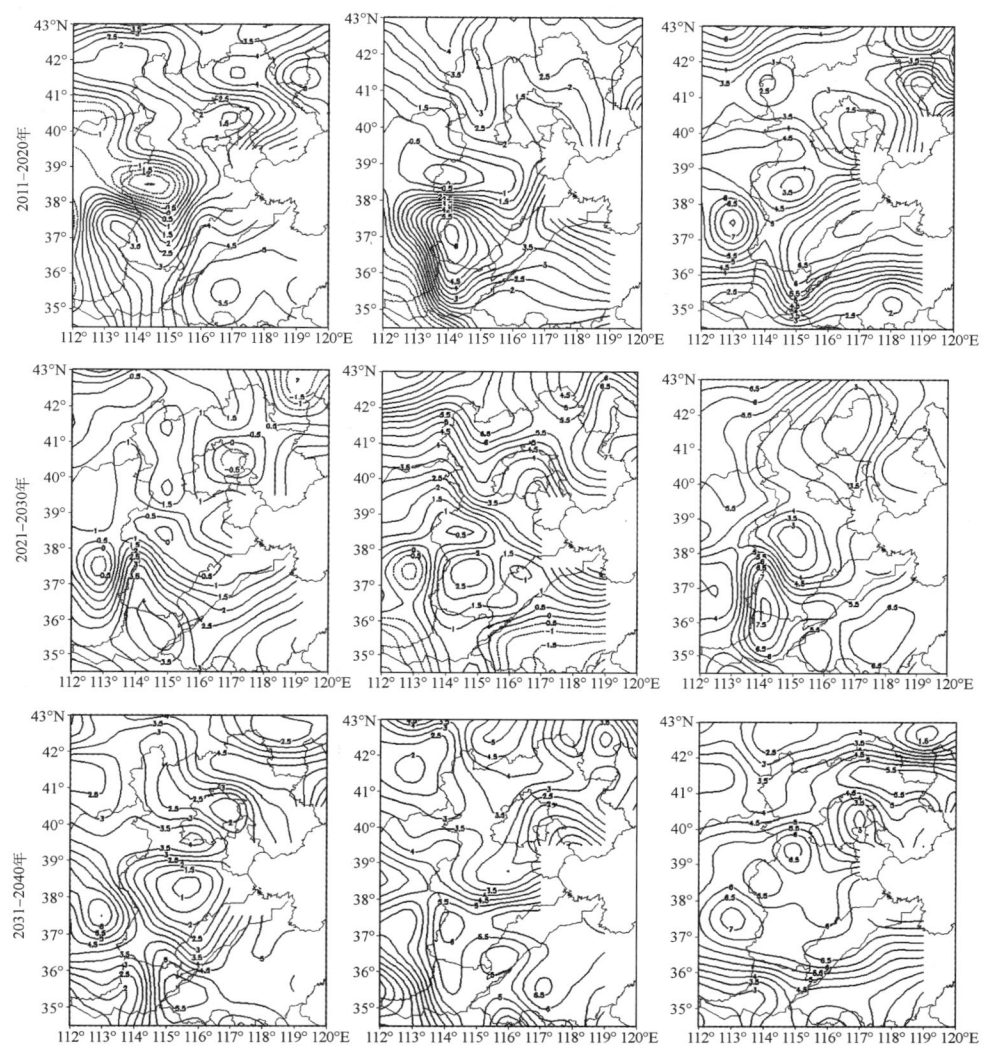

图 1.27　海河流域未来年降水量变化相对 1971—2000 年平均值百分比空间分布(%)
（左列：A1B 情景；中列：A2 情景；右列：B1 情景）

预估的未来 20~30 年降水量在不同情景下均为增加趋势，A1B 和 A2 情景下增加较多，B1 情景下增加较少。预估的不同季节变化幅度有所差异，冬季、春季降水增加幅度较大，夏季、秋季增加幅度较小。

三、气候变化预估的不确定性

1. 模式本身的不确定性

气候变化是气候系统五大圈层相互作用的结果，目前对未来气候情景预估的主要工具是气候数值模拟，由于气候系统各个组成部分之间复杂的相互关系，目前尚无法完全了解气候变化的内在规律。由于对气候系统这些内部过程与反馈缺乏认识,导致了现有各种气候模式本身以及模拟预测的结果亦存在着一定的不确定性(Tebaldi,et al.,2004;张雪芹等,2008),这主要是由于模式中各物理参数的选取和结构框架不同,也由于不同的模式开发者对物理过程的不同理解,政府间气候变化专门委员会(IPCC)第三次、第四次报告中明确指出:正确分析模式的不确定性是 IPCC 报告的主要任务之一(Wittenberg,Anderson,1998;Solomon,et al.,2007)。

IPCC 报告认为,未来气候变化预估的关键是不确定性分析,主要来自平衡气候敏感度、碳循环反馈的不确定性;不同气候模式对云反馈、海洋热吸收、碳循环反馈等机制的描述差别很大,也增加了不确定性。气候变化预估结果很大程度上依赖模式和情景,提高预估的可靠性和信度,需要进一步完善气候系统模式,加强气候系统各要素的观测,提高对气候系统生物地球化学循环的科学认识(秦大河,罗勇,2008)。除此之外,现阶段对未来社会发展和排放情景的估计也并不准确,从而使得未来气候变化趋势的估计也存在较大不确定性(Shackley,et al.,1998)。IPCC 第四次评估报告认为,目前对 21 世纪的变暖,以及区域尺度特征的预估结果,包括风场、降水和极端事件的模拟具有更为可信的结果(张雪芹等,2008)。

2. 独特地形导致模型预估的不确定性

海河流域地形复杂,地貌具有复杂多样的特性。境内高原、山地、丘陵、盆地、平原、海岸类型齐全,因此气候的地域差异很大。这在一定程度上降低了气候模型本身在海河流域的适用性,增加了对此区域气候变化情景评估和预测的不确定性。

3. 其他因素导致的不确定性

目前海河流域气象测站分布不均,平原地区站点多、山区站点少,且气象测站基本都位于城区,因此测站资料不能很好地代表周边几十千米甚至几百千米范围内的实际情况,这对于山区地形比较复杂地带更是如此。此外,随着城市化进程的加快,城市规模不断扩大,许多气象测站身处林立的建筑物包围之中,观测的数据已不可用,使得气候研究和模拟的气候系统资料也不充足。上述各种因素的综合影响,都导致了对海河流域特别是山区的气候变化评估和预测仍有很大不确定性。

小结

本章利用海河流域 117 个气象站 1961—2007 年的气温、降水等气象要素的逐日观测数据,分析了近 50 a 海河流域的气候变化观测事实。1961—2007 年海河流域年平均气温呈现显著的上升趋势,总体上升趋势始于 1986 年,升温速率 0.30℃/10 a,变化速度大于全国平均水平,且最低气温升速大于最高气温,北部大于南部,冬季升速大于其他季节;极端最高气温呈现先降低再升高的趋势;极端最低气温呈不断升高趋势,1992 年以后年际间变化明显加大;≥30℃日数年际变化呈增加趋势,≥35℃以上的日数呈减少趋势;≤0℃的日数呈减少趋势,主要为≤-10℃的日数减少,而0~-10℃间的日数增加;年降水量地域差异大、年际变化大、年内集中程度高,其整体呈弱减少趋势,全区域中仅滦河流域上游呈弱的增加趋势,降水量减少主要是暴雨量减少所致;流域内极端强降水量、极端强降水强度和频数均减少;流域受多种气象灾害困扰,最频繁的自然灾害是干旱,年干旱面积呈扩大趋势,气候干旱处于缓慢加重状态;洪涝年际变化较大,总体呈波动减小趋势。

利用国家气候中心提供的多个不同分辨率的全球气候系统模式的模拟结果,对海河流域未来40 a(2011—2050年)温度、降水情况进行预估。结果表明,流域平均气温呈明显升高趋势,年降水量呈增加趋势。

参考文献

褚健婷,夏军,许崇育等. 2009. 海河流域气象和水文降水资料对比分析及时空变异. 地理学报,**64**(9):1083-1092.

冯平,王仲珏,杨鹏. 2003. 海河流域区域干旱特征的分析与研究. 水利水电技术,**34**(3):33-35.

高润祥,司鹏,宋明等. 2011. 近50年天津地区局地气候变化特征分析. 气候与环境研究,**16**(2):159-168.

高霞,尤凤春,许耀辉. 2008. 河北省水资源状况的降水条件分析. 干旱气象,**26**(1):47-51.

龚高法. 1993. 中国农业对气候变化的敏感带和敏感地区. 张翼,等. 气候变化及其影响. 北京:气象出版社.

顾庭敏. 1991. 华北平原气候. 北京:气象出版社.

海河志编纂委员会. 1997. 海河志(第一卷). 北京:中国水利水电出版社.

郝立生,姚学祥,只德国. 2009. 气候变化与海河流域地表水资源量的关系. 海河水利,(10):1-5.

河北省旱涝预报课题组. 1985. 海河流域历代自然灾害史料. 北京:气象出版社.

户作亮,2007. 浅谈京津冀都市圈区域水资源战略. 中国水利,**9**(3):44-45.

李春强,杜毅光,李保国等. 2009. 河北省近四十年(1965—2005)气温和降水变化特征分析. 干旱区资源与环境,**23**(7):3-9.

李庆祥,刘小宁,李小泉. 2002. 近半世纪华北干旱化趋势研究. 自然灾害学报,**11**(3):50-56.

刘德义,黄鹤,杨艳娟等. 2010. 天津城市化对市区气候环境的影响. 生态环境学报,**19**(3):610-614.

刘芳圆,肖嗣荣,张可慧. 2008. 河北省干旱化初探. 气候与环境研究,**13**(3):309-317.

刘学锋,李元华,秦莉. 2007. 河北省近50年最高气温及高温日数变化特征. 气象科技,**35**(1):31-35.

刘学锋. 2005. 河北省气候冷暖的变化、影响和对策. 河北师范大学学报(自然科学版),**29**:216-220.

刘学锋,向亮,于长文. 2010. 海河流域降水极值的时空演变特征. 气候与环境研究,**15**(4):451-461.

马晓波. 1999. 在华北地区水资源的气候特征. 高原气象,**18**(4):520-524.

第二次气候变化国家评估报告编写委员会. 2011. 第二次气候变化国家评估报告. 北京:科学出版社.

气候变化国家评估报告编写委员会. 2007. 气候变化国家评估报告. 北京:科学出版社.

秦大河,罗勇. 2008. 全球气候变化的原因和未来变化趋势. 科学对社会的影响,**2**:16-21.

任国玉,郭军,徐铭志等. 2005. 近50年来中国地面气候变化基本特征. 气象学报,**63**(6):942-956.

阮新,刘学锋,李元华. 2007. 河北省近40年干旱变化特征分析. 干旱区资源与环境,**22**(1):50-53.

沙万英,郭其蕴. 1996. 海河流域近500年大旱大涝时空特征及趋势预测. 自然灾害学报,**5**(4):106-116.

苏剑勤,程树林,郭迎春. 1996. 河北气候. 北京:气象出版社.

汤仲鑫,赖叔彦,李敬芬等. 1990. 海河流域旱涝、冷暖史料分析. 北京:气象出版社.

屠其璞,邓自旺,周晓兰. 1999. 中国近117年年平均气温变化的区域特征研究. 应用气象学报(增刊),**10**:34-42.

王孟本,范晓辉. 2009. 山西省近50年气温和降水变化基本特征研究. 山西大学学报(自然科学版),**32**(4):640-648.

王晓霞,徐宗学,纪一鸣等. 2010. 海河流域降水量长期变化趋势的时空分布特征. 水利规划与设计,**1**:35-38.

王颖,安月改,张国华. 1998. 炎热的夏天——1997年夏季高温剖析. 河北气象,**17**(2):13-17.

王志伟,翟盘茂. 2003. 中国北方近50年干旱变化特征. 地理学报,**58**(增刊):61-68.

魏凤英. 2007. 现代气候统计诊断与预测技术. 北京:气象出版社.

谢庄,王桂田. 1994. 北京地区气温和降水百年变化规律的探讨. 大气科学,**18**(6):683-690.

徐娟,魏明建. 2006. 华北地区百年气候变化规律分析. 首都师范大学学报,**27**(4):79-82.

徐影. 2008. 中国地区气候变化预估产品简介. 气候变化研究进展,**4**(06):373-375.

幺枕生,丁裕国. 1990. 气候统计. 北京. 气象出版社.

臧建升,郭迎春,迟俊成等. 2008. 中国气象灾害大典(河北卷). 北京:气象出版社,**300**:170-197.

翟劭燚,张建云,刘九夫. 2009. 海河流域近50年降水变化多时间尺度分析. 海河水利,(1):1-3.

张家诚. 1982. 气候变化对中国农业生产的影响初探. 地理研究,**1**(2):8-15.

张建云,王国庆. 2007. 气候变化对水文水资源影响研究. 北京:科学出版社.

张健,章新平,王晓云等. 2009. 京津冀地区近47a降水量的变化特征. 干旱气象. **27**(1):23-28.

张秀丽,孙燕. 2007. 近50a北京人居环境中气候因子的变化特征. 南京气象学院学,**30**(4):521-523.

张雪芹,彭莉莉,林朝晖. 2008. 未来不同排放情境下气候变化预估研究进展. 地球科学进展,**23**(2):174-185.

张友姝,王谦谦,钱永甫等. 2001. 近50a华北地区冬季气温的时空变化特征. 南京气象学院学报,**25**(5):633-639.

赵桂香,赵彩萍,李新生. 2006. 近47a来山西省气候变化分析. 干旱区研究,**23**(3):500-505.

政府间气候变化专门委员会(IPCC)第四次评估报告第一工作组. 2007. 气候变化2007,自然科学基础.

中国气象局政策法规司. 2005. 气象标准汇编——气象干旱等级.

周连童,黄荣辉. 2006. 华北地区降水、蒸发和降水蒸发差的时空变化特征. 气候与环境研究,**11**(3):280-295.

Shackley S, Young P, Parkinson S, et al. 1998. Uncertainty, complexity and concepts of good science in climate change modeling: Are GCMs the best tools?. *Climate Change*, **38**:159-205.

Solomon S, Qin D, Manning M, et al. 2007. The physical science basis. Contribution of working group I to the fourth assessment report of the International Panel on Climate Change. Cambridge: Cambridge University Press.

Tebaldi C, Nychka D, and Mearns L O. 2004. From global mean responses to regional signals of climate change: Simple pattern scaling, its limitations (or lack of) and the uncertainty in its results // Proceeding of the 18th Conference on Probability and Statistics in the Atmospheric Sciences, AMS Annual Meeting, Seattle, WA.

Wittenberg A T, Anderson J L. 1998. Dynamical implications of prescribing part of a coupled system: Results from a low order model. *Nonlinear Proce. Geophy.*, **5**:167-178.

气候变化对海河流域水资源的影响及适应

刘学锋(河北省气候中心)

李春强(河北省气象科学研究所)

引言

海河流域是中国政治文化中心和经济发达地区,也是水资源十分短缺和生态与环境严重恶化的地区。随着经济社会的高速发展,气候变化和人类活动对水资源的影响,海河流域水资源情势及其开发利用条件发生了新的变化。特别是20世纪80年代以来,全流域进入持续的枯水期,气温升高,降水量持续减少,加之大规模的人类活动影响,使流域下垫面条件发生了很大的变化,导致地表水资源和水资源总量均有明显减少;水资源开发利用程度过高,分布和利用结构发生变化,质量明显下降,供需矛盾十分突出,生态与环境恶化不断加剧。全球气候变化背景下,海河流域水资源将会发生变化。评估气候变化对海河流域水资源的影响将为政府部门科学决策提供参考依据。

第一节 水资源基本特征

一、自然地理与河流水系概况

海河流域位于华北地区,包括北京、天津两市,河北省绝大部分,山西省东部,河南、山东两省北部,以及内蒙古自治区和辽宁省一小部分。其南界为35°N(西)与37°N

(东),北界为43°N,东西横跨112°~120°E。流域总面积32×10⁴ km²,占全国面积的3.3%。其中山区(包括山地、高原、盆地)18.9×10⁴ km²,占流域面积的59%,平原面积13.1×10⁴ km²,占流域面积的41%(施雅风,1995)。按照流域水系、地下水埋藏及水文地质条件可将流域分为滦河及冀东沿海、海河南系、海河北系和徒骇马颊河4个二级区(费宇红等,2001)。

海河流域北部地势西北高、东南低,南部则西南高、东北低,呈扇形向渤海倾斜;区域北部有东西走向的燕山山脉;西部为南北走向的太行山山脉。燕山以北为内蒙古高原;燕山以南、太行山以东为广阔的华北平原(图2.1)。本区山地海拔高度一般为500~2000 m,2000 m以上的山地范围不大。其中燕山山脉的最高峰为雾灵山,海拔2116 m;太行山山脉的五台山之北台顶,海拔3061 m,为流域的最高峰。由于大地构造的断裂和沉降作用,山脉中形成了一些盆地,较大的如大同、张宣、阳蔚、忻定等盆地。区域北部的内蒙古高原(冀北高原),海拔1200~1500 m,地面呈阶梯状起伏,相对高度在50 m以内。区域内的平原地区按成因可分为山前冲积洪积平原、中部冲积湖积平原和滨海冲积海积平原。山前海拔高度50~100 m,地面坡度一般在1/1000~1/3000。山前平原与中部平原之间有一些交接洼地或淀泊,较大有白洋淀、宁晋泊、大陆泽等。中部平原海拔高度大部分为10~50 m,地面坡度一般在1/3000~1/6000。滨海平原海拔一般在10 m以下,最低处只有3 m左右(施雅风,1995)。

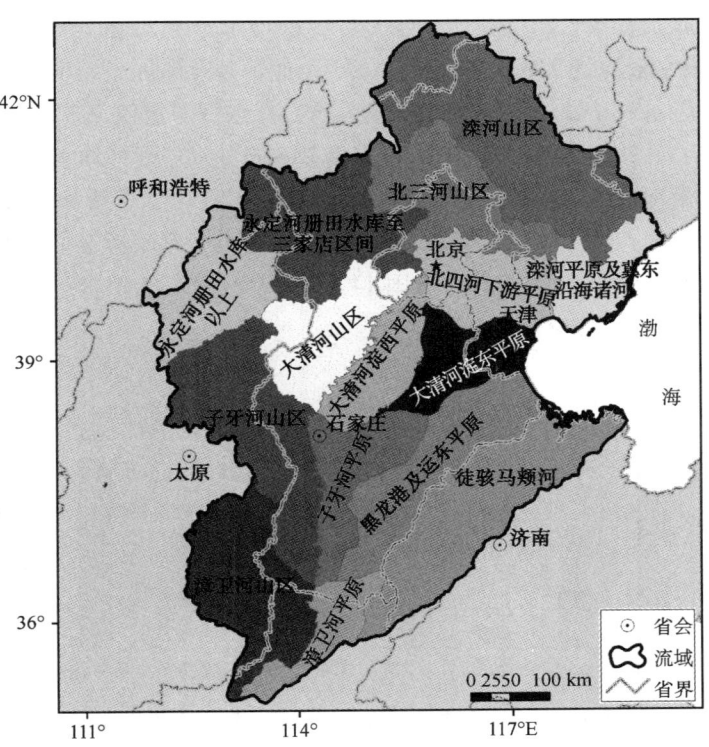

图 2.1　海河流域水资源(三级)分区

公元前20000年至公元前7500年,海河平原的漳河、滹沱河、永定河、滦河基本形成,河网密布。到商周时期,黄河流经海河平原,今大清河以南水系都曾流入黄河;以北的永定河、潮白河分流入海。商末至西汉中期随着黄河改道,海河平原河流逐步变为分流入海。公元1~6世纪,随着黄河逐渐向南改道,对海河水系的影响减小。进入晚全新世时期,气候变凉,降雨减少,加上人类活动,海河水系又向着众流归一的方向发展。1963年大洪水后,开挖了数条直接入海河道,海河流域出现了统一水系系统和分流入海系统并存的局面。

海河流域发源于蒙古高原、黄土高原、燕山、太行山,由滦河、海河、徒骇马颊河三大水系组成。海河流域各河系发源地分为两种类型。一类发源于太行山、燕山背风坡,如滦河、潮白河、永定河、滹沱河、漳河等,流域面积大,容易控制,泥沙较多;另一类发源于太行山、燕山迎风坡,如蓟运河、北运河、大清河、滏阳河、卫河等,源短流急,多经洼淀滞蓄后下泄,泥沙较少。两类河流相间分布。总的特点是河流众多、水系分散、源短流急,水量季节性变化显著。在海河流域的众多河流中,流域面积在 500 km² 以上的有 113 条,总长度 1.61 万km;流域面积在 1000 km² 以上的河流有 81 条,总长度 1.31 万 km(任宪韶等,2007)。

二、水资源基本概况

1. 水资源总量

海河流域属于资源性严重缺水地区,多年平均水资源总量370亿 m³(1956—2000年),其中:地表水资源量216亿 m³,占58.4%,地下水资源量中与地表水资源量之间的不重复量154亿 m³,占41.6%。海河流域人均占有水资源量仅293 m³,只相当于全国平均水平的13%(图2.2);亩①均水资源占有量213 m³,为全国平均水平的15%。海河流域的水资源总量和人均、亩均水资源占有量均为全国10个水资源一级分区中最低的,并远低于国际通行的人均1000 m³ 紧缺标准和500 m³ 极度紧缺标准。海河流域水资源总量虽仅占全国的1.3%,却承担着占全国14%的GDP、10%的粮食产量和人口的用水任务,水资源供需矛盾十分突出。

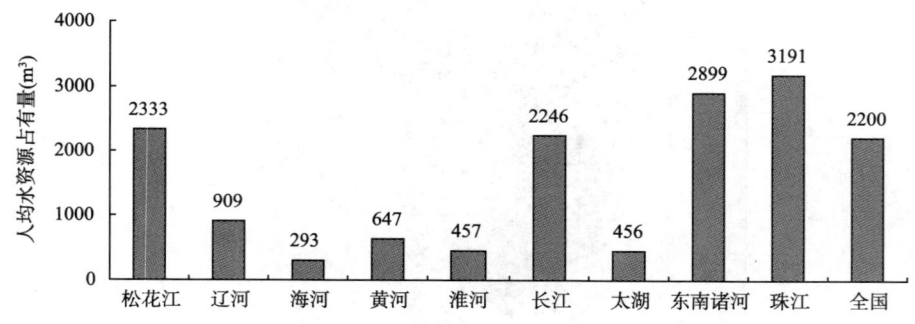

图2.2 全国和主要水资源一级区人均水资源量(m³)

---

① 1 亩 = $\frac{1}{15}$ hm²。

2. 地表水资源

海河流域地表水资源的特点是：总量欠丰、年内变化明显、地域分布不均。海河流域1956—2000年平均径流量（地表水资源量）为216亿 m^3，折合径流深67.5 mm，其中山区164亿 m^3，占76%；平原52亿 m^3，占24%。流域地表水资源量最大为1956年的491亿 m^3，次大为1964年的481亿 m^3；最小为2002年63.3亿 m^3，相当于多年平均的29%，次小为1999年的83.3亿 m^3。2007年地表水资源为101.79亿 m^3，折合径流深为31.8 mm，比多年平均值偏少53.0%，属特枯年份。在全国10个水资源一级区中，海河流域多年平均径流量和径流深分别居第10位和第9位，全流域多年平均径流系数为0.13。

在海河流域15个水资源三级分区中，多年平均年径流深（1956—2000年）在50 mm以下的有6个分区，50~100 mm的有6个分区；其余3个分区大于100 mm。其中大清河山区的125 mm为全流域最大，子牙河平原的7.3 mm为全流域最小。

受降水及下垫面条件的影响，海河流域径流量的分布存在明显的地带性差异，总的趋势是由多雨的太行山、燕山迎风区，分别向西北和东南两侧减少。径流量年内分配受降水的年内分配和下垫面产流、汇流条件影响，山区的45%~75%、平原的85%以上集中在汛期（6—9月），冬季（12月至次年2月）河川径流主要靠地下水供给，径流所占比重较小。

3. 地下水资源

与地表水资源一样，地下水资源是水资源的组成部分，海河流域地下水资源在水资源总量及其组成中占有极其重要的地位和作用。根据海河流域第二次水资源评价结果，海河流域山丘区与平原及山间盆地矿化度 $M \leq 2$ g/L 淡水区的地下水资源量相加，扣除重复计算量求得全流域的地下水资源量为235亿 m^3（含引黄入渗补给量9.81亿 m^3），其中矿化度 $M \leq 1$ g/L 的地下水资源量为192亿 m^3（表2.1）。在全国10个水资源一级区中，海河流域地下水资源量仅大于辽河区，居第9位。

海河流域地下水开采率居全国各大流域之首，枯水年、特枯水年由于地表水减少，深浅层地下水开采量均有所增加，地下水实际供水量已超过地表水，目前，海河流域地下水供水量占总供水量的2/3。在一些地表水缺乏的地区，地下水更是无法替代的生命水，成为海河流域举足轻重的供水资源。但由于地下水连年超采，造成地下水水位逐年下降，含水层疏干，补给条件逐年恶化。

表2.1　　1980—2000年海河流域二级分区地下水资源量（$M \leq 2$ g/L，亿 m^3）

水资源分区	山丘区	平原及山间盆地	分区资源量
滦河及冀东沿海	21.20	8.90	28.08
海河北系	28.27	42.95	57.70
海河南系	58.58	75.28	115.91
徒骇马颊河		33.23	32.89
流域合计	108.05	160.36	234.58

第二节 开发利用现状与问题

一、水资源开发利用现状

海河流域的水资源开发利用与水生态环境演变状况密切相关经历了四个阶段:第一阶段(1950年—1960年代中期):以兴建山区水库为重点的初步开发治理期。第二阶段(1960年代中期—1980年):以开辟平原人工减河为重点的平原河道治理期。第三阶段(1980—2000年):以建设城市供水工程和地下水开发为重点的时期。2000年以来,该流域则进入以开发保护并重,引水工程作为辅助的第四阶段。

目前,海河流域已建成大型水库34座,中型水库116座,小型水库1709座,总库容314亿m^3。已控制了山区流域面积的84%。已建成引水工程6000余处,提水工程1.3万处,凿机井120多万眼。海河流域现状总供水能力为487亿m^3。其中地表水资源工程供水能力为139亿m^3,地下水资源开发工程供水能力为285亿m^3,引黄工程供水能力为58亿m^3,非常规水源工程为4.6亿m^3。

海河流域水资源呈明显减少趋势。海河流域多年平均水资源为354亿m^3(1956—2008年),1956~1979年海河流域多年平均水资源量为421亿m^3,1980—2008年减少至年均值310亿m^3,减少26.37%,其中,滦河、海河北系和徒骇马颊河平原分别减少20.84%、23.5%和12.31%,海河南系减少最多,为32.47%,达68.97亿m^3。行政区划上,豫北平原和鲁北平原分别减少24.92%和8.99%,河北平原减少最多,为30.36%,达69.16亿m^3(表2.2)。

表2.2　　　　　海河平原现状与1956—2008年系列水资源对比结果

水资源分区	1956—1979年序列水资源总量(亿m^3/a)	1980—2008年序列水资源总量(亿m^3/a)	两次序列对比结果水资源差比率(%)
滦河冀东沿海	67.8	53.67	-20.84
海河北系	99.0	75.73	-23.50
海河南系	212.4	143.44	-32.47
徒骇马颊河	41.8	36.65	-12.31
海河流域	421.0	309.97	-26.37
河北平原	227.8	158.65	-30.36
豫北平原	32.1	24.1	-24.92
鲁北平原	38.6	35.13	-8.99

1980—2005年,海河流域总供水量在344亿~440亿m^3,平均为399亿m^3。1980

年海河流域为干旱年,由于上一年全流域为丰水年,大中型水库蓄水较多,全流域总供水量达到了 396.5 亿 m^3,1985 年总供水量降低为 344.1 亿 m^3,此后呈稳定增长趋势。至 1997 年达到 440 亿 m^3,之后又有所下降。20 世纪 80 年代以来,地下水成为海河流域的主要供水来源,供水量呈增长趋势,供水比重也由 1980 年的 52% 上升至 2005 年的 66%。浅层地下水由 1980 年的 175 亿 m^3,增加到 2005 年的 213 亿 m^3,其中 2002 年达到最高峰为 225 亿 m^3(任宪韶等,2007)。

将 1980—2000 年 21 a 作为现状开发利用程度的评价时段,流域水资源总开发利用率达 98%,远远超过国际公认的 40% 的合理开发界限。其中:滦河及冀东沿海 74%,海河北系 105%,海河南系 109%,徒骇马颊河系 74%(任宪韶等,2007)。

海河流域水资源日益成为本区经济可持续发展的限制因子。尤其是从 20 世纪 70 年代以来的区域暖干化,更加剧了水资源紧张态势。山区来水量减少,水资源量衰减严重,地下水过量开采,部分地区已经枯竭是海河流域当前面临的三大问题。自 2000 年以来,流域内外先后进行了引黄济津、山西和河北向北京集中输水、引黄济淀、引岳济淀等一系列向城市和生态应急补水的水资源调度措施,对克服水资源危机、缓解生态恶化发挥了重要的作用。尤其是 2002 年开始南水北调东线和中线工程,对于缓解该区域水资源供需失衡的矛盾具有一定的作用。

从长期趋势看,南水北调工程对减缓目前的干旱化趋势可能有一定的作用(陈星等,2005)。海河流域的供水局面将发生变化,在缓解水资源紧张局面的同时,也为处于长期超采状态的地下水恢复提供了条件,原有的深层漏斗均会有不同程度的恢复,地下水的储存量得到了一定的补充(崔亚莉等,2009)。由于北调水主要用于城镇居民生活用水和工业用水,生态用水份额很小。虽然可以置换出一定水额,但是主要用于农业及生态,对于河道干枯及入海水量增加无明显效果,河口生态环境不会因为南水北调工程而出现明显改善(刘剑锋等,2007)。

二、存在的问题

海河流域的水生态环境演变主要经历了 3 个阶段,第一阶段(1950 年—1960 年代中期)水资源利用程度较低,水生态环境基本良好。第二阶段(1960 年代中期—1980 年)河道断流和湿地萎缩加剧,地下水开始出现漏斗,水污染开始出现。水生态环境由良好转入恶化。第三阶段(1980 年至今)河道普遍断流,多数湿地消失,地下水漏斗连片,水污染扩展到全流域范围,水生态环境继续恶化。

1. 河流径流减少趋势明显

根据海河平原 12 个水文站 1950—2000 年实测径流分析(图 2.3),发现 20 世纪 60 年代中期和 70 年代末期是径流明显下降的两个转折点。1950—1964 年实测年径流量平均为 215 亿 m^3,1965—1979 年下降至 108 亿 m^3,1980—2000 年又降至 36 亿 m^3。这一变化趋势除与降水量的周期性变化趋势有关外,还与水利工程的开发建设和水资源利用密切相关。河流径流减少的主要表现是河道的断流与干枯。

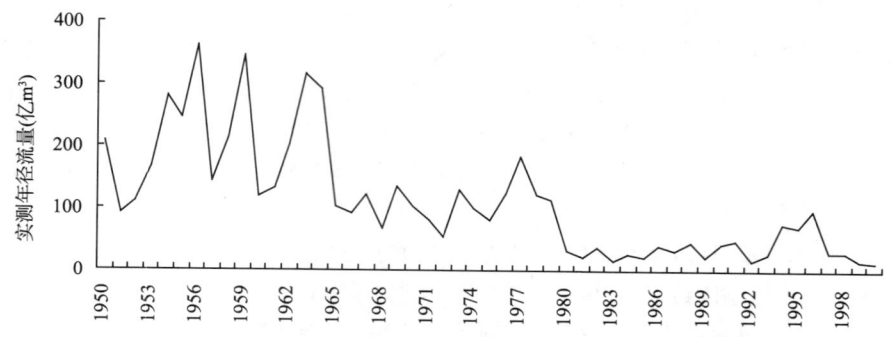

图 2.3　海河平原 12 个水文断面 1956—2000 年实测平均年径流量（亿 m³）

2. 海河流域河道断流、干枯严重

"有河皆干"是对海河平原河流形象化的描述。以河道断流和干涸两个指标分析海滦河等 21 条平原河道 3664 km 河道的断流和干涸变化情况（图 2.4、图 2.5）：20 世纪 50 年代，河道水量充沛，常年不干；1960 年代，断流时间 78 d，干涸长度 714 km；1970 年代，断流时间 173 d，干涸长度 1431 km；1980 年代，断流时间 234 d，干涸长度 1922 km；1990 年代，断流时间 225 d，干涸长度 1925 km；2000 年，断流时间 268 d，干涸长度 2189 km。

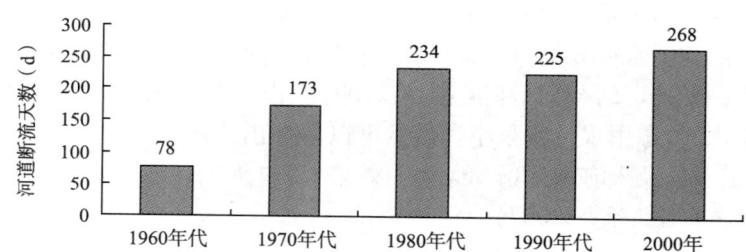

图 2.4　海河平原 21 条主要河流断流天数变化

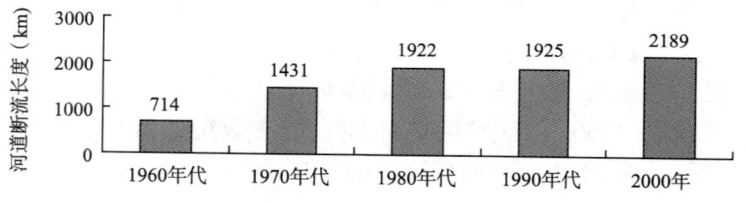

图 2.5　海河平原 21 条主要河流干涸长度变化（km）

3. 入海水量锐减，河口生态恶化

自 20 世纪 50 年代以来，海河流域的入海水量总体上呈减少趋势（图 2.6），特别是枯水年，减少得更为严重。1950、1960 和 1970 年代分别为 207 亿、161 亿、110 亿 m³，80 年代基本上是枯水年，全流域入海水量仅 27 亿 m³，与 50 年代相比，80 年代以后海河流域年平均入海水量减少 87%，90 年代由于 1994—1996 年来水较丰，入海水量达到 55 亿 m³，比 80 年代略有回升。入海水量锐减，造成河口淤积，生态恶化，渔场外移，捕捞量下降。

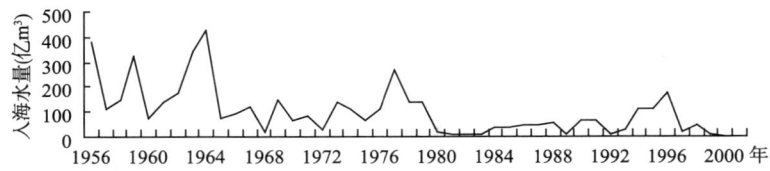

图 2.6　海河流域 1956—2001 年入海水量

4. 地下水位下降显著、形成严重地下水漏斗区

因地表水资源短缺,海河平原和山间盆地地下水开采到 20 世纪 70 年代中期已达到一定规模,之后稳定增长。由于过量开采,1980—2000 年,海河山前和中部平原浅层地下水位平均下降 5 m(图 2.7),唐山、保定、石家庄、邢台、邯郸等城市水位下降了 20 ~ 35 m,豫北城市下降了 10 ~ 15 m。

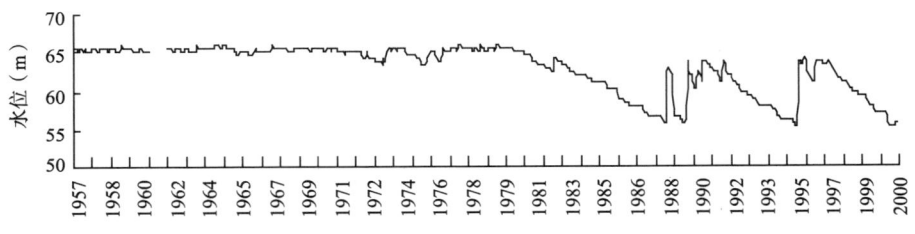

图 2.7　山前平原新乐站浅层地下水位变化(1957—2000 年)

平原区现已形成 7 个较大的深层地下水漏斗。沧州、冀枣衡漏斗区地下水位埋深已由 20 世纪 50 年代末期的 1 ~ 3 m,下降到目前的 75 ~ 100 m(图 2.8)。与 60 年代相比,1990 年代娘子关泉、神头泉等 9 个大泉的出流量减幅达 20% ~ 50%。一亩泉、百泉已经干涸。因地表水资源短缺,海河平原和山间盆地地下水开采到 20 世纪 70 年代中期已达到一定规模,之后稳定增长。

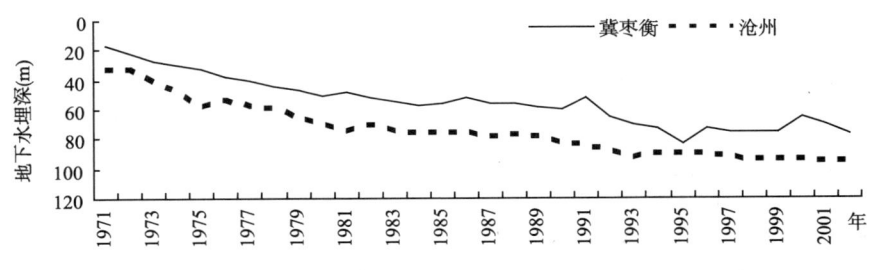

图 2.8　沧州、冀枣衡深层水漏斗中心水位埋深(1971—2002 年)

5. 海河流域水土流失严重

到 20 世纪中叶,海河流域山区森林植被几乎消失殆尽,50 年代初的水土流失面积约 16 万 km²,水土流失严重。80 年代初水土流失面积为 11.06 万 km²,占流域山区面积的

58.4%。90 年代开展了水土流失重点治理,90 年代末水土流失面积为 10.39 万 km²。与 80 年代相比,90 年代中度及强度以上面积分别减少 18% 和 82%,水土流失面积大幅度减少。

6. 地表水污染加剧、地下水污染范围扩大

海河流域总用水量持续增加(图 2.9),人均水资源占有量持续下降(图 2.10)。城镇废污水排放量由 1980 年 31 亿 t,增加到 2000 年的 60 亿 t。受污染河长占总河长比例,由 1980 年的 28% 上升 1990 年的 66%,2000 年达到 72%。浅层地下水 70 年代初开始受到污染,一些城市浅层地下水中检出有毒物质;1980 年代中期,北京、天津市区和近郊地下水受到一定程度的污染;1990 年代,地下水污染范围加大;到 2000 年,包括天然本底质污染在内,平原浅层地下水受污染面积达 76%。

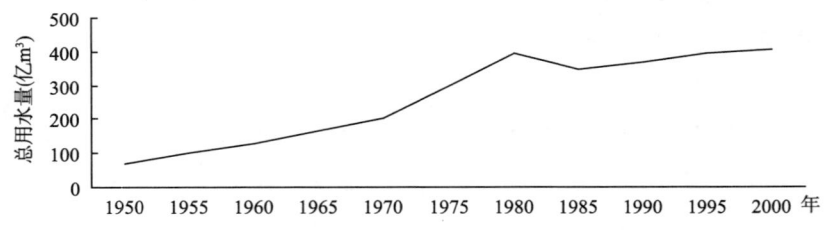

图 2.9 总用水量持续增加

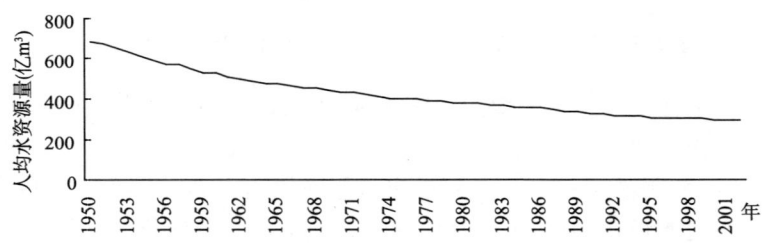

图 2.10 人均当地水资源量持续下降

海河流域以三级区为单元进行水生态环境现状综合评价表明①,流域没有生态质量为"优"的分区。评为"良"的有:滦河山区、北三河山区。评为"中"的有:滦冀平原、永定河山区、大清河山区、淀东平原、子牙河山区、黑龙港运东平原、徒骇马颊河平原。评为"差"的有:北四河下游平原、淀西平原、子牙河平原、漳卫河平原。

水生态环境恶化的原因之一就是经济发展对水的需求大大超过了流域水资源承载能力。总用水量从 1952 年的 91 亿 m³ 增加到 2000 年的 403 亿 m³。为满足需水,地表水过度利用,地下水严重超采,大量利用水质不合格的污水。

原因之二就是近 20 a 水资源量减少。与 1956—1979 年相比,1980—2000 年降水量减少 11%,径流减少 41%。

原因之三就是对生态环境保护的重要性认识不够。在以往规划中,未对生态环境

---

① 海河流域生态环境恢复水资源保障规划,水利部海河水利委员会,2005 年 4 月。

问题给予应有的重视,靠牺牲生态环境获得经济发展仍为一些人所默认。

7. 干旱持续加重、洪涝影响严重

海河流域是中国东部最容易发生干旱的地区,也是水资源匮乏的地区。降水是水资源的重要来源。自20世纪60年代中后期开始,海河流域降水持续偏少,特别是1980和1990年代尤为显著。近年来海河流域的特大干旱年有1965、1968和1972年,这些年华北的降水量不足常年的一半(图2.11)。如1972年由于干旱限制了用水,甚至采取了"弃农、压工、保生"的政策,可见形势的严峻。近些年,1992年华北冬春连旱,1995年春夏连旱,1997年夏秋连旱,1999年冬春连旱,之后又接着发生夏秋连旱,成为严重的干旱年。2000年发生夏秋连旱,2002年的干旱,是近年来少有的特大干旱年,海河流域牧区草场干旱,牲畜大量死亡。水库蓄水量下降,严重影响了人民的生产生活。1997—2007年,海河流域降水偏少,干旱化趋势日益严重,水资源量锐减,干旱缺水对经济社会发展的影响日益突出(中国科学院《全球和中国气候变化研究新进展评估》项目专家组,2007)。

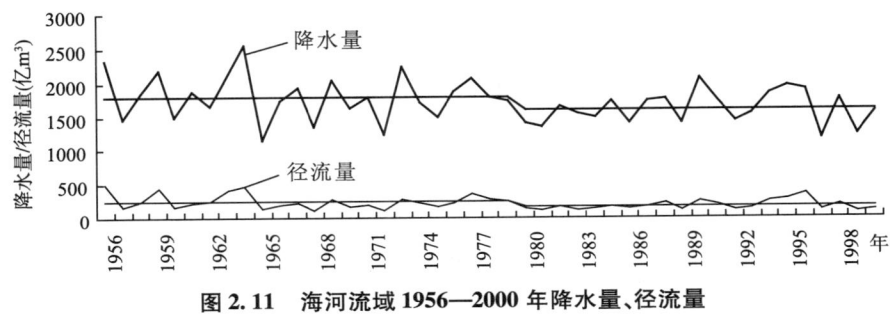

图2.11　海河流域1956—2000年降水量、径流量

海河流域降水量时空分布不均,年降水量主要集中在夏季。近50 a来,著名洪涝灾害有"63.8"和"96.8"。1963年8月上旬出现的"63.8"特大暴雨是有水文气象记录以来最大一次暴雨过程,最大暴雨中心在河北省内丘县獐么站,最大7 d雨量2050 mm,为中国大陆迄今为止的最高纪录,由于洪水大,来势猛,范围广,给人民生命财产造成了严重损失。1996年8月出现的"96.8"特大暴雨,是20世纪90年代以来海河流域出现的最大暴雨,暴雨致使大部分河道达到和超过了防洪标准,300多座水库库满溢洪,仅河北省经济损失就达456.3亿元。

第三节　水资源对气候变化的敏感性和脆弱性分析

气候因素对水资源影响是通过气候因子,如降水、气温、蒸发等时空变化导致的水文循环变化而产生的。气候变化对水循环的影响有直接和间接两种方式(郝振纯等,2007)。直接影响主要来自大气环流变化引起的降水时空分布、强度和总量的变化、雨带的迁移以及气温、空气湿度、风速的变化等。间接的影响主要来自陆面过程,土地利用、地表反照率、粗糙度及界面水汽交换乃至土壤水热特性的变化。这些下垫面因素的变化是气候变化和人类活动综合影响的结果,同时又对气候系统有着反馈作用。因此气候变化引起了不同时间尺度的降水、土壤水、蒸发、地表水及地下水的变化(图2.12)。

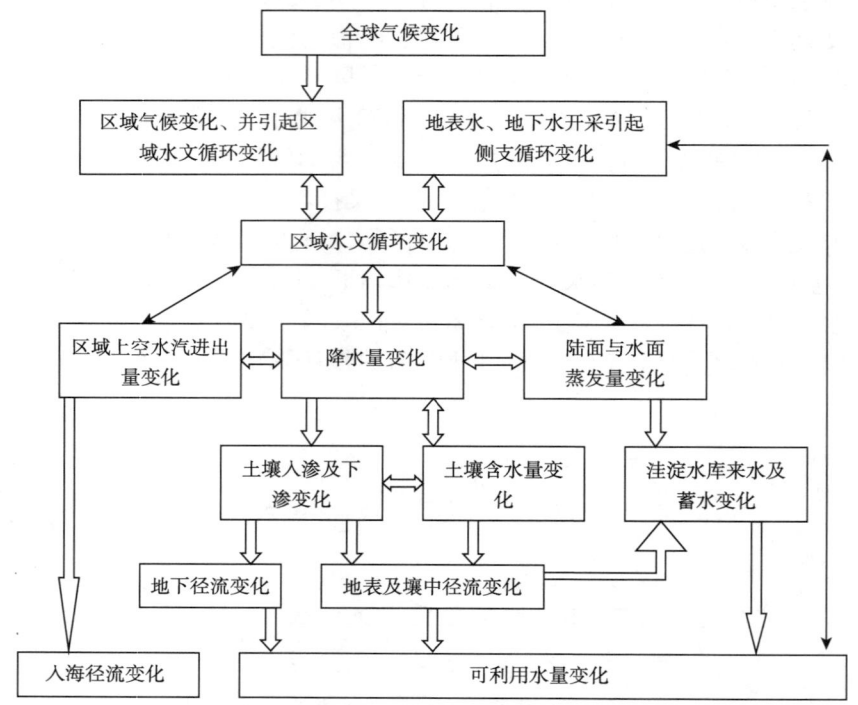

图2.12　气候变化与人类活动对海、滦河流域水资源影响概念模型

一、水资源变化的基本特征

气候变化对海河流域水资源短缺的影响日益受到人们的关注。海河流域的地表气温上升与全球气候变暖的趋势是一致的,速率为0.30℃/10 a,高于全国平均的0.22℃/10 a(Wang,Li,2007)的水平。其中京津冀区域由20世纪50年代平均气温的9.9℃上升到90年代的10.7℃,平均气温上升了0.8℃(刘学锋等,2005)。在气温显著变暖的大背景下,海河流域的降水、蒸发、水资源等要素也发生了不同程度的变化。

1. 降水

海河流域降水量具有地域性差异大、年际变化大,年内集中程度高3个特点。降水情势分析表明:除小雨强度略增加外,其余各级降水量、日数和强度均呈现减少趋势,其中暴雨量、日数和强度,小雨日数和强度,中雨强度减少趋势显著,海河南系平原减少趋势显著。降水周期年际3~7 a尺度表现突出,10 a尺度表现也比较明显,年代际19~28 a尺度比较明显(翟劭燚等,2009)。

海河流域降水减少速率为-21 mm/10 a。2001—2007年相对于基准期(1971—2000年)减少53 mm;季节变化上,夏季降水减少最为明显,2001—2007年比基准期减少

70 mm,而春季降水却是增加的,线性倾向率为 2.3 mm/10 a(表 2.3);极端强降水事件(95%分位)年内分布有一定变化,7、8 月趋于减少,而 5、6、10 月趋于增加(图 2.13)。研究发现年内降水量呈由相对集中向非主汛期扩散趋势,主汛期降水量减少,即使在平枯年份这种分散化降水分布也一定程度减缓了农业灌溉用水强度,同时加剧了陆域地表径流向海域排泄量的衰减(刘学锋等,2010a)。

表 2.3　　　　　　　　　海河流域年及各季观测降水距平(mm)

时段	年平均	春季平均	夏季平均	秋季平均	冬季平均
1961—1970 年	40.0	6.0	27.9	8.0	-1.6
1971—1980 年	26.1	-11.3	30.2	3.3	4.0
1981—1990 年	-10.4	10.1	-16.4	-3.7	-0.1
1991—2000 年	-15.7	1.2	-13.8	0.4	-3.3
2001—2007 年	-52.5	6.1	-69.8	10.0	1.3
线性倾向率(mm/10 a)	-21.3	2.3	-23.3	-1.1	-0.2

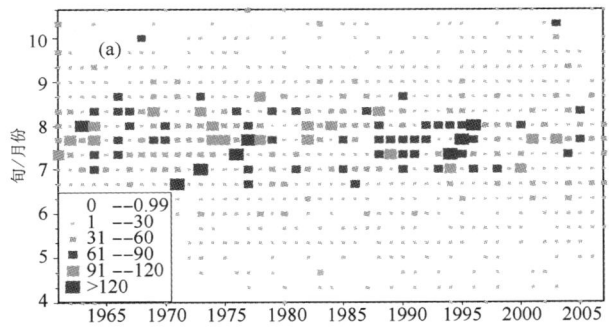

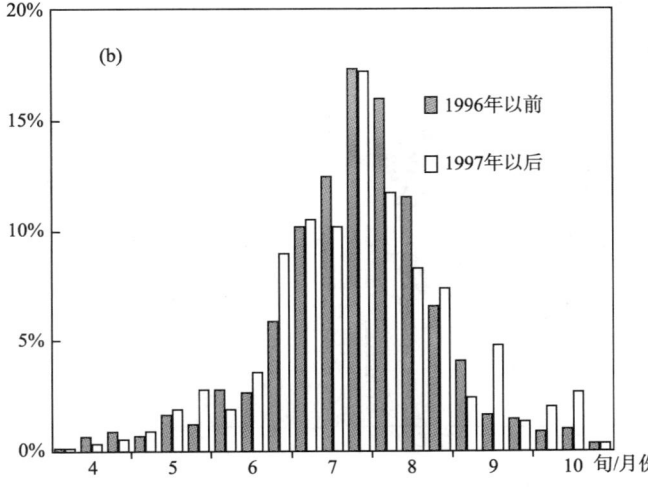

图 2.13　历年极端强降水事件 4—10 月分布(a)以旬统计频次(b)多年平均的每旬频率

研究结果还表明(刘学锋等,2010b),近50 a以来海河流域中、大、暴雨强度及日数呈衰减趋势(表2.4),导致地下水天然补给量不断减少,其中区域平均地下水位下降变幅的21%与此有关;小、中、大、暴雨减少量分别占年降水减少量的13.3%、6.8%、24.3%和55.6%,表明易形成地表径流的降水比率明显减少,有利于农田土壤墒情的降水比率趋强,但由于年降水量不断减少导致实际地表径流量和土壤墒情都呈干旱化趋势。

表2.4　　　　　　　　各等级降水量、日数和强度变化倾向率

	总雨量	小雨	中雨	大雨	暴雨
降水量变化倾向率(%/10 a)	-4.0*	-2.2	-1	-4.0	-10.0*
降水日数变化倾向率(%/10 a)	-2.5*	-2.6*	-0.9	-3.7	-8.4*
降水强度变化倾向率(%/(d·10 a))	-1.3	+1.1	-0.1	-0.3	-1.7*

注:*为通过90%的信度检验。

近50 a来海河流域降水多雨区面积显著减小,少雨区面积逐渐扩大(图2.14),年降水强度空间分布年代际振荡明显,干旱事件表现出显著增加趋势,降水极值空间变化趋势在大部分区域表现为干旱化倾向,尤其是在海河流域东南部区域干旱化程度最为明显,加剧了海河平原流域干旱化程度(刘学锋,2010b)。海河流域南系山区多雨中心不断弱化,减少了出山地表径流量的补给水源,对平原河道渗漏地下水补给量不断衰减产生一定影响。

海河流域降水时空分布特点对水资源时空分布具有重要的影响。在海河流域年降水量中,78.3%的降水消耗于地表蒸散发,有21.7%形成水资源总量;在水资源总量中,年际变化较大的地表径流量占37.3%,比较稳定的降水入渗补给量占62.7%;在河川径流量中,由地下水补给形成的河川基流量占36.1%,地表径流量占63.9%(图2.15)(任宪韶等,2007)。

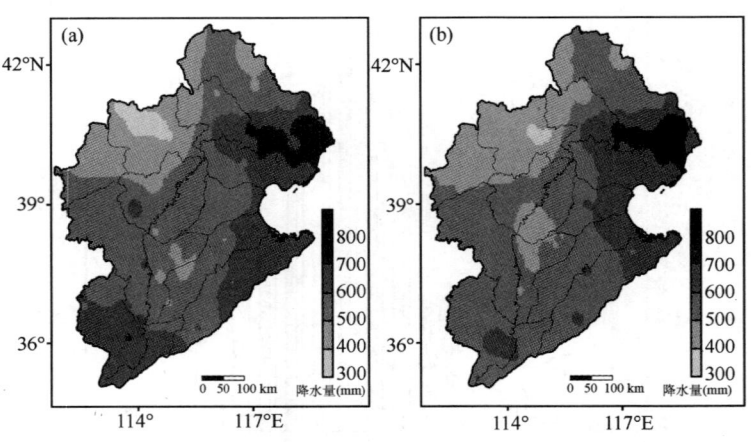

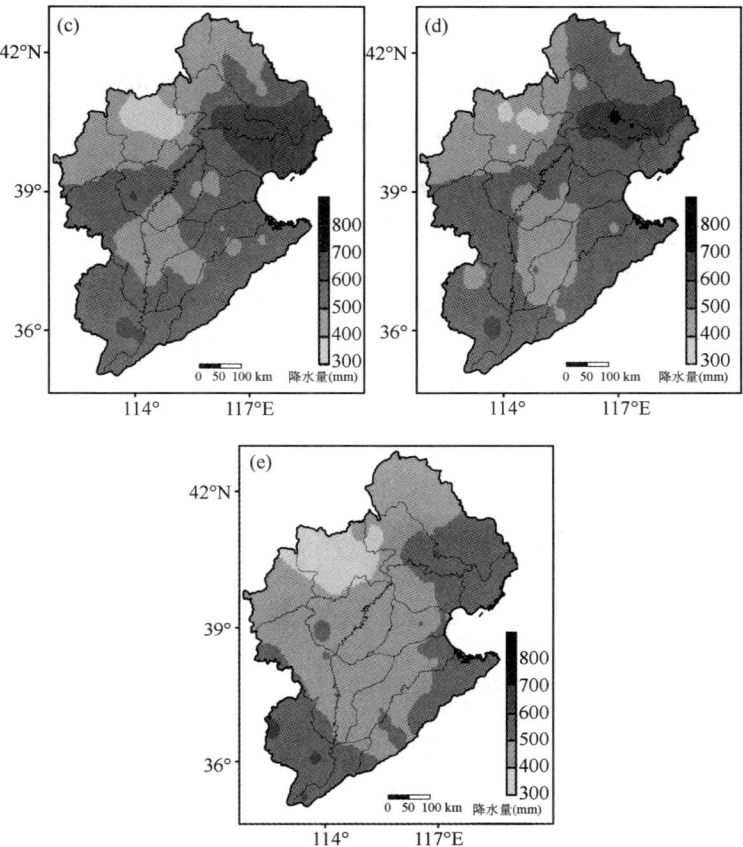

图 2.14 海河流域降水量年代际变化

(a. 20 世纪 60 年代, b. 20 世纪 70 年代, c. 20 世纪 80 年代, d. 20 世纪 90 年代, e. 21 世纪初)

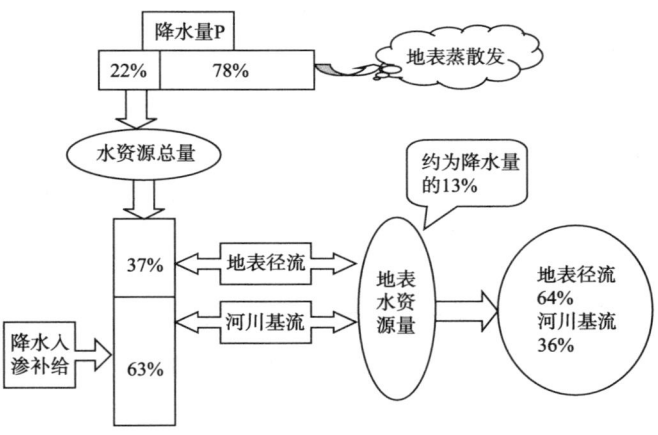

图 2.15 海河流域降水、水资源演变组成示意图

2. 蒸发

影响蒸发量的主要气象因子包括湿度、气温、风速和日照等,由于不同地区气象因子的差异,蒸发量的分布也呈现出地带性差异(陈民等,2008)。海河流域潜在蒸发量在880~1200 mm,其区域累年平均值为1072 mm(图2.16)。

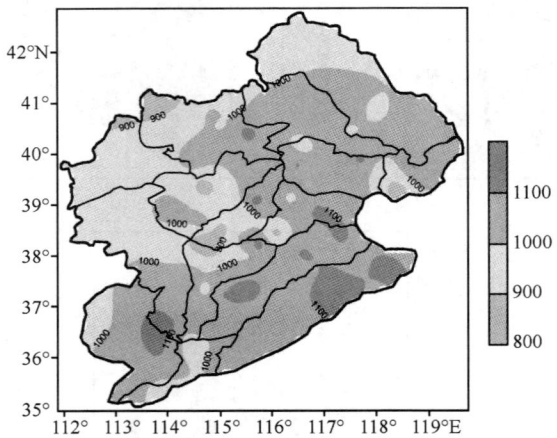

图2.16 海河流域潜在蒸发量(mm)空间分布

海河流域内所属二级分区潜在蒸发量的各月分布规律基本相同,均为单峰型分布,最大值均出现在5、6月,最小值大多出现于12、1月(图2.17)。

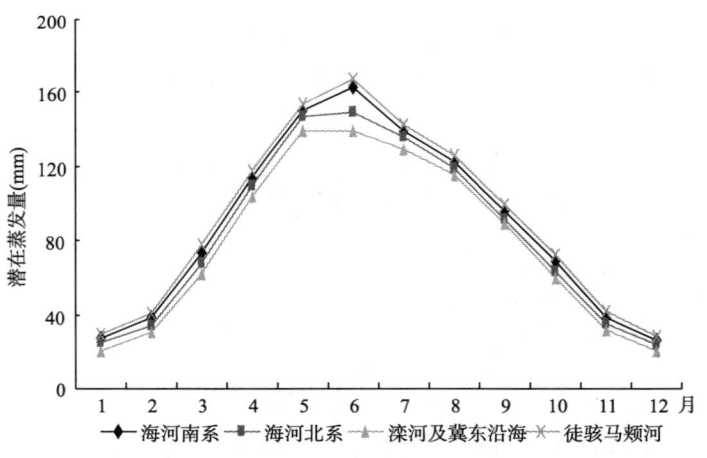

图2.17 海河流域二级分区潜在蒸发量年内变化

1961—2007年海河流域年潜在蒸发量呈波动式下降趋势(图2.18),减少速率为26.1 mm/10 a。1985年以前多数年份高于平均值,1985年以后大多低于平均值。1965年潜在蒸发量达到最高为1141 mm,其后呈波动式减小,2003年减小到最低,其值为907 mm。就四季蒸发量变化而言,各季变化趋势大致与年变化趋势一致,春夏季减少速率较大,秋冬季减少速率较小。因此,潜在蒸发量减小主要是由于春、夏两季蒸发量的减小所致,秋、冬两季影响相对较弱。

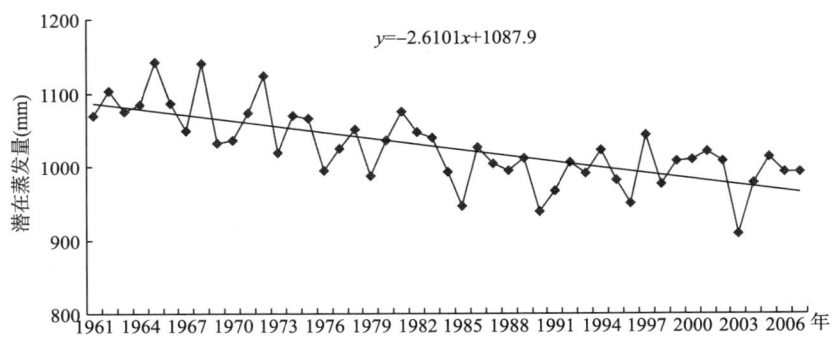

图 2.18　海河流域潜在蒸发量的历年变化曲线

海河流域潜在蒸发量 20 世纪 60 年代最大,以后逐渐下降,2000 年以后的平均潜在蒸发较 60 年代下降近 100 mm。各年代的变化幅度,60—70 年代和 70—80 年代各分区蒸发量减小都比较明显,且以 1960—1980 年代较大(表 2.5)。

表 2.5　　海河流域及二级分区各年代年平均潜在蒸发量(mm)

流域	1960 年代	1970 年代	1980 年代	1990 年代	2000 年以后
徒骇马颊河	1147	1122	1065	1055	1066
海河南系	1088	1081	1032	1019	1011
海河北系	1032	1012	990	981	987
滦河及冀东沿海	980	947	923	927	921
全流域	1081	1043	1007	995	987

海河流域蒸发量变化与日照时数、低云量、气温日较差相关显著,而日照时数、低云量、气温日较差与太阳辐射关系密切。因此,太阳辐射是影响蒸发量变化的主要因素,同时平均风速的减小对蒸发量的减少也起着重要作用(刘学锋等,2007)。在海河流域,年降水量中接近 80% 的降水消耗于地表蒸散发,故蒸发的变化对水资源的时空分布具有重要的影响。

3. 水资源

由于气候变化和人类活动的影响,中国主要流域的地表径流量都呈现不同程度的减少趋势,海河流域是对气候变化十分敏感,人类活动又非常活跃的地区,也是径流减少趋势最明显的流域之一。近年来,在海河流域山区出现了径流的锐减。这种锐减不仅反映在年代际的变化,也反映在短时的暴雨洪水过程上。在平原地区出现了河流断流,入海径流锐减(刘春蓁等,2004)。受降水及下垫面条件的影响,海河流域径流量的分布存在明显的地带性差异,总的趋势是由多雨的太行山、燕山迎风坡区,分别向西北和东南两侧减少,其特征与降水等值线分布相似。

(1) 地表水资源

应用海河流域艾辛庄(滏阳河流域)、北中山(滹沱河流域)、滦县(滦河流域)水文控制站1960—2007年水文数据以及控制流域面积内相关站点气象数据,分析和研究了海河流域径流的年内分配、年际径流和径流补给(主要是流域内降水)的变化趋势。研究表明海河南系年内径流分配趋于不均匀,而北系则趋向于均匀。受人类活动严重影响的南系,其径流的年内不均匀性有所增加,而北系反而在减小,完全调节系数的变化与不均匀系数的变化一致。从集中度和集中期来看,海河流域的最大月径流量出现的月份为6和7月,从变化趋势上看,最大月径流量出现的月份有向上半年转移的倾向(表2.6)。

表2.6　　　　　　　　　　海河流域各站径流年内分配特征

	不均匀系数 C_v		完全调节系数 C_r		集中度 C_d		集中期(月)	
	1960—1979年	1980—2007年	1960—1979年	1980—2007年	1960—1979年	1980—2007年	1960—1979年	1980—2007年
艾辛庄	0.70	1.82	0.28	0.61	0.35	0.86	7.6	6.5
北中山	0.76	2.46	0.27	0.52	0.36	0.83	6.9	7.3
滦县	1.22	0.96	0.37	0.34	0.60	0.55	6.9	6.3

在气候变化以及人类活动的驱动下,河川径流的年内分布也产生相应的变化。由于气候的季节性波动,气象要素如降水和气温等都有明显的季节性变化,从而在相当大程度上决定了径流年内分配程度(王金星等,2008)。径流年内分配的变化必然会给水资源管理、农业以及人类社会系统带来一系列的影响(叶柏生等,2005)。

应用M-K非参数检验方法检验各月降水和径流量变化趋势表明:海河流域艾辛庄流域月平均降水量趋势各有增减,北中山流域5和6月月降水量增加趋势比较明显,滦河流域12月主要气象站的月降水量增加趋势比较明显。而各流域的年径流量变化趋势除艾辛庄5月、滦河5、6月增加外,其余均是呈持续减小,且减小趋势明显(表2.7)。说明降水的补给与径流的变化并不完全同步,人类活动的影响可能在其中占据一定因素。

近50 a来,海河流域的实测径流量呈明显下降趋势,选择漳河的观台、桑干河的石匣里、洋河的响水堡、潮河的下会、白河的张家坟等水文站进行径流变化及趋势研究分析也表明,观台、石匣里、响水堡、下会、张家坟等站每10 a递减率依次为20.0%、16.8%、13.1%、0.2%和14.0%。虽然下会站每10 a递减率只有0.2%,但是该站1980年以后平均径流量和1980年以前的径流量比较,足足减少了约40%(张建云等,2007)。海河流域径流减少趋势明显,全流域1980年以来的径流量与1980年以前相比减少了4~7成,严重威胁到这个区域人类的生产生活。

表 2.7　　　　　　海河流域 1960—2007 年降水和径流 M-K 方法趋势检验

	Z 值	1月	2月	3月	4月	5月	6月	7月	8月	9月	10月	11月	12月	年
艾辛庄	流域降水	-0.57	0.27	-0.28	-1.00	1.57	1.68	-0.93	-0.49	-0.82	-0.68	-2.01	0.68	-0.38
	流域径流	-3.26	-2.84	-3.58	-2.76	0.58	-0.70	-1.21	-3.03	-3.52	-3.27	-3.51	-3.68	-3.49
北中山	流域降水	0.50	-0.82	-0.22	0.93	2.90	1.68	-1.02	-0.90	-0.26	-0.12	-1.64	0.52	-0.38
	流域径流	-2.70	-2.99	-2.95	-2.26	-2.06	-1.91	-3.02	-2.47	-2.63	-2.79	-2.55	-2.80	-3.60
滦县	流域降水	0.45	-1.03	1.00	-0.15	1.92	0.54	-1.45	-1.31	-1.00	1.22	0.63	2.57	-0.93
	流域径流	-4.54	-5.59	-6.53	-4.95	2.62	0.19	-3.46	-3.72	-4.10	-4.47	-4.63	-4.93	-4.17

(2) 土壤水资源

海河流域年内土壤墒情分布、土壤墒情年际变化与降水密切相关(谷永利等,2010)。土壤相对湿度随深度增加其变化幅度趋于平缓,年内从 2 月下旬(第 6 旬)到 6 月上旬(第 16 旬)土壤相对湿度呈减小趋势,从 6 月中旬(第 17 旬)开始至 8 月上旬(第 22 旬)呈迅速增大趋势。从 8 月中旬(第 23 旬)到 9 月上旬(第 25 旬)土壤相对湿度缓慢降低,从 26 旬到 33 旬呈升高趋势。第 16 旬(即 6 月上旬)土壤相对湿度为全年最低值,6 旬、22 旬和 33 旬土壤相对湿度为全年较高(图 2.19)

1996—2007 年土壤相对湿度呈波动式变化,与当年降水量的多寡程度密切相关,各层土壤湿度的年际变化趋势一致,10 cm 土层的相对湿度相对于 20 和 50 cm 土层的相对湿度较小。其中 1996 和 2004 年土壤相对湿度值较高,2002 年土壤相对湿度值最低(图 2.20)。

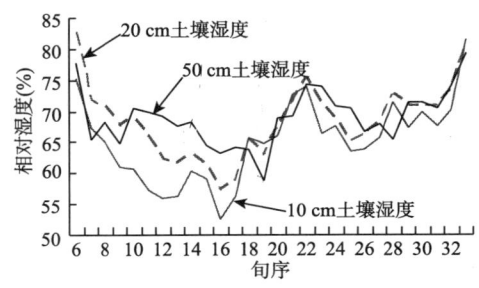

图 2.19　土壤相对湿度旬变化曲线

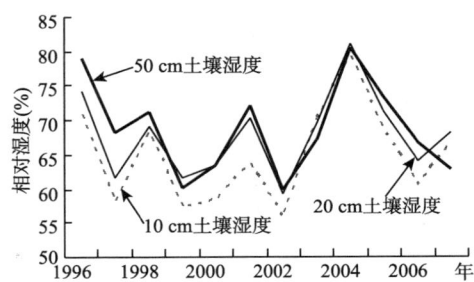

图 2.20　土壤相对湿度年际变化曲线

(3) 地下水资源

受地形地貌、气象水文、水文地质条件的影响,海河流域各区域的地下水资源量有较大差异。一般来说,平原及山间盆地大于山丘区,岩溶区大于基岩裂隙水区,多雨区大于少雨区。不同类型区地下水的入渗条件和补给水资源差别较大,地下水资源的年际变化也因之而异。山丘区地下水主要是由降水入渗补给,因受入渗能力的限制,丰水年和枯水年的补给相差不大。平原及盆地的入渗条件优于山丘区,降水入渗补给量随降水量和地下水埋深而变化。降水入渗补给量系列的极值比为4.13(1951—2000年)。

1980—2007年与1956—1979年相比,平均全流域降水量减少11%,地表水体补给量也大幅减少,同时地下水位埋深增大使入渗补给量减少。从全流域来看,地下水资源量减少12.6%,为33.9亿 m^3/a;其中山丘区减少13.3%,为16.6亿 m^3/a;平原及山间盆地减少10.0%,为17.8亿 m^3/a(表2.8)。

表2.8 海河流域1956—1979年与1980—2007年平均地下水资源对比(矿化度≤2 g/L)

分区	山丘区资源量(亿 m^3/a)			平原及山间盆地资源量			分区资源量		
	1956—1979年	1980—2007年	变化量(%)	1956—1979年	1980—2007年	变化量(%)	1956—1979年	1980—2007年	变化量(%)
滦河冀东沿海	22.06	21.20	-3.90	10.23	8.90	-13.00	31.04	28.08	-9.54
海河北系	31.41	28.27	-10.01	45.98	42.95	-6.59	64.04	57.70	-9.90
海河南系	71.19	58.58	-17.71	89.07	75.27	-15.49	140.47	115.91	-17.48
徒骇马颊河	0	0	0	32.89	33.23	1.03	32.89	33.23	1.03
海河流域合计	124.66	108.05	-13.32	178.17	160.36	-9.99	268.44	234.58	-12.61

分区	山丘区资源模数			平原及山间盆地资源模数		
	1956—1979年	1980—2007年	变化量	1956—1979年	1980—2007年	变化量
滦河冀东沿海	4.68	4.50	-0.18	20.05	17.44	-2.61
海河北系	6.02	5.42	-0.60	16.79	15.68	-1.11
海河南系	10.01	8.23	-1.77	15.49	13.09	-2.40
徒骇马颊河	0	0	0	14.40	14.55	0.15
海河流域合计	7.31	6.34	-0.97	15.79	14.21	-1.58

注:地下水资源量单位为(亿 m^3/a),地下水资源变化量单位为(%);地下水资源模数及其变化量单位为(万 $m^3/(km^2 \cdot a)$)。

海河流域典型区域——滹沱河流域平原区是地下水资源紧缺区,浅层地下水综合补给量包括降水入渗量、灌溉回归量、河渠渗漏量和侧向入渗量。1976—2005 年,综合补给量及各项补给量不断减少(图 2.21)(王金哲等,2009)。

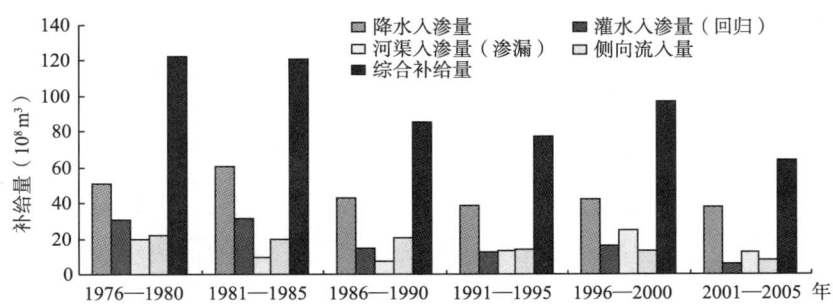

图 2.21　石家庄平原区不同时段补给量变化

1976—1980 年,滹沱河流域平原区浅层地下水综合补给量为 122.7 亿 m³/a,到 2001—2005 年剧减为 64.3 亿 m³/a,减少幅度为 47.6%,即 1976—2005 年,滹沱河流域平原区的浅层地下水补给量几乎减少一半(表 2.9)。

表 2.9　　　　　　　滹沱河流域平原区各项补给量在不同时段所占比例(%)

时段	降水入渗所占比例	灌水入渗所占比例	河渠入渗所占比例	侧向流入所占比例	综合补给所占比例
1976—1980 年	8.98	5.33	3.42	3.87	21.61
1981—1985 年	10.66	5.57	1.62	3.53	21.38
1986—1990 年	7.61	2.55	1.29	3.60	15.05
1991—1995 年	6.74	2.14	2.35	2.38	13.61
1996—2000 年	7.46	2.88	2.31	2.31	17.04
2001—2005 年	6.65	1.09	2.20	1.38	11.32

海河流域平原及山间盆地降水入渗补给量中,小于 2 g/L 淡水区补给量为 106 亿 m³,占总补给量的 69.7%,是地下水资源量的主要补给来源。海河平原地下水的主要补给来源为大气降水,平原区三级区降水入渗补给量的变差系数(C_v)为 0.34 ~ 0.61,极值比为 3.4 ~ 16.3,均大于降水量的年际变化。主要由于平原区地下水资源量中除降水入渗补给量外,还有不稳定的地表水体补给量和井灌回归水量,故其年际变化较大(表 2.10)。

表 2.10 研究区降水入渗补给量年际变化分析

分区		均值(亿 m³)	C_v 值	极值比
滦河及冀东沿海诸河	滦河及冀东沿海平原	6.8	0.42	4.9
海河北系	北四河下游平原	18.5	0.34	3.4
海河南系	大清河淀西平原	13.5	0.54	7.8
	大清河淀东平原	7.0	0.61	16.3
	子牙河平原	13.1	0.53	8.9
	漳卫河平原	7.8	0.43	6.5
	黑龙港及运东平原	14.5	0.46	7.7
徒骇马颊河	徒骇马颊河平原	25.4	0.35	3.7
	海河平原	106.8	0.49	4.1

二、水资源对气候变化的脆弱性分析

> **专栏**
>
> ## 水资源的敏感性与脆弱性
>
> 水资源对气候变化的敏感性是指流域的径流、蒸发及土壤对气候情景的响应程度。若在相同的气候变化情景下,响应的程度越大,水资源系统越敏感,反之不敏感。
>
> 水资源的脆弱性是指水循环系统在气候变化、人类活动等作用的驱动下,水资源系统的结构发生变化,或水资源的数量和质量发生变化,由此引起水资源的供给、需求、管理的变化和旱涝等自然灾害的发生程度变化。

海河流域由于蒸发大,径流系数小,陆地水循环对气候与人类活动十分脆弱和敏感。一切影响蒸发的气候因素与人类活动因素都将对水量平衡,尤其对地表径流产生较大的影响。气候变化对水资源的影响主要是通过气温升高或降水增减而引起径流量的相应调整。海河流域在多雨或少雨时期,在绝大多数情况下,径流的变化幅度都大于降水的变化幅度,但两者的变化趋势是一致的(刘春蓁等,1996;刘九夫等,2000)。

1956—1979 年,海河流域平均年降水量 560 mm,年径流深 89.6 mm,年径流系数为

0.16。1980年以后,气候进入干旱少雨期,气温逐渐上升。20世纪80年代,平均年降水量471 mm,径流深48 mm,径流系数为0.10;20世纪90年代,平均年降水量506 mm,径流深62 mm,径流系数为0.12。

刘学锋等(2010b)应用概念性、半分布式水文模型——HBV模型,综合考虑降水、气温、产流、土壤、汇流等要素,对径流深度进行模拟和检验,还原了流域天然径流量,运用有序聚类分析法对流域水文序列进行最优二分割,确定流域滦县(滦河流域)、观台(海河南系)水文序列的基准期分别为1979、1966年,通过与实测径流量的比较,定量分析了海河流域不同区域气候变化和人类活动对地表径流的影响程度。

研究表明,滦河流域随着人类活动影响的加剧,气候因素对滦河流域的影响在逐渐减弱,人类活动对该流域的影响在逐年增强,目前气候变化、人类活动对地表径流的影响分别为55%、45%(表2.11);在海河南系气候变化、人类活动对地表径流的影响分别为15%、85%(表2.12),人类活动的影响一直占据主导地位。

表2.11　　　　　　　　气候变化和人类活动对滦河流域径流影响

	实测值(mm)	模拟值(mm)	总变化量(mm)	气候因素(mm)	气候因素(%)	人类活动(mm)	人类活动(%)
基准值	105.03						
1980—1989年	41.29	46.62	63.74	58.41	91.64	5.33	8.36
1990—1999年	68.59	112.33	36.44	-7.3	-20.03	43.74	120.03
2000—2007年	10.80	49.23	94.23	55.8	59.22	38.43	40.78
1980—2007年	42.33	70.84	62.70	34.19	54.53	28.51	45.47

表2.12　　　　　　　　气候变化和人类活动对观台站流域径流影响

	实测值(mm)	模拟值(mm)	总变化量(mm)	气候因素(mm)	气候因素(%)	人类活动(mm)	人类活动(%)
1951—1965年	110.97	110.23					
1966—1969年	78.88	117.43	-32.1	6.5	-20.10	-38.6	120.10
1970—1979年	54.85	111.39	-56.1	0.4	-0.74	-56.5	100.74
1980—1989年	19.80	93.06	-91.2	-17.9	19.65	-73.3	80.35
1990—1999年	18.83	85.22	-92.2	-25.8	27.95	-66.4	72.05
2000—2005年	18.40	104.28	-92.6	-6.7	7.23	-85.9	92.77
1965—2005年	34.02	99.80	-77.0	-11.2	14.52	-65.8	85.48

海河流域在1980年之后20多年的少雨期,年平均气温存在明显的上升趋势。海河流域年降水量和天然年径流量的变化趋势概括起来有三种组合:一是天然年径流量有明显的减少趋势,达到了99%的显著性检验水平,相应的年降水量的减少趋势也达到99%的显著性检验水平,属于这种类型的有大清河南支分区、滹沱河分区及滏阳河分区

(图2.22);二是天然年径流量有明显的减少趋势,达到了99%的显著性检验水平,但相应的年降水量却没有明显的减少趋势,属于这种类型有永定河分区、潮白河分区及大清河北支分区(图2.23);三是天然年径流量与年降水皆为小幅度的波动变化,不存在趋势性变化,属于这种类型的有滦河及河北沿海的子流域(图2.24)(刘春蓁等,2004)。

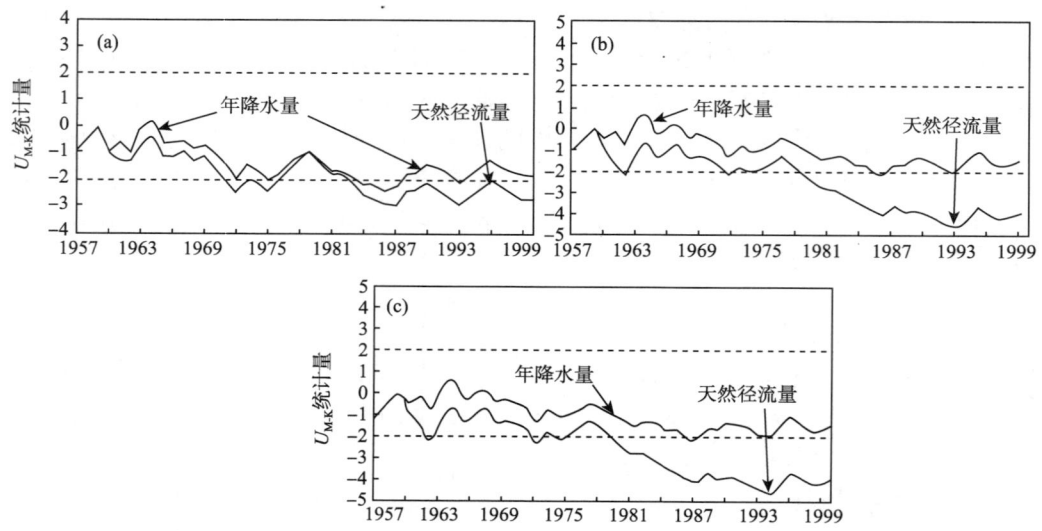

图 2.22 年降水量和天然年径流量皆有明显的减少趋势

(变化趋势达到99%的可信度,图纵轴为M-K法计算的U(dk)分布;a. 大清河南支分区,b. 滹沱河分区,c. 滏阳河分区;刘春蓁,2004)

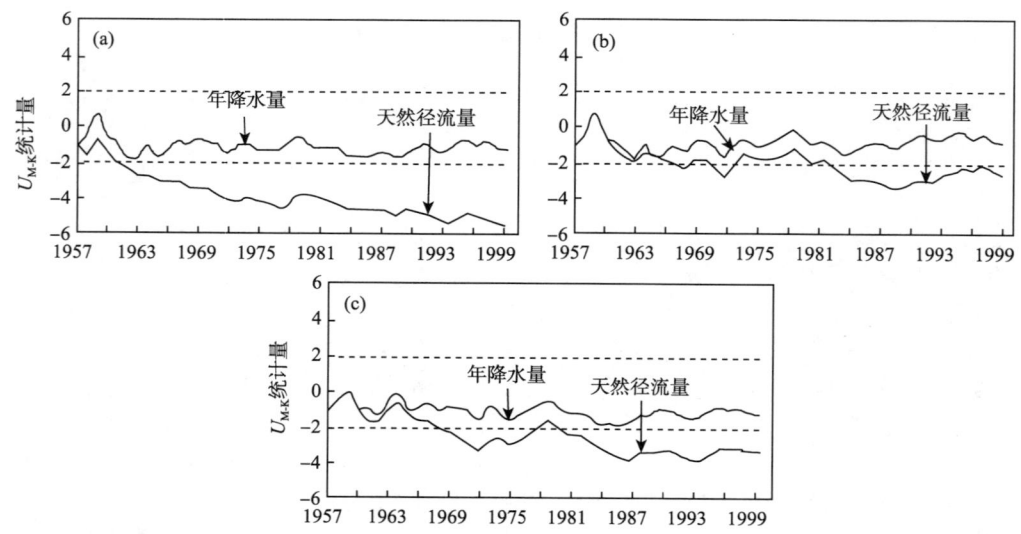

图 2.23 年降水量没有明显减少趋势,但天然年径流量皆有明显的减少趋势

(变化趋势达到99%的可信度,图纵轴为M-K法计算的U(dk)分布;a. 永定河分区,b. 潮白河分区,c. 大清河北支分区;刘春蓁,2004)

第二章　气候变化对海河流域水资源的影响及适应 | 69

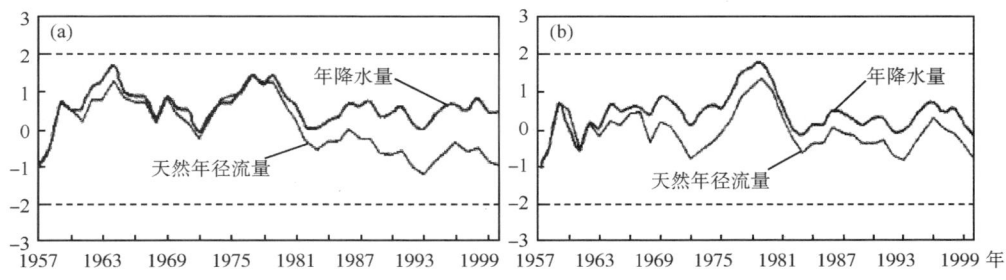

图 2.24　年降水量和天然年径流量皆无明显的减少趋势

(变化趋势达到 99% 的可信度, 图纵轴为 M-K 法计算的 U(dk) 分布; a. 河北沿海分区; b. 滦河分区; 刘春蓁, 2004)

降水是区域水变化过程中的重要影响因素, 是水循环的基础, 在区域水循环转化关系中, 各类水资源均是由降水转化形成或由降水所派生。降水的多少及分布不仅影响地表水资源的分布, 还影响地下水量和水位的变化。海河流域降水入渗补给量占总补给量的 66.2%, 降水入渗补给不仅是地下水补给主要组成部分, 一场强降雨能对地下水产生有效补给, 如"96.8"暴雨后仅近两个月时间内, 海河南系平原蓄洪区浅层地下水储存资源量增加了 34.21 亿~38.37 亿 m^3。同时, 也是影响作物需水量和农业开采量的关键因素。

降水的多少及分布影响农田灌溉量的大小, 而农田灌溉量影响地下水的开采量。随着年降水量的增减变化, 同期地下水补给量与开采强度呈互逆变化规律。海河平原 (晋州市) 地下水位年内变化, 一般从 2—3 月末春灌开始, 水位下降, 3—5 月连续大量强烈开采, 水位下降速度很快。6—7 月雨季来临之前出现最低水位。随雨季到来开采停止和降水入渗补给, 水位回升, 虽然冬灌开采会引起小幅度下降, 但总的趋势仍是回升。由于降水入渗滞后作用及全淡水区侧向径流补给, 水位慢慢回升至翌年 2—3 月到达最高水位 (图 2.25)。由于降水量近些年的显著减少, 开采大于补给, 地下水位呈现逐年下降的趋势 (图 2.26) (严明疆等, 2010)。

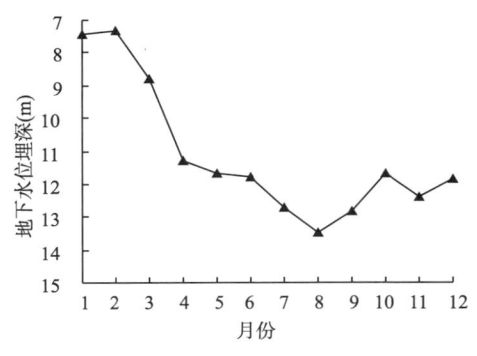

图 2.25　地下水年内波动特征

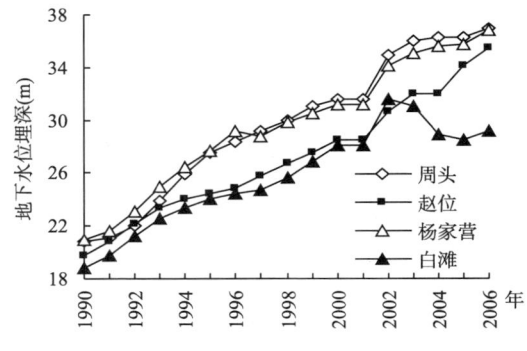

图 2.26　地下水位埋深变化趋势

在海河流域区域性大量开采地下水条件下, 年降水量减少, 则地下水补给量降低, 而农业开采量增大 (图 2.27a), 二者从源、汇两个方向加剧地下水系统水量负均衡态势,导致地下水位下降或下降幅度增大;相反,年降水量增大,则地下水补给量增加,而农业开采量减少,二者从源、汇两个方向加大地下水系统水量正均衡态势,导致地下水位上升或下降幅度减缓。在此过程中地下水补给量与农业开采量随着降水量增减呈负相关变化(图2.27b)(张光辉等,2009)。

总之,在农业用水以开采地下水为主的海河半干旱平原区,年降水量变化通过地下水补给量减少与开采量增加、或补给量增加与开采量减少的互逆耦合,其对地下水系统水量均衡状态和水位变化的影响强度累加,而且在相同降水变量条件下旱化过程影响强度大于雨量增加过程的影响,以致在连续枯水年份情势下这种影响具有较大潜在灾害性。因此,需要特别重视连续枯水年份降水量变化对地下水系统水量均衡状态影响应对举措,包括利用连续丰水年的雨洪人工调蓄增大对地下水入渗补给和调控丰水年份农业开采量,有效增加应对连续枯水年份可利用地下水储存资源量,这对于提高区域地下水资源供给安全保障能力具有重要意义。

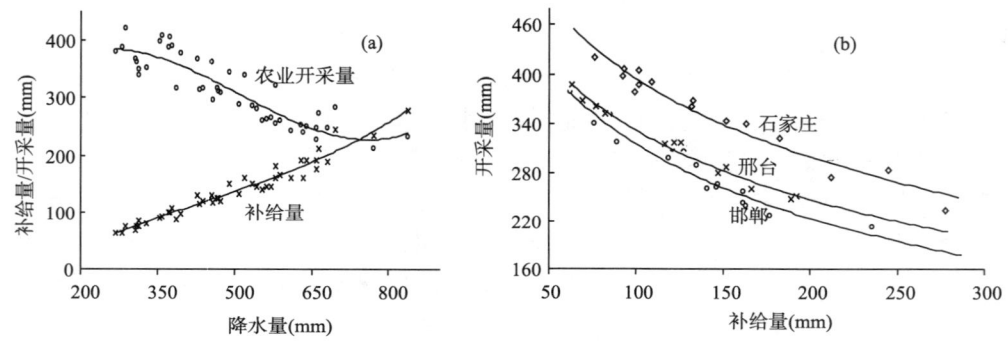

图 2.27 1986 年以来地下水年补给量、年开采量与年降水量的关系
(a. 研究区补给量、开采量与降水量的关系,b. 不同分区开采量与补给量的关系)

三、水资源对气候变化的敏感性分析

气候变化改变了水文循环过程,影响着水资源系统的结构与功能,将对人类的水资源开发利用带来新的挑战。海河流域(河北区域)的径流量与降水量、蒸发量、气温的年代变化之间的相互关系(表2.13)表明(邵爱军等,2008):年平均径流量为67亿 m^3,径流量1950、1960、1970、1980 和 1990 年代分别为 105.7 亿、81.6 亿、65.98 亿、46.6 亿和 54.7 亿 m^3,逐渐减少,减少的幅度比较大,1990 年代,由于 1995、1996 年降水量相对较大,径流量有所回升,相对80 年代增加了7.9 亿 m^3。年平均降水量为503.4 mm,降水量在 1950 年代为 569.86 mm,1960 年代为 542.54 mm,1970 年代为 515.4 mm,1980 年代为 492.4 mm,1990 年代为 490.8 mm,1950 年代的降水量为最大,此后降水量逐渐减少。海河流域的年平均气温为10.8℃,气温按年代分别为 10.2、10.7、10.7、10.8 和11.3℃,逐渐升高。海河流域整个流域的径流量与降水量的变化基本一致,径流量随着降水量的增加而增加;与气温的变化相反,即径流量随着气温的升高而减少。

表 2.13　　海河流域(河北区)径流量与降水量、蒸发量、气温年代变化

年代	降水量 (×0.1 mm)	蒸发量 (×0.1 mm)	气温 (×0.1℃)	径流量 (亿 m^3)
1956—1960	5698.6	19354.88	101.72	105.71290
1961—1970	5425.4	19735.56	106.90	81.57857
1971—1980	5153.9	19128.56	106.79	65.97733
1981—1990	4924.9	17687.75	108.02	46.60393
1991—2000	4908.5	17172.78	113.60	54.69158
平均	5034.0	18534.00	108.00	67.04600

通过径流量对气候要素的敏感性分析。在降水量分别变化 +10%、-10%、0、-20%、+20% 与气温 -2℃、-1℃、0℃、1℃、+2℃，蒸发量 +10%、-10%、0、-20%、+20%，对径流量的影响叠加起来，得出径流对未来各种气候变化情景的响应。由表可以看出(表 2.14)：在降水量不变的情况下，年径流量随着年均气温的升高而减少，随着蒸发量的增加而减少；在气温或蒸发量不变时，年径流量随着降水量的增加而增加。降水愈少，气温愈高，蒸发量越大，则径流量愈少；越是丰水或枯水的年份，年径流的响应越明显，降水对径流量的影响要大于气温、蒸发量的影响。

表 2.14　　海河流域(河北)径流量对气候变化情景的响应

	降水量变化	-20%	-10%	0	+10%	+20%
气温变化	0℃	-32.5%	-16.9%	0	18.3%	37.8%
	+1℃	-47.8%	-32.3%	-15.4%	2.9%	22.4%
	+2℃	-60.2%	-45.0%	-27.7%	-9.4%	10.1%
	+3℃	-71.2%	-44.6%	-37.7%	-19.4%	-0.1%
蒸发量变化	-20%	9.8%	24.3%	39.8%	56.3%	73.7%
	-10%	-12.9%	11.6%	17.1%	33.6%	51.0%
	0	-30.0%	-15.5%	0	16.5%	33.9%
	+10%	-43.3%	-28.8%	-13.3%	3.2%	20.6%
	+20%	-67.2%	-52.7%	-23.9%	-7.4%	10.0%

针对海河平原的地下水而言，基于海河平原 1986—2008 年多年平均降水量，当年降水量增加或减少 10 mm 时，区域地下水系统的水量增加 7.06 mm/a 或减少 7.08 mm/a，区域地下水的平均水位上升或下降 5.2～8.7 cm/a；当年降水量增加或减少 10% 时，地下水系统水量增加 7.67%，或减少 7.98%。在 10～320 mm 变幅内的降水量增大过程

中，补给变化量占补给、开采累计变化量的 48.59% ~ 55.81%，开采变化量占补给、开采累计变化量的 44.18% ~ 51.41%；在年降水量减小过程中，补给变化量占 40.96% ~ 49.49%，开采变化量占 50.51% ~ 59.04%（表 2.15）。这表明，降水减少过程中开采变化幅度大于补给变化，降水增加过程中开采变化幅度小于补给变化。

表 2.15　　　　　　年降水量变化对地下水系统水量及水位影响程度

降水±变化量（mm）		10	30	50	70	90	120	150	210	260	320
地下水量变化（mm/a）	增大	7.06	21.09	35.01	48.83	62.56	82.96	103.15	142.92	175.48	213.91
	减少	7.08	21.32	35.67	50.14	64.72	86.81	109.17	154.72	193.53	241.12
水位变化*（cm/a）	上升	5.2~8.7	15.5~26.1	25.7~43.2	35.9~60.3	46.0~77.2	60.9~102.2	75.8~127.1	105.1~176.3	129.0~216.4	157.3~263.7
	下降	5.2~8.7	15.7~26.3	26.2~44.1	36.9~61.9	47.6~79.9	63.8~103.2	80.3~134.8	113.8~191.1	142.3~239.0	177.3~297.8

注：*：μ 值：0.082 ~ 0.136（张光辉等，2009）。

海河流域 2005 年经济社会总用水量 383 亿 m^3，扣除引黄水量 31 亿 m^3 外，当地水利用量达 352 亿 m^3，超过多年平均可利用量（235 亿 m^3）50%，大大超过了流域水资源承载能力。按 2005 年需水水平和 1956—2000 年来水状况进行的现状供需分析表明，流域现状多年平均缺水率达 20%。

为弥补供水不足，每年超采地下水 70 亿 ~ 80 亿 m^3；利用水质不合格的污水 10 多亿立方米，流域水资源开发利用率高达 98%；水资源的过度利用造成水生态的严重恶化；海河平原地下水 1980—2000 年已累计超采近 400 亿 m^3，形成了 11 个浅层和 7 个深层地下水漏斗，浅层和深层地下水超采面积分别达到 6 万 km^2 和 5.6 万 km^2，部分含水层枯竭。

在考虑采取强化节水措施、产业结构调整等因素之后，据预测 2030 年海河流域经济社会总需水量为 512 亿 m^3，比 2000 年实际用水量增加 27%。其中城镇生活需水量 48 亿 m^3，河湖环境需水量 13 亿 m^3，工业需水量 123 亿 m^3，农村需水量 328 亿 m^3，在未来气候变化与社会经济发展的双重压力下，海河流域水资源的脆弱性将加大。

第四节　未来气候变化对水资源的可能影响

气候的形成与变化是气候这个复杂系统的总体行为，人们非常关心海河流域未来水资源的变化是继续减少还是可能增加，社会经济的发展规划和水资源的利用管理必须认真考虑这个方面的因素。根据 CO_2 和其他温室气体增加所产生的重大影响，气候变暖的趋势不可改变。但水资源的最大补给源——降水量的变化则存在不确定性，从不同途径探讨海河流域未来可能出现的气候变化情景非常重要。

一、未来气候变化趋势

德国 ECHAM5/MPI-OM 模式预测结果表明:海河流域未来三种情景下气温均呈上升趋势,其中 A1B 情景下(中等排放)气温升高最快,A2 情景下(高排放)次之,B1 情境下(低排放)升温最慢(表 2.16);海河流域未来降水 A2 情景下降水呈现下降趋势,A1B 和 B1 情境下降水呈增加趋势,其中 B1 情景下降水线性倾向率为 25 mm/10 a(表 2.17、图 2.28)。

表 2.16　　　　　　　　海河流域未来三种情景下气温距平(℃)

时段	SRES-A2	SRES-A1B	SRES-B1
2001—2010 年	0.3	0.2	0.2
2011—2020 年	1.1	0.8	0.6
2021—2030 年	0.7	0.9	0.5
2031—2040 年	1.2	1.7	0.5
2041—2050 年	1.8	2.4	1.1
线性倾向率(℃/10 a)	0.32	0.51	0.15

表 2.17　　　　　　　　海河流域未来三种情景下降水距平(mm)

时段	SRES-A2	SRES-A1B	SRES-B1
2001—2010 年	63.7	-29.7	-12.7
2011—2020 年	-33.8	-53.4	60.9
2021—2030 年	98.8	-14.9	51.1
2031—2040 年	-18.7	-112.7	43.4
2041—2050 年	-13.3	30.3	120.0
线性倾向率(mm/10 a)	-16	12	25

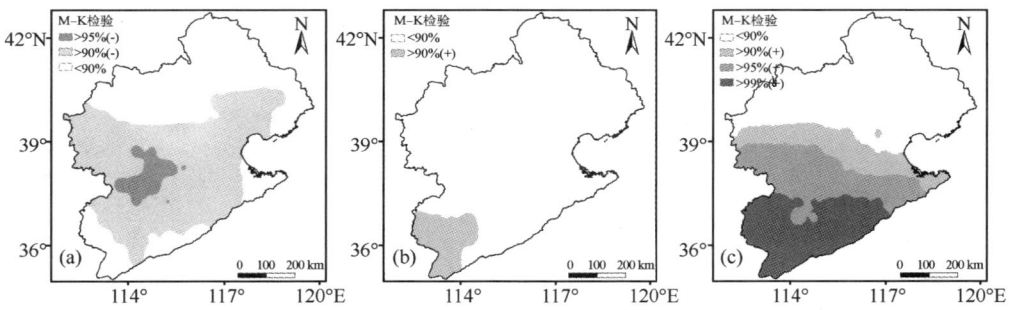

图 2.28　海河流域未来三种情景下降水空间变化趋势
(a. A2 情景,b. A1B 情景,c. B1 情景)

另外,中国有关专家也作出预测(陈民等,2008),2030 年海河流域的气温(较 2004 年的年均气温)在 A2(高排放)和 B2(低排放)情景下分别上升 1.5 和 1.3℃,降水量则不确定因素很大,在 A2 和 B2 情景下可能分别下降 -1% 或上升 3%(表 2.18)。

表 2.18 海河流域不同气候情景下水资源供给、需求与短缺状况(王金霞等,2008)

变量	基年(2004 年)	2030 年		
		基准情景	A2 情景	B2 情景
气候变化				
温度变化(℃)		0	1.5	1.3
降水变化(%)		0	-1	3
水供给总量(亿 m³)	301	301	295	303
水需求总量(亿 m³)	365	524	558	555
水短缺总量(亿 m³)	64	223	262	252
水短缺百分比(%)	18	43	47	45

二、未来不同气候情景下水资源效应

结合 ECHAM5/MPI-OM 模式的预测输出结果,对未来百年(2010—2100 年)滦河流域径流深度(mm)进行模拟预测,分析了 IPCC SRES-A2、A1B、B1 情景下 2010—2100 年滦河流域地表水资源的变化特征及趋势。

HBV 模拟预测结果表明,2010—2100 年在三种排放情景下滦河流域的百年平均径流深度相差不大,但在不同排放情景下其变化趋势有较大不同,年际变化突出。整体而言,未来百年在三种情景下滦河流域的径流深度都将有不同程度的增加趋势,在 B1 低排放情景下,增加趋势最为显著(图 2.29)。

采用最大熵谱分析的方法,获取未来百年三种不同排放情景下滦河流域径流深度随机序列的周期显示(表 2.19),A2 高排放情景和 A1B 中等排放情景下径流的年际变化信号比较强,2~9 a 的年际变化周期最为显著;但在 B1 低排放情景下年际变化信号周期性不太明显。

表 2.19 三种情景下未来百年滦河流域径流周期的最大熵谱估计分析结果

情景	第一峰值周期(a)	第二峰值周期(a)	第三峰值周期(a)	第四峰值周期(a)
A2 情景	7.5	15.0	2.1	5.6
A1B 情景	8.2	7.5	9.0	6.9
B1 情景	90.0	45.0	30.0	22.5

基于海河流域地表水资源量与年降水量、年气温相关分析,建立地表水资源量与年降水量、年气温线性拟合方程,参考多模式预估结果,探讨未来气候变化对海河地表水资源的可能影响表明:如果降水量增加 5%,在气温升高 0℃(1.0℃,2.0℃),那么地表

水资源量变化为+10.7%(+3.6%,-3.4%);如果降水量增加10%,在气温升高0℃(1.0℃,2.0℃),地表水资源量变化为+21.5%(+14.4%,+7.3%)。海河流域未来地表水资源量呈增加趋势。

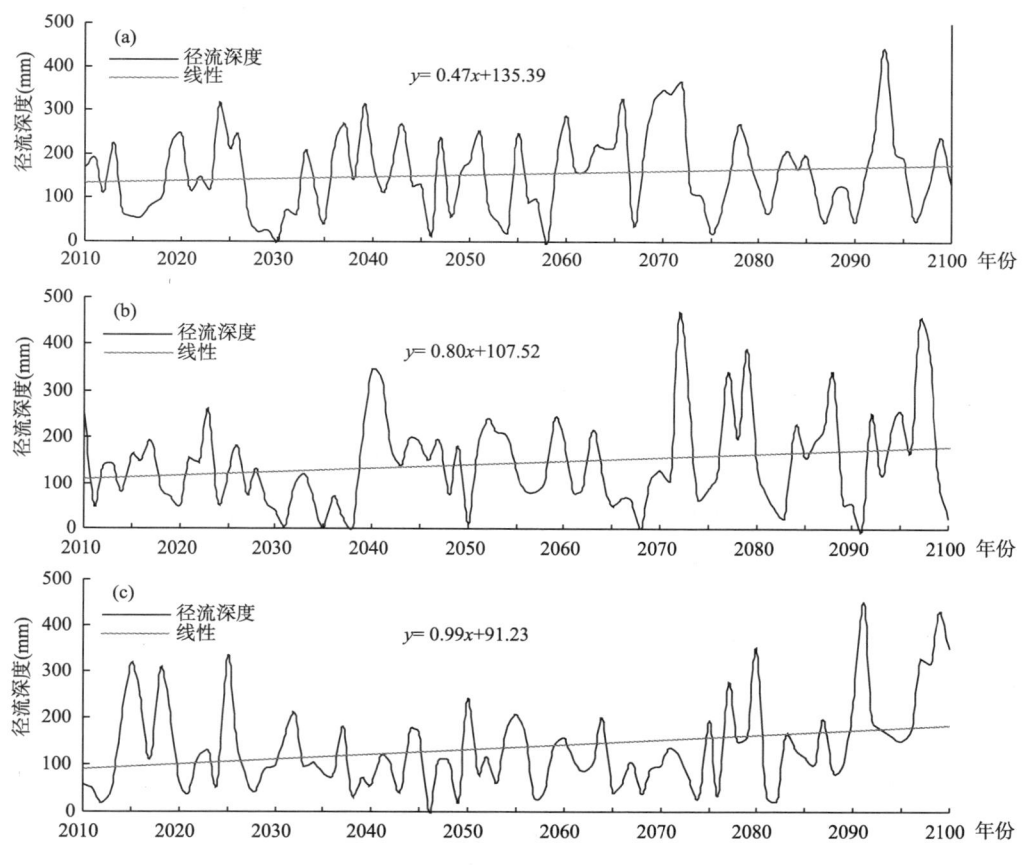

图 2.29　未来百年不同排放情景下滦河流域径流深度变化趋势
(a. A2 情景,b. A1B 情景,c. B1 情景)

随着社会经济的发展,2030年海河流域的水资源将变得更为短缺,与2004年相比,2030年基准情景下海河流域的需水总量将从365亿m^3增加到524亿m^3,增加44%。由于用水总量增加,2030年海河流域水资源的供需缺口将达到223亿m^3,占用水总量的比例从2004年的18%增加到2030年的43%。因此,即便没有气候变化,随着社会经济的发展,海河流域的水短缺也将变得更加严重。

模拟结果表明(袁飞等,2005;Wang,et al.,2005;王金霞等,2008),气候变化将加剧海河流域水资源的短缺状况(表2.18)。与基准情景不同的是,在气候变化的条件下,不仅流域的水资源需求将受到影响,而且水资源的供给也将受到影响。与基准情景相比,在A2情景下海河流域的需水总量将增加33亿m^3;而在B2情景下,由于其温度的变化稍微小些,其需水总量比A2情景少3亿m^3。而在A2和B2情景下,由于降水量的变化不同,因而供水量的变化也有所差异。在 A2 情景下,如果降水量减少 1%,海河流域的可供水量将比基准情景减少 6 亿 m^3;而在 B2 情景下,如果降水量增加 3%,海河流域的可供水量将增加 2 亿 m^3。但是,无论是 A2 还是 B2 情景,与基准情景相比,水资源短缺的状况都将进一步加剧。例如,A2 情景与基准情景相比,由于气候变化的影响,海河流域水资源的供需缺口将提高 4%;在 B2 情景下,将提高 2%。

第五节　水资源应对气候变化的适应性对策

> **专栏**
>
> 　　按照 IPCC(政府间气候变化专门委员会)的定义,气候变化的影响指气候变化对自然和人为系统造成的结果。与适应性结合起来考虑,可以区分为潜在的影响和残余的影响。潜在影响指不考虑适应性,某一预计的气候变化所产生的全部影响;残余影响指采取了适应性措施后,气候变化仍将产生的影响。
> 　　适应,就是自然或人类系统对新的或变化的环境的调整。对气候变化的适应,就是自然或人类系统为应对现实的或预期的气候刺激或其影响而做出的调整,这种调整能够减轻损害或开发有利的机会。各种不同的适应形式包括预防性适应和应对性适应,个体性适应和集体性适应以及自发性适应和计划性适应。
> 　　减缓气候变化指人类通过削减温室气体的排放源和/或增加温室气体的吸收汇而对气候系统实施的干预。为了减缓气候变化,人类社会可以选取相应的手段或措施,也必然对经济发展产生直接影响。

　　气候变化已经是不争的事实,理解未来气候变化对水资源供求的影响尤为迫切,海河流域在建设现代化进程中,面临着社会经济的发展和生态环境改善对水资源的需求增加等多方面的压力,在气候变化之下这些压力将变得更为复杂,限于目前对气候系统的客观认识,对未来的气候变化预估依然不能达到满意的水平,只能用气候情景或趋势来对未来气候的可能变化进行描述;加之水文循环陆面过程的复杂性,气候变化本身以及对水的影响评价结果中尚包含有相当大的不确定性,给决策带来很大困难(张建云等,2007)。针对变化环境下海河流域面临的水资源短缺、干旱缺水、地下水严重超采、生态环境恶化、水污染严重、行业与地区之间争水矛盾突出、水资源管理薄弱和水价不合理等主要水问题,建议从流域综合管理角度出发,重点加强以下几方面的适应性对策:

一、水资源合理利用适应性对策

1. 根据气候变化特点,提高降水资源利用率

自然降水中能被人类和生物利用的部分才是有效的,因此增加雨水存储、减少流失十分重要,尤其在水资源日趋紧缺的情况下,充分提高降水资源利用率十分必要。根据海河流域降水具有地域性差异大、年际变化大,年内集中程度高的特点,更有效的直接利用大气降水和土壤水,加强水土保持、小流域治理,改善植被状况,使降水更多地转化为土壤水、地下水和江河基流;因地制宜发展各种微水工程,发展抑制地表、土壤和水体无效蒸发的保墒保水技术;在农业方面实施集雨节水灌溉工程,此为针对降水季节分配不均,集夏秋之雨,供春播时用;在城镇逐步推广雨水贮留渗透技术,增加对地下水的补充。

2. 发展人工增雨技术,开辟增加水资源的新途径

空中水是水资源的一个组成部分,人工增雨是调节水资源的一个重要途径,实践证明,开发空中水资源,向空中要水,是解决淡水资源短缺的重要手段之一。降水只占大气中水汽通量的一小部分。在适宜的云水条件下,人工撒播一定的催化剂可以促进水汽和云水向降水的转化。海河流域为典型的季风气候区域,在夏季通过人工增雨手段,充分利用夏季风输送的丰富水汽资源,转变成降水,增加大气降水是一项开源措施。因此,要切实抓好人工增雨工作,把开发空中水资源纳入防灾减灾的规划中,除了做好旱期应急性的抗旱增雨作业外,还要有计划开展非旱期的增雨作业,在非旱期可通过土壤水和水利工程的蓄积,达到调节水资源抗旱增产的作用。

3. 加快海水淡化技术开发应用,有效增加有效水资源

海水储量大,易于提取,关键在于降低淡化成本,扩大规模。通过技术创新,未来海水淡化生成的淡水可用于工业生产、城市下水等,也可用于农业灌溉。通过海水的开发利用将会有力缓解海河流域水资源短缺的矛盾。

4. 进行调蓄工程建设,加快南水北调工程的实施

海河流域夏季降水多,冬春雨雪少,降水年际变化大,因此建设小型水库等水利工程,对于调剂季节性或年际间降水余缺,充分利用当地水资源具有重要作用。从长远来看,引水工程确是解决水资源短缺的一个途径。因此,依靠南水北调解决海河流域水资源短缺具有长远战略意义。南水北调受水区是海河流域经济社会发展的重点地区,也是主要缺水和生态环境恶化严重的地区。南水北调工程的实施对海河流域社会经济的可持续发展具有重要作用。

5. 大力推广各项节水措施,努力建设节水型社会

海河流域在注重开源的同时,节水将是海河流域长期和经常性的工作。根据海河流域夏季多雨、秋季底墒较好,冬春耗水不多、春季少雨干旱的特点,在农业方面合理安排作物布局,选用抗旱、耐旱的作物品种,提倡使用喷灌、滴灌等节水灌溉方式,适时施肥,以肥调水,充分发挥废水的耦合效应;在工业方面采用新工艺、新技术、提高水的利用率,实现节水型工业;在生活用水方面鼓励节水型生活器具的研究,生产节水型生活用具,提倡一水多用,减少生活用水的浪费。通过水资源合理配置,充分利用好当地水资源,沿海地区充分利用海水资源,山区通过雨水集流等措施,解决山区人畜饮水困难问题,平原和城市开展平原雨洪利用、污水再利用等措施,挖掘本流域水资源潜力,提高用水效率,建设节水型社会。

6. 加强水资源变化研究,掌握水资源变化规律

海河流域降水和水资源的时空变化非常大。加强对降水、径流、地下水位、土壤墒情以及植被的实时监测,提高各时段的天气气候和水位预报准确率,可以改善水库调度,增加调蓄水量;科学地指导灌溉,充分利用土壤水,减少水的浪费;及时部署防洪措施,减少洪灾损失。

未来几十年气候变化对水资源管理和可持续利用具有方向性、战略性意义。目前,由于对气候系统的认识还十分有限,对未来气候变化预测的可靠性离要求还有很大的差距。因此,当前亟须深入开展气候变化科学研究,了解海河流域气候变化的时空特点,理解气候变化的物理原因,认识气候变化对水资源影响的机理,提高气候变化对水资源影响预测的可靠性。

7. 促进水资源优化配置,加强水资源统一管理

市场经济下,节水、治污、调水等水资源配置措施不仅带来水资源供需关系的调整,更带来经济利益关系的调整。因此,要逐步建立水资源的宏观控制和微观定额体系。政府宏观调控与市场机制有机结合,逐步建立水权交易市场,实行水权有偿转让,建立合理的水价形成机制,推动节约用水,促进水资源高效利用。在水资源管理方面,以流域为单元,进行统一规划、统一调度,积极研究和推进区域水资源统一管理体制,推进提高用户参与水资源管理。另外,要科学配置水资源,将生态环境用水放在突出的位置,控制人口增长,做好合理布局。

二、地下水水资源合理开发利用模式

海河流域地下水开采率居全国各大流域之首,地下水实际供水量已超过地表水。目前,海河流域地下水供水量占总供水量的2/3。在一些地表水缺乏的地区,地下水更是无法替代的生命水,成为海河流域举足轻重的供水资源。因此,根据不同气候条件下海河平原水资源供需和地下水资源超采情势,地下水资源合理利用和保护是迫切需要解决的问题,因此建议采取如下模式:

1. 采补平衡模式

从区域经济可持续发展战略考虑,海河平原需要采用"采补平衡模式"。地下水的赋存具有多年调节的特点。丰水(多雨洪涝)年份地下水得到的补给较多,而开采量较少,表现为地下水位升高;枯水(少雨干旱)年份地下水得到的补给量较少,开采量较大,使得地下水位下降。在一定的大气循环周期内,充分利用地下水多年调节的作用,丰、

枯互补。在均衡时段内保持地下水总的开采量与总的补给量大致相等，地下水位动态在允许的范围内变化，且年际总变化量趋近于零。

2. 优质优用模式

在持续干旱期、地表水枯竭和地下水极度超采情势下，应采取"优质优用模式"，首先确保生活饮用的供给基本保障。地下水在形成过程中，受含水层介质的过滤作用，水质相对比较优良，同时地下水具有就地开发利用的特点。因此应优先满足人民生活用水要求，兼顾工业、农业和生态环境用水，做到优水优用，中水回用，污水、海（咸）水资源化利用等，提高供水效益。

3. 强化保护模式

在水资源极度短缺、地下水严重超采地区，需采取强力的"强化保护模式"，使地下水位下降漏斗、海水入侵、地面沉降等问题得到有效控制，防治环境地质问题的恶化和地下水水质的污染。超采形成了巨大的地下蓄水空间，为地下水增补提供了调蓄条件。利用河道等补给途径，既可以在丰水年份调蓄雨洪水，亦可以调蓄南水北调实施初期的不均匀来水，以备枯水年份用水之需，发挥地下水多年调蓄的作用，在一定程度上修复地下水环境。

为遏制地下水环境的恶化趋势，在充分节水和有替代水源的情况下，对超采区和严重超采区的地下水采取限采、禁采措施。在有条件地区充分利用地下调蓄空间，增加地下水的补给量，发挥地下水的多年调节作用，维持可持续发展。上述方案简称为控采方案和增补方案。

4. 合理配置模式

在持续多雨年份，应重视"合理配置模式"，加强地表水和地下水的联合优化调度，优先开发利用地表水，合理开发利用浅层地下水，加强地下水资源涵养。浅层地下水具有埋藏浅、经济运行费用低的特点，特别是浅层地下水的补给条件好，动态资源有保证，所以浅层地下水具有重要的、长期稳定的供水意义。根据地下水的补给特性，以开发浅层地下水为主，严格控制深层地下水的开采，应用抽咸补淡等新技术，积极利用微咸水，使地下水资源得到充分合理的利用。

小结

海河流域属于资源性严重缺水地区，20世纪70年代以来海河流域暖干化趋势明显，干旱化持续加重，加之人类活动影响明显，加剧了流域水资源紧张态势。山区来水量减少，水资源量衰减严重，地下水过量开采，部分地区已经枯竭，是海河流域当前面临的主要问题。

气候变化带来水文循环的变化，引起海河流域水资源在时空上的重新分布和水资源数量的改变，因此针对海河流域气候变化的特点采取相对应的适应性对策十分重要。

首先根据流域气候变化地域性差异大、年际变化大，降水年内集中程度高，减少趋势明显，干旱化日益严重等特点，充分提高降水资源利用率，采用增加雨水存储、减少水分流失的新方法和新措施，同时进行调蓄工程建设，加快南水北调工程的实施，改善海河流域水资源状况。其次注重开源节流，利用海河流域地处典型季风气候区，季风输送丰富水汽资源的特点，发展人工增雨技术，适时进行人工增雨，开辟增加水资源的新途径。因地制宜做好农业、工业和生活用水的各项节水工作，大力推广各项节水措施，努力建设节水型社会。最后，加强水资源变化研究，掌握水资源变化规律，促进水资源优化配置，加强水资源统一管理，逐步建立水资源的宏观控制和微观定额体系，科学配置水资源，做好水资源合理布局。

参考文献

陈民,尹雅清,赵天佑. 2008. 海河流域蒸发量评价. 水利水电工程设计,27(2):20-22.
陈星,赵鸣,张洁. 2005. 南水北调对北方干旱化趋势影响的初步分析. 地球科学进展,20(8):849-855.
崔亚莉,王亚斌,邵景力等. 2009. 南水北调实施后华北平原地下水调控研究. 资源科学,31(3):382-387.
费宇红,李惠娣,申建梅. 2001. 海河流域地下水资源演变现状与可持续利用前景. 地球学报,22(4):298-301.
谷永利,刘学锋,杨贤等. 2010. 河北省土壤水分分布及变化特征. 干旱区资源与环境,25(3):118-121.
郝振纯,李丽,王加虎. 2007. 气候变化对地表水资源的影响. 地球科学——中国地质大学学报,32(3):425-432.
刘春蓁,刘志雨,谢正辉. 2004. 近50年海河流域径流的变化趋势研究. 应用气象学报,15(4):385-394.
刘春蓁,英爱文,颜开. 1996. 中国水资源对气候变化的敏感性及脆弱性研究. 见符淙斌,严中伟主编. 全球变化与我国未来的生存环境. 北京:气象出版社:330-338.
刘剑锋,张可慧,刘芳圆等. 2007. 浅析南水北调工程对河北省受水区生态环境的影响. 南水北调与水利科技,5(3):27-29.
刘九夫,郭方等. 2000. 气候异常对海河流域水资源评估模型研究. 水科学进展,11(增刊):27-35.
刘学锋,任国玉,范增禄等. 2010a. 海河流域近47年极端强降水时空变化趋势分析. 干旱区资源与环境,24(4):85-90.
刘学锋,阮新,李元华. 2005. 河北省冷暖气候变化特征分析. 气象科学,25(6):638-644.
刘学锋,向亮,于长文. 2010b. 海河流域降水极值的时空演变特征. 气候环境研究,15(4):451-461.
刘学锋,于长文,任国玉. 2007. 河北省近40年蒸发皿蒸发量变化特征及影响因素初探. 干旱区地理,30(4):507-512.
任宪韶,户作亮,曹寅白等. 2007. 海河流域水资源评价. 北京:中国水利水电出版社.
施雅风. 1995. 气候变化对西北华北水资源的影响. 北京:中国科学技术出版社.
苏剑勤,程树林,郭迎春. 1996. 河北气候. 北京:气象出版社.

王金霞,李浩,夏军等. 2008. 气候变化条件下水资源短缺的状况及适应性措施:海河流域的模拟分析. 气候变化研究进展,**4**(6):336-341.

王金星,张建云,李岩等. 2008. 近50年来中国六大流域径流年内分配变化趋势. 水科学进展,**19**(5):656-661.

王金哲,张光辉,严明疆等. 2009. 滹沱河流域平原浅层地下水演变时代特征. 干旱区资源与环境,**23**(02):6-11.

严明疆,王金哲,李德龙等. 2010. 年降水量变化条件下农灌引水与开采对地下水位影响. 水文地质工程地质,**37**(03):27-30.

叶柏生,李种,杨大庆等. 2005. 我国过去50年来降水变化趋势及其对水资源的影响(Ⅱ):月系列. 冰川冻土,**27**(1):100-105.

袁飞,谢正辉,任立良. 2005. 气候变化对海河流域水文特性的影响. 水利学报,**36**(3):274-279.

翟劭燚,张建云,刘九夫. 2009. 海河流域近50年降水变化多时间尺度分析. 海河水利,(1):1-3.

张光辉,费宇红,严明疆等. 2009. 灌溉农田节水增产对地下水开采量影响研究. 水科学进展,(3):350-355.

张建云,王国庆. 2007. 气候变化对水文水资源影响研究. 北京:科学出版社.

张建云,章四龙,王金星等. 2007. 近50年来中国六大流域年际径流变化趋势研究. 水科学进展,**18**(2):230-234.

中国科学院《全球和中国气候变化研究新进展评估》项目专家组. 2007. 全球和中国气候变化研究新进展评估.

Wang J., Huang J., and Rozelle S. 2005. Evolution of tubewell ownership and production in the North China Plain. *Aust. J. Agric. Resour. Econ.*, **49**(2): 177-195.

Wang J., Li H. 2007. Water Conservation Project in China: Improved Efficiency of Agricultural Water Use in the Haihe River Basin. Report submitted to National Development and Reform Commission in China and Development Foundation of International Development in England.

气候变化对海河流域农业的影响和适应性

李春强(河北省气象科学研究所)
刘学锋(河北省气候中心)

引言

农业是在人类的作用下,通过农业生物利用自然资源(气候、土壤等)特别是太阳能生产有机物的活动。阳光、水和土壤是农业生产所要求的最低限度资源,也是农业生产的最重要环境条件。气候作为农业生产活动的基本资源,包括光、热(温度)、水、气(二氧化碳)等,对农业生产有着极其重要的作用和影响。能够被农业生产开发利用的气候资源称为农业气候资源,农业气候资源的数量和时空分布决定了一地的农业生产特点,而极端天气气候事件与农业气象灾害(如热浪、持续低温、干旱、洪涝、霜冻、大风、冰雹、干热风等)则直接影响农作物生长过程及产量高低。各种农业气候资源的数量及其组合匹配对农业生产类型、种植制度、作物布局和产量高低、品质好坏起着重要作用。因此,气候变化如气温升高或降低、降水减少或增多,以及极端天气气候事件与农业气象灾害的变化等,必然造成与农业生产有关的农业气候资源在数量、时间和空间上变化,从而对农业生产产生重大影响(中国农业百科全书编辑部,1986)。

海河流域地处中纬度大陆东岸,濒临渤海,属温带大陆性季风气候。即具有大陆性和季风性两种气候类型的特点,四季分明,寒暑悬殊,冬冷夏热,南北温差较大,且冬季温差大于夏季,具有明显的大陆性气候特征;降水集中,雨热同季,干湿明显,表现出季风气候特点。从而形成了春季干燥多风,夏季炎热多雨,秋季秋高气爽,冬季寒冷少雪的气候特征。农业气候资源丰富,气象灾害种类多,发生频繁。雨热同季的季风气候特点为流域农业生产提供了有利的光、热、水资源,但极端天气气候事件与气象灾害也直接影响了农业生产的稳定性。本章主要内容包括:海河流域农业生产特点概述;主要农业气候资源变化,包括太阳辐射(日照)、积温、参考作物蒸散等;气候变化对农业的影响,包括对作物生产影响、对农业气象灾害影响和气候变化影响预估;以及农业对气候变化的适应对策等。

第一节 概述

海河流域是中国粮油集中产区之一,可耕地面积约 1100 万 hm^2。由于地区自然条件与气候差异,农作物种类较多,小麦和玉米是区域主要粮食作物。其中,河北省的农业在流域内占据主导地位。作为全国三大小麦集中产区之一,大部分地区适宜小麦生长。高产稳产区集中在太行山东麓平原。河北省常年种植小麦 200 多万 hm^2,总产量一般占到河北省粮食产量的 1/3 以上。经济作物主要有棉花、花生、糖用甜菜和麻类等。河北省也是全国主要产棉区之一,曾被誉为"中国产棉第一省份",最高种植年份达到 100 多万 hm^2,21 世纪以来,播种面积稳定在 40 万 hm^2 以上。

海河流域果树资源品种很多,分布广、产量大,栽培和野生果树共有 100 多种。著名果品有昌黎县苹果,宣化牛奶葡萄,深州蜜桃,赵县雪花梨,京东迁西一带的板栗(又称天津甘栗),产于泊头、肃宁、辛集、晋州等地的鸭梨(在国际市场上称"天津鸭梨")、沧州金丝小枣和阜平、赞皇大枣等。

流域作物优势品种比例日趋集中。以河北省为例,粮食品种主要包括小麦、玉米、大豆、稻谷、马铃薯、甘薯等,其中小麦、玉米是河北省的主要粮食品种。随着品种结构的不断调整,1978 年以来,小麦、玉米的产量占粮食总产的比重每 10 a 增长 10% 左右,2005 年以后已经超过 90%。小麦、玉米品种经过不断更新换代,多乱杂情况逐渐改观。小麦种植品种从 1980 年代初的 100 多个已经集中到近几年的 30 个左右,2008 年优质专用小麦播种面积 170 多万 hm^2,占到小麦播种面积的 71.74%。玉米种植品种也由 1980 年代初的 80 多个集中到 40 个左右,2008 年优质专用玉米播种面积 200 多万 hm^2,占到玉米播种面积的 73.32%,粮食生产产业带逐渐形成。国家和省级优势农产品区域布局规划实施以来,全省粮食种植逐渐向优势产区集中,主要粮食作物品种产业带已具雏形,初步形成了以京山、京广铁路沿线为重点的优质小麦产业带,以京山、京广铁路沿线、低平原和张承坝下地区为重点的优质玉米产业带,小麦产业带播种面积占全省小麦播种面积的 3/4 以上,玉米产业带播种面积占全省玉米播种面积的 4/5 以上。此外,还形成了黑龙港低平原区大豆集中种植区、太行山浅山丘陵杂粮集中种植区和张承薯类集中种植区,全省粮食作物区域布局日趋合理(马静等,2006)。

作为农业生产大区,海河流域的农业生产对气候变化非常敏感,特别是极端天气气候事件与农业气象灾害影响极大。以小麦生产为例,在雨养条件下,华北地区是产量变化的敏感区,但在灌溉条件下,大部分地区小麦对气候变化的敏感程度有所减弱。海河流域农业气候主要特点为:大部分地区光热条件充足(北部冷凉、高原地区除外),但降水不足,水资源是限制该区农业生产发展的主要气候因素;旱涝、大风、冰雹、霜冻害、干热风和连阴(雨、雾)天等农业气象灾害多发,对农业生产影响较大,其中干旱发生频率高、范围广、影响大。随着气候变暖和社会经济的快速发展,以及该区所处的特殊地理位置,在某种意义上,海河流域的粮食安全问题实质是水资源安全问题。

第二节 农业气候资源变化

一、农业气候资源变化

1. 日照与太阳辐射变化

太阳辐射是地球表面能量的基本来源,是影响植物生理过程(光合、蒸腾作用)和水文循环(蒸发)等陆面活动的驱动因素,还是天气气候形成演变过程的主要驱动力。太阳辐射的变化直接影响温度、降水、湿度等气象要素以及能量变化与水分循环等过程。日照是影响农业生产和农作物生长发育的三个主要气象要素(光、温、水)之一。因此,有关日照时数与太阳辐射变化的研究成为了解气候变化的一个重要方面,随着人们对气候变化认识的不断深入,有关太阳辐射与日照时数变化的研究不断增多。

根据气象资料和卫星遥感资料分析研究,海河流域近50 a(1958—2007年)太阳总辐射和日照时数呈明显下降趋势,而且通过了0.05显著性水平的M-K检验。其中,1988年是变化转折年,此后太阳总辐射和日照时数基本低于多年平均水平;虽然太阳直接辐射出现了明显的下降趋势,但散射辐射却出现了增加。在空间分布上,太阳辐射和日照时数变化较大的地区主要集中在流域低海拔地区,海河流域南部和冀东沿海人口高密度区比流域北部燕山和太行山区人口低密度区的减小趋势更为明显。同时发现,太阳辐射与气溶胶指数变化趋势的空间分布具有很好的一致性,引起太阳辐射下降的主要原因可能是由于人类活动造成气溶胶显著增加(刘昌明等,2009)。

根据观测资料分析,海河流域的日照时数大部分地区呈下降趋势。天津地区1961—2003年日照时数的变化特征,以及影响日照的云量、水汽压和地面能见度等要素的分析结果表明:近43 a(1961—2003年)来,天津地区日照时数呈明显下降趋势,特别是从20世纪80年代初期开始,日照时数下降迅速;与1960年代相比,1990年代年日照时数平均下降超过370.0 h,而且市区减少速度最快。四季中,夏季减少率最大,秋冬次之,春季最小。该地同期云量和水汽压变化不大,但地面能见度呈下降趋势,而能见度下降可能主要是对流层大气气溶胶含量上升的结果,这是造成天津地区日照时数下降的主要原因(郭军,任国玉,2006)。

海河流域东南部德州市近52 a(1954—2005年)日照变化特征研究表明:年日照时数呈明显减少趋势,平均减少105 h/10 a,减少的主要原因是低云量增加和人类活动特别是工业排放污染物急剧增长导致的大气气溶胶增多所致(石慧兰等,2007)。

河北省相关研究结果表明:1965—2005年河北春、夏、秋、冬季及年平均日照时数均呈明显下降趋势。其中,春季平均日照时数减少20.0 h/10 a,夏季减少28.9 h/10 a,秋季减少27.4 h/10 a,冬季减少23.1 h/10 a,年平均日照时数减少96.7 h/10 a(相关性均通过0.01信度检验)。从年代际平均值分布特征看,春季1965—1979年日照时数变化幅度较小,1980—1999年日照时数迅速减少,2000年以后略有增加;夏季1965—1969年日照时数较多,1970—1979年迅速减少,1980—1989年稍有增加,1990—2005年迅速下降;秋季1965—2005年日照时数持续下降;冬季1965—2005年日照时数持续下降,其中1970—2000年日照时数下降幅度很小;1965—1969年年平均日照时数呈持续下降状态。日照减少与20世纪80年代以后日益加重的大气环境污染有关(郭艳岭等,2010)。

研究表明华北地区日照时数明显降低。根据1965—1999年资料分析:华北地区日照减少速率为82.855 h/10 a,其中夏季减少最多,冬季下降最少;空间上平原地区减少最多,沿海和西北部山区下降最少(Yang, et al.,2009)。应用1960—2000年的气象资料,基于GIS(地理信息系统)技术的分析表明:华北地区日照时数从20世纪60年代到90年代处于下降趋势,中北部地区日照下降主要原因是由于大气污染加剧而引起,东南部则是由于云量增加和晴天日数减少而导致日照减少(杨彦武等,2004)。

综上,海河流域20世纪50年代以来日照时数和太阳辐射均出现下降趋势,人类活动、工业迅速发展及其所引起的地区环境污染增加是主要原因。

2. 积温变化

积温即一定界限温度以上的累积温度是表示地区农业热量资源的基本指标之一。其中,日平均气温≥0℃积温是反映地区农事季节内的热量资源,≥10℃积温是反映喜温作物生长期内热量多少的标志。总体上,随着气候变暖海河流域活动积温增加,作物生长季延长,有利于农业生产。

据海河流域的京、津、冀地区建站到2000年以来的70个气象站资料分析,河北省气候变暖使近50 a(建站—2000年)日平均气温稳定通过0℃初日提前,终日略有推迟,初终日期间日数与≥0℃积温变化均呈增加趋势;全省及各区域范围积温平均增加45℃/10 a,其中太行山区增加最多,达到93℃;全省≥0℃积温90年代比50年代增加137℃(李元华,2006)。近50 a(建站—2000年)≥10℃积温持续日数延长15 d左右,作物生长季有所延长(李元华,车少静,2005)。

就京津地区而言,积温同样出现了增加的趋势。据分析,1961—2008年,平原地区≥0℃活动积温在1996年后增加了255℃,而山区在2005年以后增加149.8℃;≥10℃活动积温呈明显上升趋势,平原地区增加78.4℃/10 a,1996年后活动积温平均值达到4422.36℃,较之前增加261.42℃,生育期相当于延长了26 d(叶彩华等,2010)。天津地区随着气候变化,近50多年(1955—2007年)热量资源明显增加。1988—2007年与1955—1987年相比:日平均气温稳定通过0℃、10℃的活动积温分别增加306.5℃和293.5℃,其结果使冬小麦播种期平均推迟5.3 d,越冬期平均缩短23.5 d;夏玉米生育期延长,栽培品种由早熟品种为主向以中早熟和中熟品种为主变化,棉花等喜温作物种植面积扩大(刘淑梅等,2009)。

应用1958—2007年河北、山西和北京、天津的气象资料,分析了华北地区热量资源的时空变化。结果表明:该地年际活动积温呈现了先下降后增加的变化趋势,即20世纪60—70年代,积温达到近50 a的最低值(4350℃),此后逐渐开始增加,1998—2007年比20世纪60—70年代活动积温增加了近300℃。在空间上,华北地区积温等值线向北移动。以4000℃等值线为例,20世纪60—70年代该线徘徊于河北境内40.5°N和山西境内38.5°N一线,而1998—2007年,该线总体向北推进了0.5°,相当于北移了50~100 km(刘德义等,2010)。

3. 无霜期变化

无霜期是一年内终霜冻日到初霜冻日之间的持续日数,通常采用地面最低气温稳定大于0℃的初、终日间隔日数表示。它反映了一个地区农作物的生长季长度,表征地区热量资源的丰富程度。

随着气候变暖,气温升高,海河流域无霜期也发生了明显变化,主要表现为:初霜期延迟、终霜期前提,无霜期延长。近50 a(建站—2000年)河北省无霜期的气候变化特征明显,主要表现为无霜期呈现明显的波动式增长趋势,且冀北高原变化最明显。全省平均无霜期1950年代最短,1990年代最长;区域平均终霜日期前提、初霜日期延迟,且终霜日期变化幅度大于初霜日期,终霜日期的变化对无霜期的延长影响更大些。北京地区近48 a(1961—2008年)出现了初霜日期推迟、终霜日期提前的趋势,无霜期日数增加趋势为4.57 d/10 a(叶彩华等,2010)。天津地区近53 a(1955—2007年)出现相似趋势,即初霜日推迟,终霜日提前,无霜期日数增加11.1 d(刘淑梅等,2009)。

4. 蒸散量变化

蒸散作为自然界水分循环的一个过程,在气候与环境变化中起着非常重要的作用。它既是水分平衡的组成分量,也是热量平衡的组成分量,同时也是农业生产过程中的重要影响因素。在气温升高的情况下,全球大部分地区蒸发皿蒸发(Pan evaporation)与潜在蒸发(参考作物蒸散)出现了明显变化。一般认为全球气温升高将导致潜在蒸发增加,但多数研究结果与其相反,即全球大部分地区潜在蒸发和蒸发皿观测的蒸发量都呈减少趋势,而在不同国家和地区引起减少的原因则各不相同。云量增加(即辐射减少)是造成美国和前苏联蒸发量下降的主要因素(Peterson,et al.,1995),印度蒸发皿蒸发和潜在蒸发减少的主要影响要素则是相对湿度增加和辐射减少(Chattopadhyay,Hulme,1997)。研究发现位于南半球的澳大利亚30多年(1970—2002年)和新西兰自20世纪70年代以来的蒸发皿蒸发量变化与北半球相似,即总体呈下降趋势(Roderick,Farquhar,2004,2005)。分析认为1951—1995年蒸发皿蒸发下降的原因是由于大范围云量和气溶胶浓度增加而造成的(Roderick,Farquhar,2002)。但研究发现以色列30多年(1964—1998年)的实际蒸发是增加的,而且出现在干燥的夏半年,但参考作物蒸散没有明显的变化,其原因是影响蒸发的动力因素的变化,即水汽压差和风速增加之故(Cohen,et al.,2002)。可见,辐射和风速变化是影响蒸散变化的主要环境因素。

海河流域蒸发变化出现了与全球大部分地区相似情况,即蒸发减少。根据流域

(京、津、冀)68个气象站1956—2000年的20 cm口径蒸发皿资料分析表明:1956—2000年的蒸发量出现了波动式下降趋势,1983年及以前大多数年份高于平均值,1983年以后大多低于平均值,而1968年蒸发量为近50 a最高值,超出平均值20%。就各季节分析,春季下降幅度最大、夏季次之、冬季最小;全区及各分区平均蒸发量大部分在1960年代最大,20世纪60年代至90年代逐渐下降。蒸发量的下降原因与平均风速的减小存在明显正相关,而且风速变化对蒸发量的影响远比气温变化对蒸发量的影响大(安月改,李元华,2005)。河北省1963—2003年50个站的蒸发皿资料分析表明,近40 a区域年蒸发量由20世纪60、70年代偏多转向20世纪80、90年代偏少,转折出现在20世纪70年代末和80年代初,其中春夏季蒸发量减少趋势明显,下降速率分别为31.3和27.4 mm/10 a。相关分析表明:蒸发量与日照时数、低云量和气温日较差相关显著,太阳辐射是影响蒸发量变化的主要因素,同时平均风速减少对蒸发量变化也起着重要作用(刘学锋等,2007)。

二、参考作物蒸散与作物需水量的变化

参考作物蒸散是大气蒸发能力的标度,反映了气候条件对水分循环的影响,也是评价气候干湿程度、作物需水与作物生产潜力的重要指标,因此在气候变化背景下,许多学者研究了参考作物蒸散的变化趋势与影响原因。

专栏

参考作物蒸散(Reference Crop Evapotranspiration):

从假设作物高度为0.12 m,并具有固定的表面阻力70 m/s,反射率为0.23的参考冠层的蒸发,相当于高度一致、生长旺盛、地面完全覆盖而不缺水的开阔草地的蒸发量。

作物需水量(Crop Water Requirement):

一般采用参考作物蒸散量(潜在蒸散量)与作物系数之积表示(Allen, et al., 1998),而参考作物蒸散量则取决于区域的天气气候条件。

利用河北省85个气象站观测资料,根据联合国粮农组织(FAO)推荐的Penman-Monteith公式,研究了河北省参考作物蒸散(1965—1999年)的变化趋势及主要影响原因。结果表明:河北省四季和年参考蒸散量序列随气候变化呈下降趋势,其中,春季下降最多,夏季次之,秋季较少,冬季下降最少,年参考蒸散下降速率达43.6 mm/10 a。在空间上,不同地区减少幅度不同,廊坊及以南地区年参考蒸散减少速率一般均在40 mm/10 a以上,而北部地区则相对缓慢,一般在35.0 mm/10 a以下。分析表明,在气候变化背景下,日照时数减少和风速下降是参考蒸散下降的主要原因,虽然气温升高,

但其对参考蒸散的变化影响有限(李春强等,2008;Li,et al. ,2008)。

根据北京地区近57 a(1951—2007年)气象资料,分析了参考作物蒸散量的变化趋势及影响因素。北京各气象要素变化为:年平均气温为增加趋势,平均相对湿度、日照时数呈下降趋势,风速变化总体平稳,但经历了先升高后下降的变化过程,饱和水汽压差呈升高趋势,净辐射呈减少趋势。饱和水汽压差升高的正变化抵消了净辐射减少的负变化,使北京的参考作物蒸散量在近57 a总体呈增加趋势。月平均值的敏感性分析表明:夏季(6—8月)影响参考作物蒸散量的首要因子是日照时数,其次为相对湿度。在其他时段内,气温影响最大,其次是相对湿度,然后是日照时数,而风速的影响一直较小。年平均值对参考作物蒸散影响的因子顺序由大到小依次是相对湿度、气温、风速和日照时数(罗雨等,2010)。需要指出的是:由于该研究采用北京市单站资料分析,因此仅代表城市参考蒸散变化趋势,其变化原因与其他分析结果有所不同。

中国北方地区近50 a(1955—2000年)潜在蒸发量呈下降趋势,其中,日照百分率、风速的下降和空气湿度的增加导致了潜在蒸发的下降。从能量观点来看,太阳总辐射下降是潜在蒸发下降的重要原因,其对潜在蒸发下降的贡献约占78%(谢贤群,王菱,2007)。华北平原地区40多年(1961—2007年)参考作物蒸散变化的研究结果表明:在华北区域气温显著上升,日照时数、相对湿度、平均风速显著下降的背景下,绝大多数站点参考作物蒸散量及其构成项(辐射项和空气动力学项)呈显著下降趋势。参考作物蒸散量的变化主要受日照时数、相对湿度、气温日较差和风速的综合影响。此外,降水与参考作物蒸散量呈显著的负相关关系,降水下降幅度略高于参考作物蒸散量的变化幅度(刘园等,2010)。

由于参考作物蒸散的变化,主要作物需水量也随气候变化发生了变化。近50 a (1951—2000年)华北地区主要作物冬小麦和夏玉米需水量均呈下降趋势。作物需水量的变化趋势与日照和风速的下降趋势一致,日照减少造成到达地面的能量减少,风速减小可削弱陆地与大气的水分和能量交换强度,故近50 a华北日照与风速减小是作物需水量下降的主要原因(刘晓英等,2005)。河北省冬小麦和玉米(夏玉米、春玉米)的需水量在近35 a(1965—1999年)也出现了下降趋势,其中冬小麦需水量河北省平均下降26 mm/10 a,夏玉米河北省平均下降9.7 mm/10 a,并且均通过0.05信度的显著性检验(李春强等,2009)。

总体上,海河流域参考作物蒸散在气候变暖背景下出现了下降趋势,虽然影响因素不一,但日照时数(太阳辐射)减少、风速下降是其变化的主要原因。

三、冬小麦生育期蒸散降水差的变化

蒸散降水差(简称蒸降差)是综合反映农业土壤水分收支盈亏的重要指标之一,是农业灌溉决策和水资源规划的重要基础。气候变化对作物生育期间蒸散降水也有明显影响。以河北省冬小麦为例,研究了近43 a(1965—2007年)冬小麦需水量与蒸散降水差的时空变化及影响原因。结果表明:河北省冬小麦全生育期,生育前、中、后期各站蒸降差均为正值,表明水分亏缺。全生育期蒸降差变率较小,水分亏缺最大的区域位于河

北省东南部地区;各生育期以中期水分亏缺最为严重,且变率较小,前期和后期水分亏缺量较小,但变率较大。各生育期蒸降差均为减少趋势,其中,全生育期、后期减少趋势显著,前期、中期减少趋势不显著;各生育期需水量均为显著减少趋势;全生育期、前期、中期降水量变化趋势不显著,仅后期呈显著增加趋势。冬小麦全生育期蒸降差减少的气象原因主要是日照时数减少和风速下降,最低气温对其有一定影响,但不起决定性作用。另一方面,影响蒸降差的因素还有作物、土壤和农业技术措施。显然,品种的改进如抗逆性增强,节水品种的推广和覆盖技术应用等都可使作物需水量下降(康西言等,2010)。

第三节 气候变化对农业生产的影响

一、对作物生产的影响

气候变暖使农业气候资源发生变化,热量增加,影响农业生产结构、作物品种布局和农作物生育期长短。中高纬度温度升高,作物适宜度和生产力增加,种植区域北移,生长季延长。但未来农业生产技术改进的影响将超过气候变化的影响。在气温变化的同时,自然降水也发生了变化,海河流域自然降水的有效性直接影响着作物产量的高低。20世纪90年代以来,随着气温升高,海河流域的降水呈现减少趋势,而且极端天气气候事件在不断增加,这将对农业生产产生不利影响。然而,二氧化碳(CO_2)浓度增加对于农作物具有施肥作用,这是有利的一面。由于作物生产受多种气候因子变化共同影响,因此利弊兼有。

受气候变暖、热量增加影响,农作物种植区域发生变化,喜温作物种植界限北移,进一步促使作物种植结构调整,两熟制地区将北移至目前一熟制地区的中部,一熟制地区的面积将减少23%左右,如河北省冬小麦种植北界20世纪90年代比20世纪50年代北移了30~50 km。同时,农作物品种布局发生变化,大部分地区夏玉米均采用中熟品种,强冬性冬小麦因无法经历足够的寒冷期以满足春化作用对低温的需求,而由半冬性或春性等类型品种取代(李元华,车少静,2005)。天津冬小麦主栽品种由强冬性为主变为以冬性品种为主,套种和复种夏玉米由以早熟品种为主演变为以中早熟和中熟品种为主(刘淑梅等,2009)。

1. 气候变化对冬小麦产量影响

(1)对冬小麦发育期的影响

气候变暖使冬小麦发育期有所提前,但播种期却有所推迟。根据河北省北部唐山、中部栾城和南部肥乡等三个代表站的观测资料,分析了气温变化对河北省冬小麦发育期的影响,结果表明:20世纪90年代以来河北省冬春季升温明显,北部地区升温率高于南部地区。冬小麦20世纪90年代以后的播种期比20世纪80年代推迟2~5 d,成熟期提早1~2 d,气温升高使冬小麦生育期缩短2~7 d。三叶—返青期缩短,其他发育期延长,北部地区尤为明显。冬前>500℃积温初日推迟2~3 d,受2—5月气温升高影响,冬小麦发育期和发育期间隔日数发生变化(谷永利等,2007)。

气候变暖对冬小麦生长期长度变化的影响主要体现在返青期以前,即秋季气温下降缓慢,冬小麦播种期推迟;越冬期气温升高,越冬期缩短;返青之后冬小麦生长期长度相对比较稳定。

> **专栏**
>
> 气象产量:又称气候产量。影响作物产量因素一般划分为农业技术措施、气象条件和随机"噪声"三类。其中,农业技术措施包括品种特性与农业管理技术措施等,它反映了一定历史时期的社会生产发展水平,相应的产量分量称为趋势产量。在影响作物产量的各外界因素中,气象因素对作物产量的影响在时间序列上是一个不稳定的随机过程。通常把经过趋势处理后的产量序列剩余项视为受气象因素影响的产量分量,统称为气象产量。
>
> 气候单产:单位面积上的气象产量。

(2)对冬小麦产量的影响

气候变化对海河流域冬小麦产量具有直接的影响。据有关研究:河北省冬小麦产量与气温、降水显著相关。当气温距平为 $-1.2 \sim 1.2℃$ 时,冬小麦气候产量为正值,温度过高或过低均使冬小麦气候产量降低。2000年以来,春季气温持续偏高,气温升高成为小麦产量的限制因子。降水变化与冬小麦产量成正相关,春季降水量偏少,将导致冬小麦产量降低(史印山等,2008)。气候变化对海河低平原冬小麦产量影响具有类似作用,即高温使冬小麦减产更为严重,如2001—2002年春季气温异常偏高,气候单产波动超过300 kg/hm^2。总体上,随着气候变暖,冬小麦气候产量呈下降趋势,平均每10 a下降52.7 kg/hm^2。春季降水异常偏多或异常偏少的年份,小麦气候单产偏低。在冬小麦生长季内,当降水量<50 mm或>100 mm时,气候产量为负值;当降水量达到72 mm时,气候产量达到最大值(郝立生等,2007)。据研究,播种前和生育期内降水量的多少以及越冬前积温的高低是影响天津小麦产量的主要因子,其中降水与产量相关性较积温显著偏高。即降水量是影响天津冬小麦产量的主要因子,该地冬小麦水分临界指标是:全生育期降水量122 mm,拔节—灌浆期降水量41 mm,播种前降水36 mm。据此分析,随着气候变化,天津水分亏缺严重。但由于灌溉增加,自然降水对小麦的影响作用减小。研究表明,天津冬小麦越冬前正常生长的温度临界指标是511~627℃·d。根据该指标计算,在近49 a(1960—2008年)中低温发生概率显著高于高温出现概率,近10 a(1999—2008年)两者均有上升趋势,积温对产量的影响作用逐步增加,尤以低温危害为主(柳芳,黎贞发,2010)。因此,海河流域气候变化对冬小麦产量的影响仍然是以热量(气温)和水分(土壤水分和降水)为主导因子。

作物产量对于升温变化的响应目前尚未有确定性的结论。升温的同时,在某一时段还有低温出现,而且低温或极端低温出现的可能性很大,对于农作物的正常生长发育、或开花、灌浆等产量形成关键期影响极大。高、低温出现还可改变作物生育期长短。水分对于作物生长发育至关重要,所以降水变化方式(时间、量、空间分布等)对农业影响明显,特别是雨养农业地区。降水变化引起旱涝频率增加,直接影响作物产量。但降水不是影响水分有效性的唯一因子,还有土壤蒸发、作物蒸散等(Gornall, et al. ,2010)。此外,生长季节延长,需水增加;二氧化碳浓度增加,作物水分利用效率提高(Matthews,2006)。因此,灌溉是否增加需要进一步深入研究。

2. 气候变化对棉花生产的影响

气候变化对棉花品质布局及种植制度可能产生一定影响。棉花属于喜温作物,对热量条件要求较高。其生长的基本条件是:≥10℃积温3300℃,无霜期>150 d,夏季最热月平均气温>23℃,而且不同品种对热量(积温)条件要求不同。气温升高,河北省棉区将可能向北部扩展,冀中南棉区将以麦棉复种两熟制取代传统的中熟或中早熟品种一熟单作,中熟棉花品种的适宜区将由冀南地区扩展到京津唐地区(王勤英,1997)。

近20 a(1988—2007年)来,天津市棉花种植面积随气候变暖呈现明显增加趋势。20世纪80年代以前,由于春季低温影响棉花出苗和秋初霜冻导致棉花产量和品质严重不稳,棉花种植面积为8000~25000 hm^2。气候变暖之后,棉花种植面积和单产持续增加,2003年以后,面积稳定在70000 hm^2,单产稳定在1350 kg/hm^2(刘淑梅等,2009)。

同时,气温升高后,棉花生长期将延长,在水分条件能够满足的情况下,初霜期延迟将有利于棉花产量的提高。

3. 气候变化对农业病虫害的影响

农业病虫害是海河流域农业生产的主要生物灾害之一。由于其种类多、影响大和爆发流行成灾,是导致农业生产和农作物产量波动的重要因素。20世纪90年代以来,随着农业生产变化,包括水肥条件改善、种植制度与熟制变化,以及气候变暖,病虫害的发生面积、危害程度和发生频率多呈增加趋势。农业病害的发生发展与流行及病源、寄生物和环境条件密切相关,农业虫害与病害不同,既与虫原生物、寄生作物和环境条件有关,还与天敌等生物有关。其中,天气气候条件与气候变化对病虫害有着直接和间接的影响。冬季气温升高,病虫害为害地理范围扩大,越冬北界北移;暖冬有利于病虫害越冬,造成主要农作物病虫越冬基数偏高、越冬死亡率偏低;暖冬造成病虫害发生期提前、危害加重;生长季节气温升高,使作物生长季延长,导致病虫害发生季节延长、发生代数有可能增加(徐祥德等,2002)。

(1)冬小麦病虫害

海河流域小麦病虫害主要有白粉病、叶锈病、纹枯病、根腐病和赤霉病等,主要虫害有麦蚜、黏虫、吸浆虫、麦红蜘蛛和麦秆蝇等。随着气候变化,以及品种、栽培技术、种植方式、病害生理小种等因素的不断改变,小麦病害的种类和特点也出现了变化。20世纪50—70年代,叶锈病对该区域的河北省冬小麦生产影响最大;1980年代以后,小麦白粉病上升为主要病害。纹枯病自1990年零星发病以后,发病面积不断扩大,危害面积比例已从1996年前不足1%发展到1999年的29.4%;1996年以前小麦纹枯病造成的产量损失很小,1997年危害损失占病害损失的4%,1999年所占比例剧增到26%,防治后仍损失小麦2.4万t,成为制约地区小麦生产的主要病害。此外,小麦根腐病和赤霉病的发病面积和为害程度也有逐渐增大趋势(曹克强等,2000)。

(2)玉米病虫害

海河流域玉米经常发生的病害主要有大、小斑病、青枯病、黑粉病,虫害主要有黏虫、玉米螟、蚜虫、蝼蛄等,21世纪以来玉米病虫害有加重发展的趋势,如2004年,河北省夏玉米生育期内,因雨水充沛,长势普遍较好。但由于阴雨天较多,导致部分地区玉米发生多种病虫害,主要有玉米蓟马、玉米病毒病、二代黏虫、玉米蚜和玉米螟等。而玉米大斑病(*Exserohilum turcicum*)2004年在京津唐地区部分品种上发生较重。

玉米病虫害发生加重的主要原因包括耕作方式、品种和环境条件3个方面,即玉米种植面积大,单一的连片连年种植,有利于病虫源积累;品种抗病性差,有利于病原菌侵染;气候变暖,冬季气温偏高,为病虫害提供了良好的适生环境(贾银锁,郭进考,2009)。

(3)棉花病虫害

立枯、红腐和炭疽病是海河流域特别是河北省棉花苗期的主要病害,其共同特点是早播或苗期低温多雨天气有利于病害发生,而且温度越低病情越重。气候变暖,春季升温提前且温度升高,将促进棉苗生长发育,减轻病害影响。枯萎病和黄萎病也是河北棉区的严重病害,发病高峰期一般为6月中、下旬和8月中、下旬,枯萎病和黄萎病在中温、多雨年份发生较重,高温年份发病较轻,温度增高枯萎病和黄萎病症状隐蔽。因此,气候变暖将减轻枯萎病和黄萎病发生危害(王勤英,1997)。

影响海河流域棉花生产的主要虫害有棉铃虫、棉蚜、棉红铃虫和棉红蜘蛛等。气候变暖,冬季气温升高,适宜于棉蚜越冬卵的存活,春季气温回升迅速,棉蚜在越冬寄主上繁殖迅速,向棉田迁移数量增加,危害加重。随着气温升高,棉铃虫的发生可增加一代,越冬界限向北推移,而复种指数的提高为棉铃虫提供了丰富的食物,干旱有利于棉铃虫的羽化。因此,气候变暖适宜棉铃虫发生,危害有加重趋势。棉红铃虫对温度要求较高,一般南方棉区发生较重,北方棉区冬季气温低,棉红铃虫难以越冬,主要出现在河北省南部棉区。气候变暖后,棉红铃虫发生界限将北移到冀中保定、定州一带,其危害趋势、存活率和繁殖力都将提高(王勤英,1997)。

事实上,气候变化对作物病虫害的影响比较复杂,它还与湿度、降水变化及病虫源和寄主等因素密切相关。

(4)气候变化对蝗虫(东亚飞蝗)影响

东亚飞蝗是发生于海河流域的一种重要虫害,东亚飞蝗的发生与气候旱涝密切相关。以河北省为例,1950—2005年每年均有一定面积的东亚飞蝗发生,总体上经历了1950—1969年持续20 a的高发期,1970—1989年的20 a平稳发生期,1980—1989年的缓慢回升期,1990—2003年的明显回升期。据研究,决定东亚飞蝗发生程度的关键气象因素是温度和降水,其中温度条件影响飞蝗的发育速度与越冬存活率,降水影响飞蝗的生存环境和食物条件(张书敏,2006)。20 世纪 80 年代以来的暖冬气候使飞蝗越冬存活率提高,而 1996 年的大涝、1997 年的大旱和以后的连续干旱,使 1998—2003 年蝗虫连年大发生。但 2003 和 2004 年降水有所增加之后,2004 和 2005 年蝗虫发生程度显著下降,表明气候变化特别是降水量的变化与旱涝和东亚飞蝗的发生具有内在的因果关系(姚树然等,2006,2009)。随着气候变化,特别是气温升高,冬季变暖,春季回暖提前,有效积温增加,飞蝗发育进度加快。与 20 世纪 50 年代相比:河北蝗区 1995 年夏蝗出土提前 3~5 d,1998 年提前 7~10 d,发生世代增加。20 世纪 50 年代白洋淀蝗区秋蝗出现不完全 2 代,20 世纪 80 年代以来为全 2 代。此外,20 世纪 80 年代以来秋蝗发生加重(任春光,唐铁朝,2003)。

二、对农业气象灾害影响

1. 对冬小麦干热风影响

海河流域是中国小麦干热风发生主要地区之一,其地理分布特点是北部少南部多,由北向南增加,低平原多于滨海平原和半山区;北弱南强,低平原重于滨海平原和半山区,低平原南部干热风强度为全区之首。

以河北省为例,轻度干热风每年都会发生,但重度干热风则非每年发生;在空间上轻度和重度干热风年发生日数自南向北减少。据研究,近 35 a(1971—2005)轻度干热风发生的年总日数年代际变化不很突出,其中 20 世纪 70 年代初、80 年代初、90 年代初和 2000 年前后均明显偏多,1970 年代后期、1980 年代后期和 1990 年代后期,其发生总日数均有一个明显偏少阶段,而到 2000 年以后又有增加的趋势,但没有发生突变;轻度干热风变化的主要周期是 10 a,次要周期是 4 a。重度干热风发生的年总日数具有明显的年代际变化特征,即 20 世纪 70 年代初、80 年代初和 2000 年前后均明显偏多,在 1970 年代后期、1980 年代后期和 1990 年代,其发生总日数均有一个明显偏少阶段,并在 20 世纪 80 年代发生突变;重度干热风变化的主要周期是 10 a,次要周期是 16 a(尤凤春等,2007)。如 2001 年 5 月中旬到 6 月中旬,河北省中部地区廊坊、保定及沧州和唐山等地出现大范围的干热风天气,致使小麦减产。2009 年 5 月 18—19 日、5 月 30 日—6 月 5 日,河北省中南部大部分地区出现轻度或重度干热风天气,造成大范围小麦成熟期提前。

专栏

干热风

干热风是冬小麦灌浆到成熟期间(5 月中旬到 6 月中旬)出现的一种高温、低湿并伴有一定风力的灾害性天气,主要危害冬小麦的产量形成。干热风的类型大致可分为高温低湿型、雨后热枯型和干风型。其基本指标是:日最高气温≥30℃、14 时相对湿度≤30% 及风速≥2 m/s 为轻干热风日;日最高气温>35℃、14 时的相

> 对湿度≤25%,及风速>3 m/s 为重干热风日。
>
> **冻害**
>
> 冻害是农作物在0℃以下的强烈低温受到的伤害,主要发生在冬小麦和果树越冬期。多数冻害与突发性寒潮或强降温有关,更与长时期的低温严寒相联系。
>
> **霜冻害**
>
> 霜冻害指在一年的温暖时期里,土壤表面和植株的温度下降到足以使植物受害或死亡的低温,因此它不同于冬季的冻害。能使植物受害的温度随植物而不同,一般都在0℃或以下。

2. 对冬小麦冻害影响

冬小麦冻害是影响海河流域冬小麦生产的主要农业气象灾害之一。20世纪50年代到80年代,冻害频繁发生,除品种和栽培技术与管理因素之外,冬季气温低、严寒持续时间长、初冬和早春气温变化剧烈以及干旱等是冻害发生的主要原因。随着气候变化,特别是20世纪90年代以来,冬季气温升高,特别是最低气温升高明显,冬小麦冻害出现了减少趋势。但进入21世纪以来,2005、2006和2010年度该区出现了冬小麦冻害,其中2010年度最为严重。据研究,河北省冬小麦区冬季平均气温显著升高;最低气温2000年前显著升高,2000年后升高趋势不明显;最低气温出现时过程降温幅度无明显减小趋势;冬小麦越冬期负积温明显减少。冬小麦冻害发生率自1986年逐渐下降,1995—2000年没有冻害出现,2000年后中南部地区冻害发生率又呈上升趋势,且多以入冬剧烈降温型冻害和融冻型冻害为主(代立芹等,2010)。2004—2006年度河北省部分冬小麦越冬期冻害的主要原因是短时期气温突降,播期偏早、冬前苗情过旺、冻水灌溉时间不适和品种与栽培技术差异等加重了冻害程度(李春强等,2006;史占良等,2006)。因此,除气候变化的不确定性和冷暖交替突变之外,农业生产栽培中弱冬性品种小麦的引入、抗寒锻炼时间缩短和强度减弱,以及栽培管理不当等亦是导致冬小麦冻害发生的重要原因。

3. 对果树冻害的影响

在过去几十年中,极端最低气温发生频率和霜冻期长度出现了下降趋势。但是低温冻害与霜冻对林业生产的不利影响却没有显著减少,而且灾害影响越来越重,似乎验证了"气候变暖实际增加了植被霜冻害风险"的悖论(Cannell和Smith,1986)。

由于海河流域终霜期相对提前,早春气温回升快,主要果树(桃、梨、杏等)萌发与开花期提前,在出现急剧降温天气如霜冻时,容易遭受冻害。20世纪90年代以来,河北省果树春季主要冻害有:2001年3月26—28日,河北省中南部地区出现霜冻天气,苹果、梨出现冻害。2001年4月26—27日,河北省永清县果树(梨、李幼果,苹果、桃的花,葡萄叶片)遭受霜冻害。2003年年初(冬季)衡水枣强的苹果、梨、桃、枣均遭受不同程度冻害。2002年冬季(2002年12月—2003年2月)低温出现早、降雪频繁、低温持续时间长,最低气温达 -21℃,气温日较差大,10多年来少有。2003年春季唐山(乐亭、唐海、滦南、丰南)从山东沾化、河北沧州等地引进的冬枣出现了不同程度冻害。2006年4月中旬初,受第一场春雨和降温天气影响,石家庄盛花期的梨树、桃树和即将开花的苹果树出现霜冻害。

2009年秋末(11月)到2010春季3—4月,受大雪降温天气影响,果树提前进入越冬,冬季气温显著偏低,而且出现了近10 a少有的严重低温持续天气,部分树木已经受冻死亡,由于2010年3和4月气温回升缓慢,且较常年明显偏低,影响加重。据有关调查,2010年河北省沧州、衡水、石家庄、邯郸、保定、张家口等地均出现了不同程度的冻害,其中黄金梨冻害最重,主要表现为花芽变褐变黑,幼树受冻严重。

张家口是河北省杏扁主要产地之一,其中蔚县、涿鹿最多。由于受气候与地形作用,春季霜冻害对其影响较大。21世纪以来,虽然平均气温和最低气温均在升高,但仍多次发生冻害。蔚县约有2/3以上年份发生杏扁冻害。其中,轻度冻害(冻害指数25%以下)出现的频率为70%左右,中度冻害(冻害指数25%—50%)出现的频率为30%左右,极重冻害(冻害指数75%以上)出现的频率为10%左右。1998—2002年连续5 a均出现不同程度的早春冻害天气,其中:1998、2001和2002年3 a发生极重早春冻花冻果灾害,蔚县等北方杏扁产区遭受毁灭性打击,年平均杏扁收成不足三成;2006年花期降雪,造成杏树冻害;1999和2000年也发生轻度和中度早春冻害,灾害损失达3~5成。

综上,在气候变暖背景下,由于农林业生产对气象灾害的脆弱性,以及防范意识减弱,冻害发生后的影响与损失更加严重。预防和减轻低温冻害影响的主要措施是:提高灾害性天气预报的准确率,并及时将预报信息发送给农民;采取保护、防护等管理措施,减轻极端气温与不利天气的影响;在山区选择有利地形发展果树生产,开展灾害风险评估与管理。

4. 对农业干旱影响

干旱是海河流域影响最大、造成损失最多的气象灾害。同时,海河流域降水具有年内集中、年际变化大的特点,降雨丰枯变差系数居全国七大流域之首(于伟东,2008),防洪问题也较为突出,如1963年海河南系的大水和1996年海河西部的洪水,均对国民经济和生命财产造成巨大损失。

农业干旱是由于受外界环境(如气象干旱)影响,土壤水分不足造成农作物体内水分失去平衡而发生亏缺,影响农作物正常生长发育,进而导致减产甚至绝收的一种农业气象灾害。它与自然降水、土壤、作物、大气和人类对自然资源的利用等多方面因素有关。处于季风气候区的海河流域,农业干旱时常发生。气候变化导致农业干旱加重,受灾与成灾面积增加,干旱周期缩短。1961—2007年资料分析表明:随着海河流域气温升高、降水减少,干旱频率增加,雨涝频率降低。

1965和1972年的大旱、20世纪80年代和90年代末期的持续干旱,均对国民经济和人民生活带来重大影响,特别是20世纪80年代以来随着社会经济大发展,用水量的急剧增加,致使河道断流,湖淀干涸,湿地消失,地下水超采严重,地下水位持续下降,干旱和水资源短缺问题已成为制约海河流域社会经济发展的主要矛盾,生态环境严重恶化,可持续发展受到严峻考验。1997 和 1999 年出现了 1990 年代以来最严重的夏旱,干旱造成河北省粮食大幅度减产,据统计资料:1997 年粮食比 1996 减产 39 kg/hm^2,1999 年粮食比 1998 年减产 197.7 kg/hm^2(河北省统计局,2009)。

三、气候变化影响预估

1. 对粮食生产影响预估方法

未来气候变化对粮食生产的影响至关重要。如果没有气候变化,仅仅是二氧化碳浓度升高,那么对于农业生产是有利的。但实际情况是复杂的,气温、降水、日照等主要气象要素均在变化,二氧化碳(CO_2)浓度的变化直接影响作物光合作用,以及作物水分利用效率,同时极端天气气候事件发生频率也在不断增加,热浪、干旱和极端降水等将对粮食生产与食物安全的影响更加显著。

目前,主要采用气候变化预估模型或区域气候模型与作物生长模拟模型相结合的方法,预估气候变化对作物的影响,即:首先验证作物生长模拟模型的地域适应性,然后通过与气候预测模型的耦合,预估未来气候变化对农作物生长发育和产量的定量化影响。就研究结果来看,各自不一,主要原因有:一是未来气候变化的不确定性,二是模型本身存在一些不足,如许多限制性因子包括病虫害、杂草对资源的竞争,土壤、水分和大气的质量等在大尺度水平上掌握不多,在模型中也没有很好地反映。另外,由于评估模型的复杂性、空间尺度和检验的不同,不同评估气候对作物产量影响的模式与方法可能导致评估结果的巨大差异(Challinor,et al.,2009)。

2. 对小麦生产影响预估

张建平等(2006)利用作物模式(WOFOST)与气候模式(BCCT63)相结合的方法,定量化模拟并预测了未来 100(2000—2100 年,其中 2000—2004 年为模型验证)年气候变化对华北冬小麦生育的影响。结果表明:未来华北冬小麦的生长期可能会缩短,变化范围 6.3% ~ 27.0%,平均为 8.4 d;产量总体变化呈下降趋势,变化范围为 17.7% ~ -32.6%,平均减产 10.1%。

利用 CERES-Wheat 模型,结合区域气候模型(PRECIS),研究了 21 世纪 80 年代不同排放情景下中国雨养和灌溉条件下小麦产量变化。结果表明:总体上,在 PRECIS 模拟的 A2、B2 情景下,中国雨养小麦大约平均减产分别为 21.7% 和 12.9%,而且区域间产量变化趋势不同。雨养小麦在华北地区有增产趋势。华北地区是中国主要小麦产区,当前小麦生产的主要限制因素是水分匮乏。研究认为:未来华北小麦增产主要是未来这一地区降水量增加。根据未来气候变化背景 A2 和 B2 情景预估,未来 21 世纪 80 年代中国降水量平均增加 10% 左右,华北雨养小麦增产的趋势表明未来气温升高还不足以成为小麦生长的限制因子,降水增加的影响可一定程度抵消温度升高的不利影响(熊伟等,2006)。

现有气候变化对农业生产影响的研究主要集中于平均气候状态变化对作物生产的直接影响,没有考虑极端天气气候事件或气候变化的间接影响如病虫害的变化等。从时间上分析,目前的研究主要是21世纪后期气候变化对农业的影响,但我们同样需要评估未来10~30年气候变化对农业生产的影响预估(Gornall, et al., 2010)。值得指出的是:虽然气候变暖,但极端低温依然会出现,长时间持续性异常低温、严寒冻害与霜冻等对农作物与果树生产的影响也至关重要,但目前的评估基本没有考虑。

第四节 农业应对气候变化的适应性对策

一、农业生产对气候变化的适应性

适应是指对气候变化做出的趋利避害的调整反应;适应性是指在气候变化条件下的调整能力,从而缓解潜在危害,利用有利机会。脆弱性是指气候变化(包括气候变率和极端气候事件等)对系统造成不利影响的程度,它是系统内的气候变化特征、幅度和变化速率及其敏感性和适应能力的函数(《气候变化国家评估报告》编写委员会,2007)。敏感性是指系统受与气候有关的刺激因素影响的程度,包括不利和有利影响(王馥棠等,2003)。目前,农业生产的脆弱性与农业的暴露程度、对气候条件的敏感性以及应对气候变化的能力有关,农业生产对气候变化的脆弱性包括极端天气气候事件。农业生产适应气候变化的能力是动态变化的,受财力、人力资本、信息与技术、物质资源与基础条件等的影响而变化。

由于现代农业生产在很大程度上依然是露天生产,因此在某种意义上,农业生产应对气候变化、减轻不利天气气候影响的主要对策将以适应气候变化为主,以应对措施为辅,特别是在大田环境条件下的粮棉油生产。即使发展迅速的设施农业生产(日光温室、塑料大棚和小拱棚等)仍然是以利用冷凉季节(秋、冬、春季)的气候资源(太阳辐射)为主,同样需要适应天气气候变化,采取一定防护措施应对极端天气条件与灾害性天气气候。农业生产适应气候变化,即根据气候变化特点进行农业生产结构调整,改善农业生产技术措施和基础设施,应用新技术,大力发展节水农业,增强适应能力,抵御天气气候灾害不利影响,有效地减少气候变化带来的损失。另外,开展长期如季节气候预测,并将预测结果分发到用户手中,可以减轻气候变化的影响,国际上已经开展了有关试验性工作,并取得了一定进展(Sivakumar,2006)。但目前主要受制于气候预测的准确率。

二、应对气候变化对农业影响的适应性措施

1. 调整农业生产结构

针对气温升高、热量增加、生长季延长等气候变暖特点,海河流域平原地区的农业生产可通过选择合适品种与适宜播种期,调整农业生产结构等措施,达到充分利用气候资源,减轻不利气象条件影响,提高作物产量的效果。如在冬小麦—夏玉米两熟生产区,通过实施"玉米晚收冬小麦晚播"的"两晚"技术,既使夏玉米充分利用了热量资源,提高了夏玉米产量,又通过播期推迟而减轻了冬小麦冬前旺长、越冬期易受冻害的危

险。通过更换作物品种类型,如夏玉米由早熟品种变为早中熟或中熟品种,以适应生长期延长、热量资源增加的气候变化。在冬小麦种植过渡带(种植北界),则可以利用冬季气温升高、越冬冻害减少的特点,适当扩大冬小麦种植面积。

随着气候变化,极端天气气候事件不断增多,气温升高不但不意味着没有低温冻害发生,而且还可能造成更大影响和损失。如河北中南部21世纪的第一个10年,出现了三个冬小麦冻害年份。其中,2009年秋末的特大暴雪到2010年春季的持续低温等异常天气,对该地冬小麦的正常生长造成了极大影响,部分小麦由于冬前生长不足而遭受严重冻害致死,春季冬小麦生长缓慢,发育延迟。因此,在调整作物布局和品种时,既要综合考虑光热水等农业气候资源的配合,还需特别注意农业气象灾害风险。

专栏

"玉米晚收小麦晚播"技术

"两晚"技术即"玉米晚收小麦晚播"是根据20世纪90年代以来,河北省气温明显升高,热量资源增加的气候变化特征,提出了在原来的基础上,夏玉米适当晚收获、冬小麦适当晚播种的生产对策。在河北省冬小麦—夏玉米主产区,收获与播种时间一般推迟5—10 d。其最大优点是:玉米晚收提高了夏玉米的产量,冬小麦晚种减轻了冬前旺长、越冬期容易受冻的危害。因此,是粮食生产适应气候变化的有效对策之一。河北省自2006年开始试行推广后,取得了明显的效果。

---

2. 大力发展节水农业

20世纪80年代以后,随着气候变化,海河流域温度升高,降水减少,干旱出现频率增加,可利用水资源明显减少,但农业用水比例依然较高。因此,针对农业适应气候变化,粮食(冬小麦和玉米)生产安全与可持续发展,需要大力发展节水农业,推广节水灌溉综合配套技术。开展工程节水,以水利建设、输水管道建设、喷灌、滴灌等措施为主;开展农艺节水,以增施有机肥、秸秆还田、改良土壤、聚水保墒、水肥一体化、优化灌溉制度等为主;生物节水以遗传改良选育抗旱节水品种、生理调控和群体适应等措施为主;管理节水以水资源调控、管理、种植结构调整等为主(郭进考等,2010)。同时,广泛开展自然降水的集水技术应用,变雨洪灾害为水资源,提高农业生产对自然降水的利用效率。

"十一五"期间,河北省开展了冬小麦、夏玉米减蒸降耗节水关键技术集成示范,其主要技术为:小麦精细整地,缩行适期播种,玉米精量增密,化控防倒晚收,秸秆全程覆盖,两茬水肥统筹,节水高效品种,优化灌溉制度,两茬适期搭配,调冠减少蒸发。经过大面积的示范推广,起到了很好的效果。

3. 加强农业基础设施建设

要大力加强农业基础设施建设和农田基本建设工作,改善农业生产的生态环境。包括:加快大中型水库、小塘坝、小水池的功能恢复,增加其蓄水能力;加快农田基本水利建设,健全和完善农田排灌系统;加快中低产田改造建设,做到旱能灌、涝能排,建设高产、稳产田;农业水利建设与农田生态建设相结合,改善生态环境,强化综合防治自然灾害工程措施建设,全面提高农业生产适应气候变化能力和防抗农业气象灾害的能力。

4. 加强农业气象灾害预警与防御

农业气象灾害是影响海河流域农业稳产高产的主要影响因素。因此,在气候变化与极端天气气候事件频发的背景下,必须大力加强农业干旱、洪涝、风雹和低温冻害、干热风、连阴天(雨)等重大农业气象灾害的预测和防御技术研究,开展长、中、短期天气预报和极端天气气候事件预测,以及灾害和极端气候事件对粮食生产影响的评估分析与研究,建立农业气象灾害预警系统和农业气象灾害风险管理体系,最大限度地减轻极端天气气候事件和农业气象灾害对农业生产的不利影响。

小结

海河流域是中国主要农业产区之一,雨热同季、四季分明的大陆性季风气候为农作物生产提供了有利的光、热、水条件,极端天气气候事件与农业气象灾害也给农业生产带来了极大影响。50多年来,流域农业气候资源发生了明显变化,主要表现为:20世纪90年代以来,太阳辐射和日照时数呈明显下降趋势,环境污染与大气气溶胶增加是主要影响因素;海河流域≥0℃和≥10℃活动积温明显增加,无霜期与生长季延长。虽然气温升高,但是蒸发皿蒸发量和参考作物蒸散却出现了下降趋势,主要是由于太阳辐射、日照时数减少和风速下降所造成的。

气候变暖使海河流域冬小麦播种期推迟,越冬期缩短;农作物品种布局发生变化,大部分地区夏玉米均采用中熟品种,部分地区强冬性冬小麦由半冬性或春性等类型品种取代。流域春季气温升高、越冬期的低温和生育期的降水变化对冬小麦产量都有直接的影响。气温升高,海河流域棉区将可能向北部扩展,冀中南棉区将以麦、棉复种两熟制取代传统的中熟或中早熟品种一熟单作,中熟棉花品种的适宜区将由冀南地区扩展到京津唐地区。同时,气温升高,棉花生长期将延长,将有利于棉花产量的提高。农业病虫害随气候变化也出现了新的特点,冬小麦纹枯病自1990年以后,发病面积不断增加,小麦根腐病和赤霉病的发病面积和为害程度也有逐渐增大趋势。棉花立枯、红腐和炭疽病以及枯萎病和黄萎病随着气温升高将可能出现减轻的趋势,但棉蚜、棉铃虫发生将增加,棉红铃虫发生界限将北移,其危害趋势、存活率和繁殖力都将提高。

随着气候变化,农业气象灾害影响突出。气候变暖后海河流域干旱频率增加,雨涝频率降低。1990年代后期以来的干旱对粮食生产造成极大影响。轻度干热风发生的年总日数年代际变化不很明显,重度干热风发生的年总日数具有明显的年代际变化特征,20世纪70年代初、80年代初和2000年前后均明显偏多。20世纪90年代以来,冬季气温升高,特别是最低气温升高明显,冬小麦冻害总体上出现了减少趋势,但进入21世纪以来,2005、2006和2010年度该区出现了冻害,其中2010年度最为严重。同时,果树花期冻害严重。预计未来气候变化将使海河流域冬小麦生育期缩短、产量下降,但气候变化与模型及影响均具有不确定性。

农业适应未来气候变化的对策主要有:根据气候变化特点,调整农业生产结构,大力发展节水农业,加强农业基础设施建设,加强农业气象灾害预警防御等。

参考文献

《气候变化国家评估报告》编写委员会. 2007. 气候变化国家评估报告. 北京:科学出版社.
安月改,李元华. 2005. 河北省近50年蒸发量气候变化特征. 干旱区资源与环境,**19**(4):159-162.
曹克强,唐铁朝,石文川等. 2000. 河北省小麦主要病害种类及地域分布. 河北农业大学学报,**23**(4):57-61.
代立芹,李春强,姚树然等. 2010. 气候变暖背景下河北省冬小麦冻害变化分析. 中国农业气象,**31**(3):467-471.
谷永利,林艳,李元华. 2007. 气温变化对河北省冬小麦主要发育期的影响分析. 干旱区资源与环境,**21**(12):141-145.
郭进考,史占良,何明琦等. 2010. 发展节水小麦缓解北方水资源短缺. 中国生态农业学报,**18**(4):876-879.
郭军,任国玉. 2006. 天津地区近40年日照时数变化特征及其影响因素. 气象科技,**34**(4):415-420.
郭艳岭,邱新法,张素云. 2010. 1965—2005年河北日照时数时空分布特征及影响因子分析. 干旱气象,**28**(3):297-303.
郝立生,吴雁,王荣英. 2007. 海河低平原春季气候变化对冬小麦产量的影响. 气象与减灾研究,**30**(4):20-24.
河北省统计局. 2009. 河北经济年鉴2009. 北京:中国统计出版社.
贾银锁,郭进考. 2009 河北夏玉米与冬小麦一体化种植. 北京:中国农业科学技术出版社.
康西言,李春强,高建华等. 2010. 河北省冬小麦生育期蒸降差的时空变化及其原因分析. 中国农业气象,**31**(2):261-266.
李春强,洪克勤,李保国. 2008. 河北省近35年(1965—1999年)参考蒸散量的时空变化. 中国农业气象,**29**(4):414-419.
李春强,李保国,洪克勤. 2009. 河北省近35年农作物需水量变化趋势分析. 中国生态农业学报,**17**(2):359-363.
李春强,魏瑞江,姚树然等. 2006. 河北省2004—2006年冬小麦冻害分析. 农业低温灾害研究新进展. 北京:中国农业科学技术出版社.
李元华,车少静. 2005. 河北省温度和降水变化对农业的影响. 中国农业气象,**26**(4):224-228.
李元华,刘学锋,刘莉等. 2006. 河北省近50年0℃界限温度积温变化特征分析. 干旱区资源与环境,**20**(4):12-15.

刘昌明,刘小莽,郑红星等. 2009. 海河流域太阳辐射变化及其原因分析. 地理学报,**64**(11): 1283-1291.

刘德义,傅宁,李春. 2010. 近50年华北地区冬小麦生产的气候资源时空变化. 安徽农业科学,**38**(10):5226-5228.

刘淑梅,高浩,黎贞发. 2009. 气候变暖对天津农作物种植结构的影响. 中国农业气象,**30**(增1):42-46.

刘晓英,李玉中,郝卫平. 2005. 华北主要作物需水量近50年变化趋势及原因. 农业工程学报,**21**(10):155-159.

刘学锋,于长文,任国玉. 2007. 河北省近40年蒸发皿蒸发量变化特征及其影响因素初探. 干旱区地理,**30**(4):507-512.

刘园,王颖,杨晓光. 2010. 华北平原参考作物蒸散量变化特征及其影响因素. 生态学报,**30**(4):923-932.

柳芳,黎贞发. 2010. 降水量和积温变化对天津冬小麦产量的影响. 中国农业气象,**31**(3):431-435.

罗雨,刘海军,李艳. 2010. 北京地区参考作物蒸散量变化趋势及其主要影响因素分析. 干旱地区农业研究,**28**(1):34-38.

马静,杨洲群,董志伟等. 2006. 落实科学发展观做大做强河北省粮食产业.//河北农业农村经济若干重要问题研究. 石家庄:河北人民出版社.

任春光,唐铁朝. 2003. 河北省东亚飞蝗发生动态及未来灾变趋势分析. 昆虫知识,**40**(1):80-82.

石慧兰,王新堂,邵志勇等. 2007. 鲁西北52年日照变化特征及原因. 气象,**33**(2):93-97.

史印山,王玉珍,池俊成等. 2008. 河北平原气候变化对冬小麦产量的影响. 中国生态农业学报,**16**(6):1444-1447.

史占良,吕国朝,郭进考. 2006. 2005~2006年冀中南小麦冻害成因分析. 河北农业科学,**10**(2):76-78.

王馥棠,赵宗慈,王石立等. 2003. 气候变化对农业生态的影响. 北京:气象出版社.

王勤英. 1997. 气候变化对河北省棉花生产及病虫害的可能影响. 生态农业研究,**5**(3):45-48.

温克刚,臧建升. 2008. 中国气象灾害大典河北卷. 北京:气象出版社.

谢贤群,王菱. 2007. 中国北方近50年潜在蒸发的变化. 自然资源学报,**22**(5):683-691.

熊伟,居辉,许吟隆等. 2006. 气候变化下我国小麦产量变化区域模拟研究. 中国生态农业学报,**14**(2):164-167.

徐祥德,王馥棠,萧永生等. 2002. 农业气象防灾调控工程与技术系统. 北京:气象出版社.

杨彦武,于强,王靖. 2004. 近40年华北及华东局部主要气候要素的时空变异性. 资源科学,**26**(4):45-50.

姚树然,霍治国,关福来等. 2009. 气候及其变化对飞蝗发生期的影响. 生态学杂志,**28**(7):1356-1360.

叶彩华,栾庆祖,胡宝昆. 2010. 北京市农业热量资源变化特征及对农业生产的影响. 安徽农业科学,**38**(15):8018-8026.

尤凤春,郝立生,史印山等. 2007. 河北省冬麦区干热风成因分析. 气象,**33**(3):95-100.

于伟东. 2008. 海河流域水平衡与水资源可持续开发利用分析与建议. 水文,**28**(3):79-82.

张建平,赵燕霞,王春乙等. 2006. 气候变化对我国华北地区冬小麦发育和产量的影响. 应用生态学报,**17**(7):1179-1184.

张书敏. 2006. 河北省东亚飞蝗发生与治理. 北京:中国农业出版社.

中国农业百科全书编辑部. 1986. 中国农业百科全书农业气象卷. 北京:农业出版社.

Allen R, Pereira L, Raes D, *et al.* 1998. Crop evapotranspiration- Guidelines for computing crop water requirements, FAO Irrigation and Drainage Paper 56, Rome, FAO.

Cannell M G R, Smith R I. 1986. Climatic warming, spring budburst and frost damage on trees. *J. Appli. Ecology*, **23**:177-191.

Challinor A J, Osborne T, Morse A, *et al.* 2009. Methods and resources for climate impacts research. *Bull. Amer. Meteor. Soci.*, **90**(6):836-848.

Chattopadhyay N, Hulme M. 1997. Evaporation and potential evapotranspiration in India under conditions of recent and future climate change. *Agri. Fore. Meteo.*, **87**:55-73.

Cohen S, Ianetz A, Stanhill G. 2002. Evaporative climate changes at Bet Dagen, Israel, 1964—1998, *Agri. Fore. Meteo.*, **111**:83-91.

Gornall J, Richard B, Eleanor B, *et al.* 2010. Implications of climate change for agricultural productivity in the early twenty-first century. *Phil. Trans. R. Soc. B*, 365: 2973-2989, doi: 10. 1098/rstb. 2010. 0158.

Li C, Li B, Hong K, 2008. Climate change and its effect on reference evapotranspiation and crop water requirement in Hebei Province, China during 1965—1999. *J. Agrometeor.*, **10**(Special issue Part II): 261-265.

Matthews D. 2006. The water cycle freshens up. *Nature*, **439**:793-794.

Peterson T C, Golubev V S, Groisman P Y. 1995. Evaporation losing its strength. *Nature*, **377**:687-688.

Roderick M L, Farquhar G D, 2004. Changes in Australian pan evaporation from 1970 to 2002. *Int. J. Climatol.*, **24**:1077-1090.

Roderick M L, Farquhar G D. 2002. The cause of decreased pan evaporation over the past 50 years. *Science*, **298**:1410-1411.

Roderick M L, Farquhar G D. 2005. Changes in New Zealand pan evaporation since the 1970S. *Int. J. Climatol.*, **25**:2031-2039.

Sivakumar M V K, 2006. Climate prediction and agriculture: Current status and future challenges. *Climate Research*, **33**:3-17.

Yang Y, Zhao N, Hao X, *et al.* 2009. Decreasing trend of sunshine hours and related driving forces in North China. *Theoretical Appli. Climatol.*, **97**:91-98.

第四章

气候变化对海河流域自然生态系统的影响

翟建青,许红梅(国家气候中心)

引言

海河流域历史上就是人类活动十分频繁的地区,流域内自然生态系统受到人类活动的扰动较为强烈。当前,海河流域又是中国现代经济十分发达的区域,自 20 世纪 70 年代以来,伴随着经济社会的发展和人口的增加,海河流域自然生态系统受到了人类活动的进一步干扰。本章主要介绍海河流域自然生态系统的历史变化过程和现状,以及目前气候变化对海河流域自然生态系统的影响。在此基础上,分析了未来该流域自然生态系统可能变化并提出了相应的适应措施。

第一节 自然生态系统概述

海河流域东临渤海,西倚太行,南接黄河,北接蒙古高原。流域面积约 31 万 km^2,包括海河、滦河和徒骇马颊河三大水系,属温带东亚季风气候区。自古以来,海河流域就是中国人类活动强度较大的地区。流域内的生态系统,早已不是单纯的自然生态系统,而是自然生态和人工生态的混合系统(程晓陶,2002)。

一、总体特征

海河流域自然生态系统目前主要包括森林生态系统、草地生态系统和湿地生态系统。森林生态系统是一定地段的自然条件下,一定的植物种类按一定的规律组合。这种组合是处于运动发展的状态,它的发生、发育受其周围的生态环境、动植物和人类的活动影响而发生改变。一般来说,它的演替方向遵循一定的自然规律,在未经干扰的自然状态下,通常是从结构简单、不稳定或稳定性较小的群落发展到结构更复杂、更稳定的阶段,即进展演替(孙儒泳,2000)。草地生态系统是以各种多年生草本占优势的生物群落及其环境构成的功能综合体,它是人类生存和发展的物质基础,也是人类可持续发展的重要前提(幕宗杰,2009)。湿地生态系统是水陆交互作用下的独特生态系统,是水陆之间的过渡地带,具有独特的生态结构与功能,被誉为"自然之肾"(李克让等,2005)。湿地生态系统是各类生态系统中生产力最高的一种,由于其有很高的生产力及氧化还原能力,而成为极其重要的生物地球化学活跃的场所。湿地的水分、物理、化学与生物特征经常处于激烈的变动之中,在全球变化及现代人类活动的影响下,湿地生态系统的变化更为强烈和复杂。湿地具有降低洪峰高度、平滑径流过程、地下水源补给、污染物降解、净化水质、生物多样性保护及区域气候调节等重要作用(宋长春,2003)。

庄长伟等(2009)基于 MODIS 影像对海河流域生态系统空间格局研究表明:海河流域中,森林生态系统占流域总面积的 22.5%,主要分布在 500~1000 m 的低山;草地生态系统占 21.4%,主要分布在 1000 m 以上的区域。湿地生态系统占 1.3%,主要分布在海拔低于 200 m 的平原。海河流域森林生态系统面积约为 7 万 km^2,由于长期的人为影响,该流域的森林多为次生林。冀北山地、燕山山地和太行山中山主要树种包括栓皮栎林、槲栎林、蒙古栎林、辽东栎林、白桦林、山杨林和油松林等;冀西北山间盆地、燕山和太行山低山丘陵则以灌丛、灌草丛占优势,灌木主要有荆条、酸枣、绣线菊、胡枝子和野皂荚等。草地生态系统面积仅次于森林生态系统,大约有 68,000 km^2,主要分布在坝上草原、围场草原和太行山北部山地丘陵,主要品种有百里香、针茅、羊草、蒿草和苔草等。湿地生态系统所占面积最小,大约有 4000 km^2,分为人工湿地和自然湿地。自然湿地主要是滨海滩涂、河流、湖泊和洼地、湖泊洼淀,植被以芦苇群落为主,还有苔草群落、香蒲群落和眼子菜群落等;滨海湿地植被主要为盐地碱蓬群落、盐角草群落等。

吴云等(2010)利用 2000—2007 年的 MODIS-NDVI 数据估算了海河流域植被覆盖度,结果表明:海河流域植被覆盖度的整体水平呈上升趋势,但不同区域水平各异,西北部林草覆盖的山区植被覆盖度增加趋势明显;东南部的部分农田区以及京、津两市的城市扩展区,植被覆盖度减少。

二、湿地生态系统

湿地是人类最重要的环境资本之一,被科学家称为"地球之肾"、"自然界重要的基因库"。湿地不但具有丰富的资源,还有巨大的环境调节功能和生态效益。据 2005 年统计,目前海河流域湿地总面积约 1.2 万 km^2,占流域总面积的 3.8%。其中,天然湿地面积仅为 6314 km²。流域内现存的主要湿地有:青甸洼、黄庄洼、七里海、大黄堡洼、白洋淀、团泊洼、北大港、衡水湖、大浪淀、南大港 10 处(郭丽峰等,2005)。2009 年最新统计,海河流域湿地生态系统总面积仅余 4000 多 km²,仅占流域总面积的 1.3% 左右(庄长伟等,2009)。

以河北省为例①,2000 年河北省共有湿地 110.7 万 hm²,占全国湿地总面积的 1.68%,占河北省土地总面积的 5.9%,其中库塘面积 3.57 万 hm²。河北省湿地类型比较齐全,大致可分为近海及海岸湿地、河流湿地、湖泊湿地、沼泽和沼泽化草甸及库塘五大类。湿地分布广而零散,在沿海、坝上、平原地区及广大山区均有分布。河北省湿地生物种类丰富多样,据初步调查统计,共有高等植物 77 科,248 属,492 种;湿地野生动物共有 50 目,124 科,576 种。

1. 湿地现状

海河流域湿地共分为 4 大类 18 个类型(田冰等,2007):

(1)海岸湿地。包括浅海水域、岩石性海岸、潮间沙石海滩、潮间淤泥海滩、滨海沼泽、海岸性淡水湖、河口水域、三角洲湿地 8 种类型。海岸湿地主要分布在渤海沿岸,有唐海湿地、滦河口湿地、七里海潟湖等。

(2)河流湿地。指长度和宽度都大于 10 km、断流不超过 5 a 的天然河流,包括永久性河流、季节性与间接性河流、洪泛平原 3 种类型。

(3)湖泊湿地。包括永久性淡水湖泊、季节性淡水湖泊洼地和永久性咸水湖 3 种类型。淡水湖泊如河北省白洋淀、衡水湖等;季节性淡水湖泊洼地有大浪淀、大陆泽、宁晋泊等;永久性咸水湖则有安固里淖、黄盖淖等。

(4)沼泽和沼泽化草甸湿地,包括草本沼泽、沼泽化草甸、内陆盐沼和淡水泉 4 种类型,主要分布在坝上地区和白洋淀、衡水湖周围。

2. 主要变化特征

海河流域湿地生态系统出现以下一些变化特征(侯春良,张义文,2007):

(1)湿地面积逐渐缩小

海河流域受全球气候变暖的影响,区域内气温和降水发生明显变化,气温近 40 a 来主要呈上升趋势,而降水则呈下降趋势(沈再健等,2009)。由此导致的区域气候干化,加上人类对海河流域湿地资源的过度开发,导致海河流域湿地资源面积急剧减少。以河北省为例,20 世纪 60 年代,河北省有大中型洼淀 10 多处,水面面积 2700 km²,白洋淀、衡水湖、东淀等湿地汛期水波浩渺的景象几乎年年出现,但随着气候干化,并且上游修建了大量水库,层层截留,导致下游河流大部分时间处于干涸状态,只有滦河水系和一些独流入海河流能够保持常年有水。海河水系绝大部分年份断流、干枯,部分河段功能甚至消失,原有的湖泊、洼淀由于缺水面积逐渐缩小,到目前只存下少数几个洼淀,2007 年有水面积仅为 330 km²。其中白洋淀水面面积由 20 世纪 50 年代的 300 多 km²

---

① 资料来源于《河北省环境现状调查报告》。

减少到 2007 年的 100 多 km^2。此外,随着人类对湿地的过度开发利用,包括沿海湿地、河流和洼地的农用地开垦以及城市占用天然湿地,导致天然湿地面积逐年下降,生态功能明显下降。

(2) 湿地生物种类减少退化

伴随着湿地面积的减小,湿地生物种类也发生减少退化。据统计,白洋淀的野生动植物资源已经遭到很大的破坏,1958 年共有鱼类资源 16 科 54 种,野生鸟类 11 目 19 科 32 种,浮游动物 3 门 85 属,浮游植物 7 门 129 属,底栖动物 35 种。到 1975 年调查,鱼类资源仅有 12 科 35 种,浮游动物、植物门类无变化,浮游原生动物减少 12 属,浮游植物减少 37 个属,底栖动物只有 25 种。2000 年,鱼类资源又减少到 11 科 18 种,野生鸟类仅有 22 种。

(3) 湿地污染加剧

工业的发展和人口的增加,加上未达标污水的排放,造成海河流域湿地污染严重。水污染的加剧,又使得海河流域生物量和资源量的明显减少。

(4) 泥沙淤积严重

由于海河流域森林及草地生态系统的破坏,水土流失严重,河流中泥沙含量加大。但湿地生态系统是一个相对封闭的系统,仅能排水却不能排沙,导致河流中夹带的泥沙沉积在湿地生态系统,湿地面积不断缩小,蓄水能力慢慢降低。据调查,白洋淀流域年水土流失量为 1600 多万 t,造成河流湿地淤积,白洋淀面积明显缩小。

海河流域湿地的演变大致经历了以下三个阶段(郭丽峰等,2005):

1949—1957 年,由于尚未对洼淀进行大规模的改造,天然湿地在海河流域广泛分布。这些洼淀在调蓄洪水方面起到重要作用。

20 世纪 60 年代至 70 年代末,天然湿地开始逐步消亡,湿地面积大幅减少。

20 世纪 80 年代至今,流域湿地依然处于萎缩趋势。为了防止湿地进一步萎缩,目前采取了一系列补水措施。

三、森林生态系统

1. 森林资源现状

森林是一种垂直分布的生态系统,具有涵养水源、保持水土、防风固沙和调节气候的功效(胡惠芳,2005)。民国时期已经颁布《森林法》用于保护生态环境,然而,海河流域森林生态系统仍然遭到人类破坏。海河流域森林生态系统在唐宋以前一直较为完好,从辽开始,几个朝代都建都北京,先后长达 900 a 的时间中,帝室王公大臣以及百姓所需的取暖及炊事用柴,全取自太行山和燕山,因此,北京东方和北方的遵化、蓟县、平谷、怀柔、密云、滦平和延庆等县,西方和南方的涿县、阳高、蔚县、涞源、易县、满城、曲阳、行唐、灵寿、平山、元氏和赞皇等县的山林,横遭摧残(凌大燮,1983)。据统计,太行山森林覆盖率,东汉至隋为 50%~60%,唐时为 50%,五代至金为 30%,元明时为 15%,清末降至 10% 以下,到 1949 年,林地覆盖率仅有 3% 左右(贾毅,1992)。

1949 年以后,随着国民经济的恢复及林业机构的建立,同时制定了《封山育林》、

《林业发展规划》等保护森林的政策和法规,1978 年又颁布了《森林法》。1989—1993 年全国第四次森林资源清查时,海河流域(不包括滦河流域和徒骇马颊流域)的森林覆盖率为 8.14%,其中有林地面积为 215 万 hm²,占森林总面积的 45%(姜付仁,2001)。

河北省森林资源在全国的排位是:全省林业用地面积 563.1 万 hm²,有林地面积 365.5 hm²,森林覆盖率是 19.48%,林木总蓄积 7931 万 m³。森林资源绝对量在全国排名位属下游。人均拥有量则更低,仅为全国平均水平的 43%(胡俊达等,2007)。山西省森林总面积 343.5 万 hm²,森林覆盖率为 20.1%,比全国仍低 2.2 个百分点,在全国排 22 位。人均有林地面积仅 0.043 hm²,不足全国 0.144 hm² 亩的一半,森林资源分布的特点是森林面积小,镶嵌性很大,分布极不均匀(马子清,2001)。北京市作为中国的首都,随着城市结构的调整和城市规模的扩大,近几年,北京城区和郊区的绿化覆盖率呈迅速增长的趋势,据北京市林业局森林资源二类调查的统计报告显示,截至 2004 年 9 月底,北京全市林木绿化率为 49.99%,全市森林覆盖率为 35.47%,其中山区森林覆盖率为 46.55%,平原地区森林覆盖率为 19.10%(北京市林业勘察设计院,2005)。

可见,海河流域森林资源现状仍处在一个恢复发展阶段,由于海河流域开发历史较长,森林资源受人类活动影响较大。目前,随着国家林业政策和法规的出台,本区森林资源处于恢复发展阶段。

2. 主要植被类型

海河流域气候属于温带大陆性季风气候区。根据任荣荣(2002)提出的中国森林区划结果,本区大部分区域属于八大林区内的暖温带落叶阔叶林区。森林组成树种在燕山一带主要为白桦、山杨、油松、辽东栎、麻栎、槲树、槲栎等。垂直分布结构一般在海拔 1600~2300 m,有华北落叶松及青扦、白扦,1600 m 以下为油松纯林或松栎混交林。该区森林植被的垂直分布可以燕山山系的百花山为例(图 4.1)。

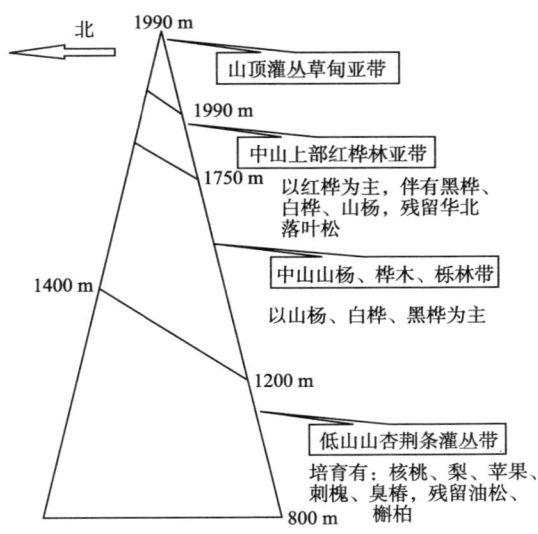

图 4.1　百花山森林植被垂直分布示意图(任荣荣,2002)

海河流域内河北省目前共有高等植物204科、940属、2848种,其中蕨类植物21科,占全国的40.4%;裸子植物7科,占全国的70%;被子植物144科,占全国的49.5%。此外共有陆生脊椎动物530余种,约占全国动物的1/4。其中鸟类居多,420余种,约占全国的36.1%;兽类次之,约80余种,占全国的20.3%;两栖类和爬行类较少,分别为8种和23种。属国家重点保护动物的有149种,其中重点保护野生动物共有137种,其中有17种属国家一级保护动物,如丹顶鹤等;国家二级保护动物74种,如大天鹅、小天鹅、灰鹤等,省级重点保护动物有46种。一、二级重点保护植物共有7种,其中一级的有人参;国家二级的有6种,如杜仲、中华结缕草、大果、青扦、胡桃等(胡俊达等,2007)。

3. 森林资源主要问题

1)森林资源不足,覆盖率低

海河流域主要省份河北和山西省均存在森林覆盖率低的问题。如,河北省的森林覆盖率不到世界森林覆盖率的平均水平。森林面积人均仅为全国的1/2,世界平均水平的1/10(胡俊达等,2007)。

2)森林资源分布不均,生态系统总体功能较差

河北省的森林主要分布于冀北山地,即燕山山系和阴山七老图岭等山系,即滦河、潮白河、老哈河等水系的上游。按行政区域来说则主要属于张家口和承德两个地区(胡俊达等,2007)。而海河流域山西境内森林则集中分布在偏远深山,如太行山、五台山等地(马子清,2001)。这些森林资源主要特点为天然林少,人工林多;混交林少,纯林较多;因树种单一,结构不合理,整体生态系统功能相对脆弱。

3)森林资源破坏,毁林开垦问题突出

森林资源保护工作面临的形势依然十分严重。由于森林生长期限长,获得经济效益慢,加之山西省山区群众有广种薄收的耕作历史,致使大面积森林受到毁坏,开垦为农田。河北省则主要存在乱砍滥伐、无证采伐、超证采伐、限额外消耗资源等现象,加之开矿、修路和其他项目建设未批先占、不批也占现象严重存在,造成大量林地损失和有林地逆转(马子清,2001;胡俊达等,2007)。

四、草地生态系统

草地生态系统不仅提供了大量人类社会经济发展中所需的畜牧产品、植物资源,还对维持中国自然生态系统格局、功能和过程,尤其是干旱、高寒和其他生态环境严酷地区起到关键性作用,具有特殊生态意义(赵同谦等,2004)。

海河流域草地资源主要分布在河北省境内,河北省草地资源较为丰富,坝上有广阔的草原,北部燕山山脉、西部太行山山脉等广大山区有草山草坡,渤海湾一带滨海有草滩,平原区有人工草地等。坝上高原海拔1300~1600 m,包括张家口地区的张北县、沽源县、康保县和尚义县大部分,以及承德地区的围场县和丰宁县的一部分,高原北部为燕山山脉,西部为太行山山脉。冀北山地海拔1000 m以上,主要包括张家口和承德地区的坝下部分,这里地形起伏,山峦重叠。其中还有海拔500 m左右大小不等的盆地,如宣

化盆地、承德盆地。冀东低山丘陵海拔约 500 m 以下,主要在唐山地区。冀西山地海拔一般在 1000 m 左右,主要在保定、石家庄地区。冀南低山丘陵海拔 500 m 以下,主要在邯郸、邢台地区。平原地区的耕地中也有部分人工草地,也有少部分零星天然草地分布,东部沿海地区还分布有大面积滨海草滩(缪应庭,1983)。

以河北省为例[①]:2000 年河北省草地总面积 501.58 万 hm^2,占全国草地总面积的 1.27%,占河北省土地总面积的 26.72%,人均草地面积 0.077 hm^2,约为全国人均占有草地面积的 1/5。其中天然草场面积 441.16 万 hm^2,人工半人工草场面积 60.42 万 hm^2。天然草场中可利用草场面积 438.89 万 hm^2。2000 年全省草地总面积比 1995 年增加了 3.35 万 hm^2,比 1990 年增加了 27.6 万 hm^2。草地面积增加的主要原因是人工种草和退耕还草。到 2000 年底河北省人工半人工草地累计面积 60.42 万 hm^2,其中改良退化草地 21.62 万 hm^2,草地围栏 9.99 万 hm^2,飞播 3.40 万 hm^2,人工种草 25.05 万 hm^2,退耕还草 0.36 万 hm^2。干旱、过度放牧使得天然草场退化。1986—2000 年全省草场退化总面积 217 万 hm^2,占可利用草场面积的 49.4%,其中中等程度以上退化的草地面积 139 万 hm^2,占可利用草场面积的 31.7%。草场退化导致草地质量不断下降。以张家口为例,张家口地区坝上 4 个县天然草场面积已由 50 年代的 73.3 万 hm^2 减少到 56.8 万 hm^2,草场盖度由 90% 降到 44%,草地中禾本科牧草占的比例由 60% 降低到 40% 以下,豆科牧草由 20% 减少至几乎为 0,牧草矮小,蒿类增多,狼毒等毒草比例上升。草地产草量由 50 年代的 3750 kg/hm^2 减少到 720 kg/hm^2,草生密度由 749 株/m^2 下降为 149 株/m^2,产草量下降了 3030 kg/hm^2,草生密度下降了 80%。2000 年全省草地鼠害发生面积 146.7 万 hm^2,成灾面积 100 万 hm^2。草原火灾受灾面积 5971.77 hm^2,烧毁草原牧草 381.9 万 kg,草场资源受到破坏。2000 年,因虫鼠害、草原火灾造成的经济损为 3406 万元。

第二节　气候变化对自然生态系统的影响

全球气候变暖对全球许多地区的自然生态系统已经产生了影响,如海平面升高,冰川退缩,冻土融化,河湖封冰期缩短,中高纬度生长季节的延长,动植物分布范围向南、北两极和高海拔地区延伸,某些动植物数量减少,一些植物开花期提前等(黄秀英和赵宏梅,2005)。

海河流域地处温带半湿润、半干旱大陆性季风气候带。滦河山区、潮白河山区和永定河山区的北部属中温带半干旱气候区,永定河山区西南部、滹沱河山区、漳河山区属南温带半干旱气候区,其他地区属南温带亚湿润气候区(张金堂和乔光建,2009)。在全球气候变化的背景下,海河流域气候也发生了显著的变化,尤其全流域平均气温呈波动式上升趋势,升温趋势系数达到 0.3℃/10 a,全流域平均降水量则表现为减少趋势。气

[①] 资料来源于《河北省生态环境现状调查报告》。

候变化背景下,海河流域自然生态系统必将发生相应的变化。

一、气候变化对湿地生态系统的影响

湿地生态系统位于水域生态系统和陆地生态系统的过渡区域,特定的水文条件是湿地形成与维持的驱动力,气候变暖可使湿地分布面积缩小,模拟研究表明,温度每增加3℃将导致稀疏草原区湿地面积减少56%(宋长春,2003)。

华北地区水资源短缺,干旱灾害频繁,是世界上最重要的气候脆弱区之一。随着气候变暖,蒸腾蒸发量增大,降水变率增大,极端降水事件的频率和强度增加,同时华北地区是中国水资源与人口、经济组合极不平衡的地区,近年来随着社会经济的高速发展和人口增加,使得需水量不断增多,更加剧了该区域水资源危机。水资源短缺加重了海河流域湿地生态系统的恶化情况(刘春兰等,2007)。

以白洋淀为例,白洋淀是海河流域内唯一的大型淡水湖泊湿地,因其历史上盛产鱼虾蟹鳖、芦苇、菱藕、荷花等水产品,被称为"华北明珠"、"北国江南"。但是,1960年以来,特别是20世纪80年代以来,白洋淀水源补给不足,水位下降,干淀频繁,湿地生态系统退化,严重影响了该地区的生态安全和区域可持续发展。

近年来,白洋淀气候特征主要发生了如下一些变化:(1)气温升高。20世纪60年代以来,白洋淀所在保定地区气温呈增高趋势,尤其是1980年以后,气温明显高于多年平均气温。1996—2000年的平均气温比1961—1965年的平均气温高1.13℃。气温升高,各种水文变量发生变化,例如蒸发增多、土壤温度升高、农业耗水量增多和径流减少等,这些都直接或间接造成了湿地水源补给不足,导致湿地退化萎缩;(2)降水减少。1960年以来,白洋淀区降水量呈减少的趋势,尤其是自1980年开始,白洋淀降水量显著减少,10 a平均降水量比1960年代减少近70 mm,2000年以后进入了又一个典型的干旱期,2001—2003年平均降水量比1960年代减少了近140 mm;(3)蒸发增多。湖泊湿地的物理形态也影响湖泊对气候变化的响应。湖盆浅平,则对气候变化的反应快,变化灵敏;湖盆深,湖盆对气候的反应慢,变化不明显。白洋淀形似一个浅水的盘子,水面广阔,因此,对蒸发量和气温变化反应灵敏。1980年以来,蒸发量上升趋势明显,20世纪90年代的蒸发量比1960年代增加了270 mm,2001—2003年的蒸发比20世纪60年代的蒸发量增加了350 mm。白洋淀地区原本蒸发量就大于降水量(多年平均蒸发量1369 mm,多年平均降水量563.9 mm),因此,蒸发量的增加更加剧了湿地水资源的自然消耗(刘春兰等,2007)。

对湿地生态(以湿地面积为指示因子)及其影响因子(自然因子和人为因子)的相关分析可知(其中气温、蒸发和降水反映了白洋淀所在地区的气候变化,入淀水量反映人为干扰),降水对湿地水文特征影响最为明显($R = 0.979, \alpha = 0.01$),其次是入淀水量($R = 0.878, \alpha = 0.05$),气温、蒸发也在一定程度上加剧了白洋淀湿地水文特征的变化($R = -0.674$和$R = -0.632$)。可见,气候变化是白洋淀湿地退化的主导驱动因子(刘春兰等,2007)。

二、气候变化对森林生态系统的影响

由于森林的周期通常是几十年至几百年,生长于幼苗阶段的小树所处的气候条件很可能不同于成年大树所处的气候条件。而且由于森林的生命周期长,通过育种、迁移和自身演变调节来适应新的气候条件的过程相对缓慢,因此林业更加关心气候变化对其的影响,特别是未来的气候条件对森林生态系统的影响(徐德应,2002)。

研究气候变化对森林的影响,需要从两个方面来着手:(1)从树木生理学的角度来研究,当CO_2大量增加、温度升高、水分条件发生变化时,这些因子对树木生长的综合影响;(2)研究气候变化后对森林分布的影响(徐德应,2002)。

气候变化可能通过以下途径使森林物种组成和结构发生改变:(1)温度胁迫;(2)水分胁迫;(3)物候变化;(4)日照和光强的变化;(5)有害物种的入侵。此外,气候变化还将通过改变树木的生理生态特性(如气孔的大小和密度、叶面积指数等)和生物地球化学循环等途径对不同物种产生影响(刘国华,傅伯杰,2001)。

海河流域温带森林是受人类活动干扰较大的森林。随着全球气候变暖,温带向极地方向扩展,因此温带森林也将侵入到当前北方森林地带,而在其南界则将被亚热带或热带森林所取代,同时由于该区域受到频繁干旱的影响,有可能导致温带森林景观向草原和荒漠景观转变(刘国华,傅伯杰,2001)。

气候变化引起森林生产力的变化率从东南向西北递增。中国温暖带湿润和亚湿润区增加2%,气候变化条件下部分物种的消亡同时受温度和因温度变化而引起的降水量变化影响,海河流域森林随气候变化可能向温湿方向发展,喜温阔叶林在森林中的比例增大,亚热带树种增加,并可能出现原只生长在淮海以南地区的水蕨植物(居辉,2000)。

气候变化会影响森林水平和垂直分布的变化。高山林线的海拔高度可能会有不同程度的升高,受林线所处位置的热量亏缺和干燥度影响,尤其在半干旱地区,南坡林线上界要比北坡高(吴循,周青,2008)。

未来气候通过改变森林的地理位置分布、提高生长速率,尤其是大气CO_2浓度带来的正面效益,可能会导致海河流域森林生产力和产量呈现不同程度的增加,但由于气候变化后病虫害的爆发和范围的扩大、森林火灾的频繁发生,森林固定生物量却不一定增加(居辉,2000)。

三、气候变化对草地生态系统的影响

海河流域草地位于中国半湿润半干旱地区,随着CO_2增加,气候变暖,使干旱草原出现的几率增加,持续时间增长,草地土壤侵蚀危害严重,土地肥力下降;草地在干旱气候与荒漠化盐化的作用下,初级生产力下降,草地景观呈荒漠化趋势(钟秀丽,林而达,2000)。

1950年以来,海河流域草原面积变化同样也受到气候变化等自然因素和人为因素的影响。气候变化是引起草场变化的重要自然原因,其中降水量的变化尤其重要。

张征云等(2008)研究结果显示:根据1987和2002年两个不同时相的TM影像数据,海河流域内草地面积由1987年的近2000 hm²发展到2002年的4800 hm²(表4.1),增加面积比较大,是各类用地类型中动态度最大的一类。增加的草地主要来自耕地、其他用地、水域及部分盐田,其中来自耕地的面积最大,占全部来源的82%左右。草地面积增大的原因主要是由于海河流域气候变化特点及人类活动影响造成的。气候变化特点主要是由于海河流域近年来出现气温逐渐增高,而降水则逐渐减少的趋势;人类活动影响主要是人类对当地水资源的不合理开发和利用,在上游地区不断开发水资源和修建水库防洪,导致下游来水量急剧减少,下游河流干涸、湿地面积萎缩、土壤环境退化,从而使耕地和湿地面积向草地转移。

表4.1　　　　　　　1987和2002年海河样带土地利用变化(张征云等,2008)

土地利用类型	$S_{1987}(hm^2)$	$S_{2002}(hm^2)$
草地	1939.62	4799.83
水域	7910.27	8758.69
建设用地	37113.70	53136.81
耕地	56775.68	42614.75
盐田	8811.27	6490.14
滩涂	4369.94	2352.04
其他用地	3920.23	2688.41

第三节　自然生态系统对气候变化的脆弱性和适应性

一、自然生态系统对气候变化的脆弱性

气候变化对中国生态系统存在较为严重的影响,中国学者对未来生态系统脆弱性的研究结果有:未来气候增暖将使中国多数温度带北移;使中国大多数地区物候期提前,导致中国森林植被带北移,尤其是落叶针叶林的面积减少很大,甚至可能移出中国境内;变暖将使内蒙古温带草原上最大生物量增加;林火灾害发生频率增高,林火发生地理分布区扩大,森林和主要农作物病虫害与病菌传播范围扩大、程度加重。研究表明,中国的脆弱生态环境面积约为194万km²,主要分布在7个地区:北方半干旱、半湿润脆弱区,西北半干旱脆弱区,华北平原脆弱区,南方丘陵脆弱区,西南石灰岩山地脆弱区,西南山地脆弱区和青藏高原脆弱区(朱建华等,2007)。

> **专栏**
>
> ## 脆弱性
>
> IPCC 在 1996 年的第二次评估报告就将脆弱性定义为气候变化对系统损伤或危害的程度,并指出脆弱性不仅取决于系统对气候变化的敏感性,还与系统对新的气候条件的适应能力有关。在 IPCC 的第三次评估报告中就气候变化研究中的脆弱性给出了更为明确的定义,将脆弱性定义为一个自然的或社会的系统容易遭受来自气候变化(包括气候变率和极端气候事件)的持续危害的范围或程度,是系统内的气候变率特征、幅度和变化速率及其敏感性和适应能力的函数。脆弱性在不同的研究领域有着不同的认识和理解,因此出现了一些不同的有关脆弱性的定义。FAO(世界粮农组织)将脆弱性定义为存在可能导致地方居民出现食物安全问题或营养不良的因素;而自然灾害研究中的脆弱性则是指个体或群体在预期、应对、抵抗自然灾害影响及其从中恢复的能力,认为脆弱性是对个体或群体受自然灾害影响程度及从事件影响中恢复的度量;社会学家则认为脆弱性是由决定人们应对压力和变化能力的一系列的社会经济因素构成。针对脆弱性的不同理解,Downing 总结了许多有关脆弱性问题研究的成果,认为脆弱性应主要包括三个方面:首先是脆弱性应作为一个结果而不是一种原因来研究;其次针对其他不敏感因子而言,其影响是负面的;最后脆弱性是一个相对概念,而不是一个绝对的损害程度的度量单位。目前,IPCC 的脆弱性定义在气候变化研究领域中已经被广泛接纳和采用(於琍等,2005)。

湿地生态系统对气候变化较为敏感,气候变化会影响湿地水文、生物地球化学过程、植物群落及湿地生态功能等。由于气候变暖引起湿地水温及土壤温度升高,将影响湿地的能量平衡,在北方地区会引起冰川覆盖、土壤冻融时间的变化,湿地地表水水位及积水面积变化影响湿地生态系统生物群落演替(宋长春,2003)。海河流域内湿地生态系统目前就处于生态缺水的现状,如果气候变暖和降水减少,可能会使湿地生态系统生态缺水的状况进一步恶化,导致湿地生态系统面积的快速减小。

全球气候变化下森林的脆弱性指气候变化对森林植被或森林生态系统的破坏(或伤害)程度,它即取决于森林植被对气候变化影响的敏感性,也取决于森林植被或生态系统适应新气候条件的能力(居辉,2000)。森林生态系统是相对稳定的,具有一定"惯性"。对于气候变化而言,森林生态系统具有较低的脆弱性和敏感性(Peterken,Muntford,1996)。森林对气候变化的脆弱性主要表现为森林的退化。森林生态系统对气候变化的响应比较缓慢,通常不能在短时间内表现出来,但是不断增加的扰动事件(如林火、病虫害、飓风等)能在相对较短的时间内对森林的结构产生显著影响。

海河流域受到气温升高、降水减少的影响,可能会导致流域干旱程度增加,对森林生态系统供水不利。某些需水量比较大的森林生态系统可能会向耐旱性森林类型甚至灌丛转变;此外,由于气温升高、降水减少,这也大大增加了森林火灾发生的可能性,对森林生态系统产生不利影响;而且由于气温升高,某些原本处于南方的森林病虫害有向北方发展的趋势,如原本分布于南部的粗鞘杉天牛(Semanotus sinoauster Gressitti)逐渐向北扩散至河北(赵铁良等,2003)。

草地生态系统由于气候变干、变暖、风大、雨量分布不均等均会导致草地的退化,此外由于气温升高,暖冬导致病虫害越冬期缩短,大大增加了害虫的成活率,从而对草地生态系统产生不利影响。

> **专栏**
>
> ## 适应性
>
> 适应性一词,目前通常使用在气候领域,起源于自然科学,尤其是进化生态学。在气候变化领域,适应性被定义为:自然、人文系统对现状、未来气候变化的响应和调整,包括预期的、自动的、瞬时的、规划的、公共的和私人的(IPCC,2001)。尽管适应性在自然科学中的定义有很多争议,但泛指组织或系统为了生存、繁殖而增强应对环境变化的基因和行为特征。自然科学中适应性思考的尺度包含了从有机个体、到单个种群或整个生态系统。

二、重点工程在应对气候变化中的作用

南水北调是缓解中国北方水资源严重短缺局面的重大战略性工程。中国南涝北旱,南水北调工程通过跨流域的水资源合理配置,大大缓解中国北方水资源严重短缺问题,促进南北方经济、社会与人口、资源、环境的协调发展,分东线、中线、西线三条调水线。西线工程在最高一级的青藏高原上,地形上可以控制整个西北和华北,因长江上游水量有限,只能为黄河上中游的西北地区和华北部分地区补水;中线工程从第三阶梯西侧通过,从长江中游及其支流汉江引水,可自流供水给黄淮海平原大部分地区;东线工程位于第三阶梯东部,因地势低需抽水北送。

南水北调工程实施后,通过用水置换,将会增加农业灌溉用水,大大改善农业生态系统,增强抗御干旱灾害的能力,发挥河北省土地光热资源优势,有利于调整种植结构,提高农业产量(刘剑锋等,2007)。

按南水北调总体规划,中线一期工程向河北省供水量为 30.39 亿 m^3/a,直供城市量

29.72亿 m³,其余蓄供洼淀。按规划要求,要实现所有县城和重要工矿的通水供应,这势必形成一定密度的沟、渠、河道输水体系,可形成平原不少沟渠、河道的常流水态势,较短时期即可扭转现状有河皆干的景象。总干渠及支渠等新建工程形成了新型湿地,从而形成总体呈南北走向的网状湿地。同时为按期接纳调来的江水,需启用受水区三座平原"充蓄调节水库"——白洋淀、衡水湖、大浪淀,在线调节水库——瀑河水库,以及文安洼、永年洼等洼淀,形成沿输水线路分布的湿地群。中线工程对受水区水资源的统一调配及补充,提高了各水体各时期的蓄水位,特别是枯水期水位,有利于维护原有湿地的稳定,恢复趋于衰退或已基本消失的湿地。加之城市景观用水湿地,将大大增加本区湿地面积。水量增加、水面扩大,将促进湿地供水、生物栖息与繁育、养殖、旅游和航运等主体功能的发挥,对本区生态系统的演进及经济发展具有重要意义(刘剑锋等,2007;高丽和王继涛,2008)。

京津风沙源治理工程建设区西起内蒙古的达茂旗,东至河北的平泉县,南起山西的代县,北至内蒙古的东乌珠穆沁旗。范围涉及北京、天津、河北、山西及内蒙古五省(自治区、直辖市)的75个县(旗、市、区),总国土面积为45.8万 km²。2000年国家启动了北京及周边地区防沙治沙试点示范工作,共安排造林种草336万亩[①],退耕还林42万亩,草地治理326万亩,节水灌溉工程2200处,水源工程1800处,小流域综合治理600 km²。据统计,到2001年6月已经完成退耕还林11万亩,人工造林202万亩,飞播造林613万亩,封山育林25万亩,草地综合治理55万亩,小流域综合治理149 km²。到2010年,完成退耕还林3943.61万亩,其中退耕2012.57万亩,荒山荒地荒沙造林1931.04万亩;营造林7416.19万亩;草地治理15941.70万亩,完成小流域综合治理23445 km²;通过对现有植被的保护,封沙育林、飞播造林、人工造林、退耕还林、草地治理等生物措施和小流域综治理等工程措施,使工程区可治理的沙化土地得到基本治理,生态环境明显好转,风沙天气和沙尘暴天气明显减少,从总体上遏制沙化土地的扩展趋势,使北京周围生态环境得到明显改善[②]。

三、自然生态系统应对气候变化的适应性对策

目前,海河流域的生态环境状况是:太行山、燕山山脉大部分山区秃山秃岭,缺乏生机,无涵养水源的环境;广大平原直到滨海地区,除农田、果园和小片林地外,见不到"野猪林";河流湖泊"有河皆干,有水皆污",华北明珠"白洋淀"受到干旱和污染的双重威胁,失去了明珠的光彩;河道功能衰退严重,河滩和农田几无区别,航运衰退,内河通航里程由1960年的3100 km下降到1980年的29 km,目前内河航运已经销声匿迹(田新生等,2003)。在全球气候变化的背景下,海河流域对气候变化适应性措施研究显得尤为重要。

(1)提高自然生态系统适应能力,抵消气候变化不利影响。

应对气候变化,开展自然生态系统适应性管理。在不违背自然规律的前提下,可以

---

① 1亩 = $\frac{1}{15}$ hm²。

② 资料来源于京津风沙源治理工程规划(2001—2010)http://bbs.pinggu.org/viewthread.php?tid=333841&page=1。

采用适应未来气候条件的人工林树种,就是一种适应性选择。逐步调整草地生态系统机构,保证湿地生态系统正常的生态水需求,都能够增强自然生态系统抵御气候变化带来的不利影响。此外,可以通过建立自然保护区来保护生物多样性,使自然生态系统在没有人为管理和增加景观连接的情况下,自然的适应气候变化(谢晨等,2010)。

(2)确保生态系统用水,大力推行节水技术。

目前,专家普遍认为,海河流域生态环境恢复到最佳状态,大概需要 120×10^8 m³ 的水,若生态用水低于 20×10^8 m³ 生态环境将遭到严重破坏(夏军等,2004)。可见,在气候变化背景下,为维持正常的生态环境,必须保证正常的生态需水量。

海河流域2005年经济社会总用水量383亿 m³,扣除引黄水量31亿 m³ 外,当地水利用量达到352亿 m³,超过多年平均可利用水量50%,大大超过流域水资源承载能力。水资源的过度开发利用挤占了流域内自然生态系统用水,造成水生态严重恶化。通过对水资源统一管理,促进水资源的优化配置,保证自然生态系统生态用水需求,可以提高自然生态系统抵御气候变化带来的不利影响。此外,节约用水,建设节水型社会,加强管理,减少对水资源的污染也能够起到减少水资源浪费,保护生态环境的作用(郑世泽,李秀丽,2009)。

(3)加强气候变化适应性措施的定性与定量措施研究,并对适应措施的成本和效果进行定量评估。

在应对气候变化的适应性措施上,到目前为止多数还仅停留在有限的理想适应战略和措施的探讨上,离实际的应用还有一定的差距。对适应性的评估主要基于定性描述,缺少基于生态系统过程模型的气候变化影响、敏感性、脆弱性与适应性研究。目前还未就某些适应气候变化的技术和措施的成本和效果进行定量评估,提出的适应气候变化的对策建议也都是以定性研究为基础得出的,很难被政府部门采纳(朱建华等,2007)。

例如针对未来中国气候变化对森林生态系统的影响,以及森林生态系统脆弱性和适应性的研究,应重点涉及以下几个领域的研究:①过去气候变化包括极端气候事件对典型脆弱森林生态系统分布、结构、生产力和功能的影响,以增强对观测到的气候变化影响的认识;②典型脆弱森林生态系统与气候系统之间的交互耦合作用,包括气候变化在内的多重全球气候变化驱动因子之间的相互影响;③典型脆弱森林生态系统响应气候变化影响的滞后效应;④模拟未来气候变化对典型脆弱森林生态系统的影响及脆弱性阈值;⑤典型脆弱森林生态系统响应气候变化的自适应机制和人为适应策略(朱建华等,2007)。

小结

人类活动引起的温室效应导致全球气候变暖,气候变暖对全球生态环境的影响越来越受到人们的关注。作为人类赖以生存的环境主题,陆地生态系统对气候变化将作出何种响应,更是人们关注的重点。

海河流域自然生态系统由于气候和人类活动的影响,森林,草地,尤其是湿地生态系统遭受了较为严重的破坏。历史上人类活动的破坏导致海河流域森林覆盖率大幅度下降,近代社会经济的发展和人口的增加,更是对自然生态系统造成很大的压力,大量草地和湿地资源遭到破坏。随着气候变化,海河流域自然生态系统必将发生相应的变化,森林生态系统结构调整,草地生态系统面积变化,湿地生态系统发生消减。通过对海河流域自然生态系统对气候变化响应的综合研究,评估适应气候变化措施的成本和效果,选择适合本流域可持续发展的对策,可以将本流域气候变化的不利影响降到最低,保持流域自然生态系统的可持续发展,使得流域自然和人类和谐发展。

参考文献

北京市林业勘察设计院. 2005. 北京市森林资源规划设计调查"十五"调查报告. 北京:北京市林业勘察设计院.

程晓陶. 2002. 关于海河流域生态环境恢复几个基本问题的探讨. 海河生态,**3**:8-18.

高丽,王继涛. 2008. 南水北调工程对生态环境的影响综述. 水利科技与经济,**14**(2):131-133.

郭丽峰,郭勇,于卉. 2005. 海河流域湿地现状及治理对策. 海河水利,**5**:10-13.

侯春良,张义文. 2007. 河北省湿地退化分析及保护策略研究. 水土保持研究,**14**(5):362-365.

胡惠芳. 2005. 民国时期海河流域的生态环境与水患. 海河水利,**2**:62-65.

胡俊达,孙桂丽,岳树民. 2007. 浅析河北省森林资源的现状及今后发展策略. 河北林业科技(增刊):39-42.

黄秀英,赵宏梅. 2005. 论全球气候变暖对自然生态环境的影响. 牡丹江师范学院学报(自然科学版),**2**:52-53.

贾毅. 1992. 白洋淀环境演变的人为因素分析. 地理学与国土研究,**4**:32.

姜付仁. 2001. 以流域为单元的可持续发展理论研究——以海河流域为例. 中国水利水电科学研究院博士学位论文.

居辉. 2000. 气候变化对我国森林生态的影响. 生态农业研究,**8**(4):20-22.

李克让,曹明奎,於王利等. 2005. 中国自然生态系统对气候变化的脆弱性评估. 地理研究,**24**(5):653-663.

凌大燮. 1983. 我国森林资源的变迁. 中国农史,**2**:27-29.

刘春兰,谢高地,肖玉. 2007. 气候变化对白洋淀湿地的影响. 长江流域资源与环境,**16**(2):245-250.

刘国华,傅伯杰. 2001. 全球气候变化对森林生态系统的影响. 自然资源学报,**16**(1):71-78.

刘剑锋,张可慧,刘芳圆等. 2007. 浅析南水北调工程对河北省受水区生态环境的影响. 南水北调与水利科技,**5**(3):27-29.

马子清. 2001. 山西植被. 北京:中国科学技术出版社.

缪应庭. 1983. 河北的草地资源与利用. 中国草地学报,**2**:42-45.

幕宗杰. 2009. 草地生态系统的保护及治理对策. 畜牧与饲料科学,**30**(2):48-49.

任荣荣. 2002. 中国森林地理景观概貌. 北京:中国农业出版社.

沈再健,沈彦俊,褚英敏等. 2009. 海河流域近40年来降水和气温变化趋势及其空间分布特征. 水土保持研究,**16**(3):24-26.

宋长春. 2003. 湿地生态系统对气候变化的响应. 湿地科学,**1**(2):122-127.

孙儒泳. 2000. 普通生态学. 北京:高等教育出版社.

田冰,张义文,魏立涛. 2007. 河北省湿地现状及其可持续利用. 河北师范大学学报(自然科学版),**31**(1):130-133.

田新生,罗阳,张韶季. 2003. 海河流域生态恢复问题研究. 海河水利,**4**:11-12.

吴循,周青. 2008. 气候变暖对陆地生态系统的影响. 中国农业生态学报,**16**(1):223-228.

吴云,曾源,赵炎等. 2010. 基于MODIS数据的海河流域植被覆盖度估算及动态变化分析. 资源科学,**32**(7):1417-1424.

夏军,王中根,左其亭. 2004. 生态环境承载力的一种量化方法研究——以海河流域为例. 自然资源学报,**19**(6):786-793.

谢晨,赵萱,王赛等. 2010. 气候变化对森林和林业的影响及适应性政策选择. 林业经济,**6**:94-104.

徐德应. 2002. 中国森林与全球气候变化的关系. 林业科技管理,**4**:19-23.

於琍,曹明奎,李克让. 2005. 全球气候变化背景下生态系统的脆弱性评价. 地理科学进展,**24**(1):61-69.

张金堂,乔光建. 2009. 气候变化对海河流域降水量影响机理分析. 南水北调与水利科技,**7**(3):77-80.

张征云,孙贻超,柳伽. 2008. 海河地理样带土地利用/覆盖变化(LUCC)及其驱动机制研究. 天津师范大学学报(自然科学版),**28**(2):71-76.

赵铁良,耿海东,张旭东等. 2003. 气温变化对我国森林病虫害的影响. 中国森林病虫,**22**(3):29-32.

赵同谦,欧阳志云,贾良清等. 2004. 中国草地生态系统服务功能间接价值评价. 生态学报,**24**(6):1101-1110.

郑世泽,李秀丽. 2009. 海河流域水资源现状与可持续利用对策. 南水北调与水利科技,**7**(2):45-46.

钟秀丽,林而达. 2000. 气候变化对我国自然生态系统影响的研究综述. 生态学杂志,**19**(5):62-66.

朱建华,侯振宏,张治军等. 2007. 气候变化与森林生态系统:影响、脆弱性与适应性. 林业科学,**43**(11):138-145.

庄长伟,欧阳志云,徐卫华等. 2009. 基于MODIS的海河流域生态系统空间格局. 生态学杂志,**28**(6):1149-1154.

IPCC. 2001. Climate Change: Impacts, Adaptation and Vulnerability. Cambridge: Cambridge University Press, 3.

Peterken G F, Mountford E P. 1996. Effects of drought on beech in Lady Park Wood, an unmanaged mixed deciduous forest woodland. *Forestry*, **69**:125-136.

气候变化对海河流域能源的影响和适应性对策

安月改,田国强(河北省气候中心)
司丽丽(保定市气象局)

引言

　　能源是人类赖以生存繁衍、社会得以繁荣进步的重要物质基础,能源是人类生存和发展的重要物质基础,也是国民经济发展和人民生活水平提高、全面建设小康社会和加快推进社会主义现代化建设的重要物质基础。海河流域是中国煤炭、石油、天然气等传统能源资源的主要产区,也是能源消耗大户。近年来,由于经济快速发展需求以及传统能源资源储量限制,区域能源分布的明显不均衡,对经济社会发展的瓶颈制约越来越突出。本章利用已有研究结果,针对流域能源特点分别对流域能源现状、能源消费与储量、新能源资源的开发情况和前景进行了阐述,并分析了气候变化对能源的影响。得出流域气候变化对能源需求的影响有利有弊:气温升高、干旱加重,致使能源需求加大,但冬季气温升高可减少供热耗能,有利能源的持续利用;对能源生产供应方面有不利影响。最后,提出几点应对气候变化对能源影响的适应性措施,以确保区域经济可持续发展。

第一节　概述

一、现状

　　海河流域能源供需一直以传统煤炭能源为主,20世纪50年代以来先后建设了一些水力发电厂(站),但由于受区域水资源的限制,这些水电设施发展规模受到很大限制,主要以小水电为主,起到辅助煤炭电力供应作用。近些年,海河流域内尤其是河北省北部地区逐步开发了风能发电项目,部分项目已经投入生产运营。另外,部分地区还建立了太阳能发电、生物质发电设施,区域传统能源结构不断发生变化。目前,区域能源结构仍是以传统煤炭能源为主,但已经从完全依赖传统能源逐渐向其他清洁再生能源转变。据统计,截至2008年12月底,河北南网直调(河北省电力公司直接调度的)机组中火电装机16675.2 MW,占93.38%,水电装机1084.9 MW,占6.07%,风电装机99 MW,占0.55%。

海河流域大部分为河北省区域。目前,河北省新能源开发利用存在不足,2009年新能源在一次能源消费中的比重不足2%。为改变这种局面,河北省将发展风电、太阳能等新兴产业,实施包括大型风电基地建设工程、太阳能利用工程等在内的八大工程,加快新能源产业发展。到2015年,基本建立新能源产业行业标准体系,新能源(不含水电)在一次能源消费中的比重将达到5%;新能源发电装机占全部发电装机容量的比重达到15%;太阳能集热面积达到1000万 m^2 的新能源产业发展目标[①]。为加快实施发展目标,2010年春季,张北县与河北新能源开发有限公司签订协议,开发建设世界上最大的太阳能发电项目,开发建设总规模为200 MW。今后,随着社会对能源的需求以及经济发展和技术的进步,区域能源结构仍将发生明显的变化。

> 专栏
>
> ## 中国对新能源的界定
>
> 新能源是指与长期广泛使用、技术上较为成熟的传统能源(石油、煤炭和天然气)对比而言,以新技术为基础,已经开发但尚未大规模使用,或正在研究试验尚需进一步开发的能源,主要包括太阳能、风能、水能、核能、生物能源、海洋能、地热能和氢能等(谭蓉蓉,2009)。

二、能源储量与消费

海河流域包括山西东部、北京、天津、河北省、河南与山东的部分地区,区域不可再生能源储量和生产位于全国前列。截至2004年底,山西煤炭查明储量是2828.65亿t,占全国的26%(张继坤等,2009)。河北省也早有"燕赵煤仓"之称,是国家确定的13个

---

① 河北省发展改革委员会.《河北省新能源产业"十二五"发展规划》,2010。

煤炭基地之一[①]。据河北省 2004 年矿产资源储量表明(陈剑敏等,2008),全省累计已经探明的煤炭储量约 176 亿 t,其中保有储量约 151 亿 t,居全国第 12 位;保有储量中,可采储量 40 亿 t,基础储量 89 亿 t,资源量 62 亿 t。多年来,河北省煤炭产量一直排在全国前几位。2000 年生产原煤 5500 万 t,占全国总量的 5.5%,排在第 4 位;2004 年生产原煤 7300 万 t,占全国总产量的 3.7%,排在第 10 位(张军,2006)。2006 年生产原煤 7927 万 t,处历史较高水平,居全国第 9 位。在 2020 年之前,全省原煤产量将保持在 7000 万 t 左右(陈剑敏等,2008)。

但是,由于开发历史长、强化开采和资源勘查工作投入小,许多煤矿产地已经进入开发的中后期,一大批矿山企业面临资源枯竭,后备资源严重不足,生产潜力低下。据有关专家预测,如按煤炭生产年均递增 9% 以上的速度增长,则 50 a 后山西煤炭储量即告罄,即使按 4% 以上的速度增长,山西煤炭也只能开采 50~100 a;而河北省可供进一步勘查地区的煤炭资源仅占总煤炭资源的 34.22%,大大低于全国 68.67% 的平均水平(陈剑敏等,2008)。

河北省石油、天然气资源非常丰富。截至 2006 年年底,河北省累计石油探明储量约 17 亿 t,天然气探明储量约 420 亿 m^3,主要贮存于冀中、大港和冀东油田。2007 年 4 月,河北省新发现了冀东南堡油田,这是一个整装、优质、高效的油田,三级(探明、控制、预测)油气地质储量当量达到了 11.8 亿 t(超过了大庆油田),天然气地质储量 1401 亿 m^3。而据中国科学院院士、中国石油天然气股份有限公司副总裁贾承造预测,未来南堡油田的探明储量还会增加,整个(探明)储量最终可能突破 20 亿 t。新油田的发现,不仅增加了河北省油气资源的总储量,而且将大大提高河北省油气需求自主解决的能力。

河北省新能源资源丰富,全省风能资源总储量(10 m 高)7400 万 kW,陆上技术可开发量超过 1700 万 kW,近海技术可开发量超过 400 万 kW。河北省是农业大省,各种农作物干秸秆年产量 3600 多万 t,除去薪柴、还田、养殖、造纸等已利用秸秆外,剩余废弃秸秆量超过 1200 万 t。同时,河北省太阳能资源丰富,北部张家口、承德地区年日照平均为 3000~3200 h,具有较大的开发利用价值。此外,全省水资源量 205 亿 m^3,具备开发建设抽水蓄能电站条件。渤海湾是中国近海海流能较好的区域,适宜潮汐能开发利用。全省地热资源可采量相当于 94 亿 t 标准煤。

山西和河北是能源生产大省,也是能耗大省。总的来说,山西省能源生产远远大于自身的需求(图 5.1),其年外输煤炭量基本上占年总产量 80% 以上,均在全国煤炭外运总量的 3/4 左右;山西省自身能源结构单一,煤炭生产量和消费量占一次能源总量的比重,均远远高于全国平均水平和世界平均水平(表 5.1)(张继坤等,2009)。

[①] 中国网. 河北省能源矿产资源概况. (http://www.china.com.cn/aboutchina/zhuanti/09dfgl/2009—10/21/content_18742632.htm). 2009.

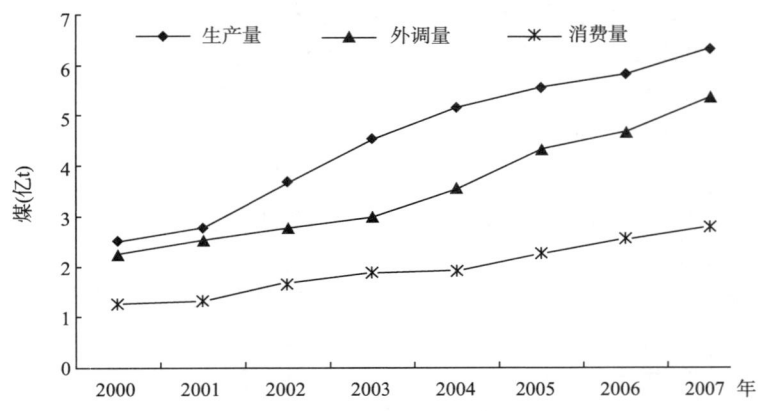

图 5.1　山西省煤炭资源生产量、消费量与外调量

表 5.1　　　　　　　　2007 年山西省、中国与世界一次能源构成

一次能源构成	占能源总量比重(%)			
	煤炭	石油	天然气	水电核电风电
能源生产构成 山西省	99.65	0	0.16	0.19
全国	76.60	11.30	3.90	8.20
能源消费构成 山西省	95.10	3.96	合计 0.94	
全国	69.50	19.70	3.50	7.30
世界	28.63	35.61	23.77	11.99

河北能源生产远小于山西,其能源储量相对于河北省近 6988.8 万(2008 年年底)人口来说,人均资源储量还是偏低,尤其是人均原煤储量仅为全国平均水平的 66%。截至 2000 年年底,全省煤炭资源可利用储量,在全国排行第 12 位,资源总量仅占全国的 1.14%(杨赞行,杨立文,2002),资源约束十分明显,靠自身生产的能源,已不能满足经济发展和人民生活的需要。目前,河北省所产的煤炭只能满足自身需求量的一半(姬春旭,曹代勇,2007),而全省电煤需求量的 2/3 需从外省调入。在河北省能源消费中,煤炭占主导地位,河北省 88% 的能源、50% 以上的化工原料、99.6% 的电力均来自煤炭(张军,2006)。河北省能源需求不断增长,根据河北省国民经济和社会发展"十一五"规划和 2020 年远景目标的基本思路提供的数据,2001—2004 年,全省能源消费总量年均增长率 8.8%。据预测,"十一五"期间,河北省能源需求总量年均增长率为 7%;2011—2020 年,其需求总量年均增长率 4%(曹代勇等,2008)。2010 年全省需求煤炭 23000 万 t,按照规划确定 2010 年全省煤炭生产达到 8500 万 t 左右的标准计算,缺口为 14500 万 t,缺口比例为 63%[①]。在石油、天然气供给方面,即便有了冀东南堡大油田,压力也仍然不小。未来河北省能源供需形势非常严峻,能源自给率逐年下降,对外依存度将逐年上升。

---

① 河北省发展改革委员会. 河北省十一五能源规划,2007。

北京属于能源资源严重短缺地区,其能源资源极为有限,一次能源主要是储量较少的煤炭和少量的水电及地热,石油和天然气至今没有发现可供开采的工业储量,经济发展所需能源绝大多数依靠外部调入。北京市能源消费总量的94%依靠外部供应。100%的天然气与石油、95%的煤炭、70%的电力、70%的成品油需从河北、山西、内蒙古、宁夏、河南等地输入(邓俊英,曹淑艳,2008)。随着社会经济的迅猛发展,1990年以来北京市能源消费规模不断提高,消费水平在全国各主要城市中位置仅次于上海,位于全国第二(徐太炎等,2002),从1990年至1998年,能源总消费量年均增加率为4.46%。2005年能源消费总量比1990年平均年增长率为4.8%,尤其是2002年以来,能源消费增长呈现强劲增长势头,能源供需矛盾不断增加(刘宏伟,2007)。能源消费中,煤炭消费量在能源消费总量中约占44.1%,居各类能源首位,而可再生能源的比重非常低,仅占1.0%,低于全国4%的平均水平(邓俊英,曹淑艳,2008)。因此,北京市将加大新能源和可再生能源发电厂的建设,2010年新能源和可再生能源发电比例力争达到6%以上①。

天津市拥有1075万常住人口,是一个老工业基地,能源资源相对贫乏。随着国民经济快速增长以及人民生活水平不断提高,天津能源需求呈现出快速增加的态势,能源对外依存度越来越大。1990、2000和2004年,全市终端消费中,电力所占比重分别为23.3%、26.2%和27.6%,1990年到2004年上升了4.3%。天津的基础能源以煤炭和石油为主,石油供给主要依靠中海石油和大港油田所产原油,而煤炭完全依靠外省市调入,原煤调入量近几年以10%左右速度增长(武定军,2006)。近年来天津市能源发展取得了很大成就,能源供应能力不断提高,2006年一次能源生产量是2000年的2.4倍,但远不能满足消耗增长的需要。原煤调入量2000—2005年年均增长6.2%;2006年全年从省外调入能源量是2001年的1.96倍。能源短缺影响着天津市国民经济健康发展。

第二节　气候变化对能源的影响

在全球气候变暖背景下,极端天气与气候事件趋强趋多。如:最长连续无降水日数增加,部分区域强降水发生频率上升;高温热浪呈增加趋势;气候干旱处于缓慢加重状态,干旱面积扩大等。

IPCC第四次评估报告第二工作组报告指出,在一些温带和极地地区,气候变化对工业、人居环境和社会的影响是正面的,而对其他大部分地区则是负面的,总体而言,气候变化越剧烈,负面影响就越大。

一、对传统能源生产的影响

20世纪50年代以来,人类活动造成的大气中温室气体浓度的急剧增加以及由此引起的全球气候变化,已成为全球变化中最主要和最直接的变化。IPCC(2007)第四次评

---

① 北京市发展改革委员会.北京市"十一五"时期电力发展规划,2007。

估报告指出,观测到的20世纪中叶以来大部分的全球平均温度的升高很可能是由于观测到的人为温室气体浓度增加所导致的。气候与能源行业密切相关,煤炭消费是造成煤烟型大气污染的主要原因,也是温室气体排放的主要来源[①]。研究表明,与能源有关的经济活动对全球气候变暖的贡献率高达57%,而全球变暖也会影响能源的利用和生产(陈宜瑜等,2005)。目前,人类所需要的能源绝大部分是通过化石燃料燃烧所获得。据报道,2006年河北省一次性能源消费中,原煤比重高达89%。煤炭是一种不清洁能源,在燃烧过程中产生大量的污染物如CO_2、CH_4、O_3、CFC、N_2O、SF_8等温室气体,已经对人类生存与发展的环境构成了严重威胁。据统计,每年由于人类原因排入大气环境的污染物达6亿多吨(曾凡刚,2001)。联合国报告指出,全球气候变暖90%是温室气体所造成,因此,传统能源消费已成为全球关注的焦点问题之一。

面对全球气候变化可能给人类社会带来的严重威胁和严峻挑战,1992年签署的《联合国气候变化框架公约》(UNFCCC)明确提出,减缓和适应气候变化是人类社会应对全球气候变化的两种主要选择。减缓气候变化是指通过温室气体排放源或增加吸收汇减轻气候变化可能带来的影响,这就需要控制传统化石燃料的燃烧,减少温室气体的排放,大力发展清洁能源。因此,气候变化对传统能源提出了严峻的挑战。对此,专家提出,应大力发展水电、核电,使之在能源结构中的比例中由现在的6.7%上升到10%,形成以清洁煤使用为主、迅速发展可再生能源、适当使用石油和天然气、核能为辅的能源结构(何琼,2009;王伟光,郑国光,2009);调整能源消费结构的规划,降低煤炭等非可再生能源在能源消费中的比重(班瑞凤,魏晓平,2008)。

专栏

温室气体

温室气体(Green House Gas,简称GHG)指大气中由自然或人为产生的能够吸收和释放地球表面、大气和云射出的热红外辐射谱段特定波长辐射的气体成分。该特性导致温室效应。水汽(H_2O)、二氧化碳(CO_2)、氧化亚氮(N_2O)、甲烷(CH_4)和臭氧(O_3)是地球大气中主要的温室气体。此外,大气中还有许多完全由人为产生的温室气体,如《蒙特利尔议定书》所涉及的卤烃和其他含氯和溴的物质。除CO_2、N_2O和CH_4外,《京都议定书》将六氟化硫(SF_6)、氢氟碳化物(HFC)和全氟化碳(PFC)定为温室气体(IPCC,2007)。

---

① 中华人民共和国国务院新闻办公室,2007。

二、对能源的不利影响

1. 气温升高对能源需求的影响

气温升高、高温热浪天气增加、干旱加重,致使能源需求加大。

夏季气温增高、高温热浪发生频率增加将加剧夏季日常生活、工业生产制冷的电力需求;也将增加制冷设备需求量增长的趋势,而生产制冷设备又必须消耗大量能源,加大能源供需矛盾,给电力、煤炭等能源供应带来更大压力,威胁到海河流域的能源安全。据河北省统计,1997 年夏季天气酷热,空调器销售量连破纪录,仅 7 月 12 和 13 日,销售的空调器就达 4000 多台,是 1996 年销售旺季的 10 倍多。同年在北京地区,纳凉电器的大量使用导致用电量急剧增加,其中 7 月 8—15 日供电负荷增加最快,14 日全市最大供电负荷达到 4.761×10^6 kW,比 1996 年同期增长 22%,三环路以内增长 33.7%,创历史纪录,大大超过历年增长水平。供电负荷增长最快的时段,正是北京地区气温最高时段。用电量的急剧增加,引起了供电设备超负荷运转,造成设备故障频频停电,甚至引发火灾(黄朝迎,1999)。据有关部门统计,1997 年在北京地区共发生 8700 多起 10 kV 以下架空线路故障、2300 多起路灯故障、110 kV 以下的线路变压器有 70% 左右过负荷,有的超过 1 倍多。另外,内线、电表超负荷现象也比较严重。

高温天气增加,农作物蒸腾加大、土壤失墒加重;最长连续无降水日数增加,干旱面积增加、程度加重,用于作物抗旱保收的水资源、电力等方面的需求也会加大。气候变化引起中国农田灌溉用水增加量平均超过 1000 亿 m^3(吴普特,赵西宁,2010),也给保障电力供应及供电设备安全运营带来更大压力。

2. 大雾变化对电力的影响

大雾天气增加,电力设施安全运营风险加大。

海河流域平原地区是秋冬季节大雾天气易发区,年平均大雾发生日数在 10 d 以上,其中太行山山前平原及河北省的唐山南部在 20 d 以上,多的年份可达 30~50 d,连续最长可持续出现十多天(安月改,2004)。持续出现的大雾天气,时常造成电力设施发生"污闪"事故,使得电网遭到破坏,给人民的生命财产及国民经济带来巨大的损失。1990 年 1—2 月,在华北的京津唐、冀南、山西电网、华中的河南电网和东北的辽西电网大面积污闪事故中,计有 218 条线路多次污闪跳闸,并发生多起瓷瓶钢帽炸裂球关脱落,使部分省市电网多次多处解裂解环。有 25 座 220 kV 和 110 kV 变电站停电,给工农业生产和人民生活带来巨大的危害。1990 年 2 月 10 日和 11 日石家庄地区出现大雾天气造成石家庄电网连续大面积污闪,11 日发展成石家庄电网与邯郸电网、京、津、唐电网解裂事故,石家庄与周围各县大面积停电,此次停电面积之大为历史罕见。

研究表明,1954—2000 年京津冀区域年平均大雾日数总体呈显著增加趋势,尤其海河平原区增加速率最大,且秋冬季增加更加明显(安月改,2004)。由此,电力设施发生"污闪"的概率势必增加,可能给社会经济造成的损失加大。

> **专栏**
>
> 污闪是指电气设备绝缘表面附着的污秽物在潮湿条件下,其可溶物质逐渐溶于水,在绝缘表面形成一层导电膜,使绝缘子的绝缘水平大大降低,在电力场作用下出现的强烈放电现象。

3. 风速变化对能源资源的影响

平均风速减小,可利用风能资源可能会受到影响。

海河流域受季风气候影响,一年中平均风速呈双峰型分布,两个峰值分别出现在4月和秋末冬初季节(11—12月),且以4月最大;最小值大部分出现在8月。

1956—2007年,流域内京津冀区域年平均风速呈明显下降趋势(图5.2),平均每年下降0.023 m/s,但1996年以后变化不大。各地变化趋势相似,但变化幅度有所不同,东北部平原下降幅度最大,太行山区最小。各地平均风速大部分在20世纪60年代最大,20世纪60—90年代逐渐下降。四季平均风速也均呈递减趋势,春季递减率最大,冬季次之,夏季最小(刘学锋等,2009)。

与年平均风速相似,年平均大风日数的年际变化也呈明显下降趋势。

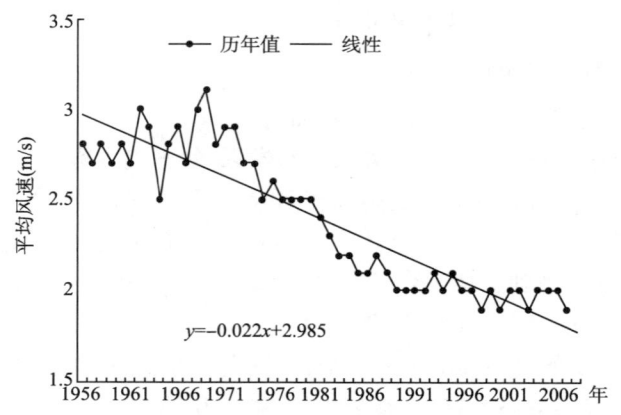

图 5.2 河北省气象站平均风速历年变化曲线

风速下降的原因,除了城市化发展、城市面积扩大致使原本建立在郊区、人口相对较少的气象站逐步纳入城市的地理范畴,其下垫面必然会发生变化,加上近些年植树造林等人为因素也将造成测站观测到的风速减小外,在全球气候变暖背景下,东亚季风有所减弱,使得处于东亚季风区的海河流域经向流场相对减弱,导致地面风速相应减小。

由于某地风速的大小决定了风能资源量是否丰富。风速的减小必然导致风功率密度减小,进而使风能储量减小。近几十年平均风速的减小,使得区域风资源量的相应减少,非常不利于区域风能资源的开发与发展。专家提出,全球气候变暖可能导致风能资源变小(杨振斌等,2004),为风能开发规划、建设和运行做出了必要的预警。但也有专家认为,实际上,并非所有风速均是按照年平均风速变化幅度而平均降低,也可能是由于极大风速的减少而降低,使极端风速成为可利用风速,此情况并不影响年发电量,而且还有可能会提高年发电量(刘庆超等,2010)。

4. 对水电的影响

水电是可再生洁净能源,水电发电量受水资源的限制,尤其在水资源相对比较短缺的海河流域更是如此。海河流域是对气候变化十分敏感,人类活动又非常活跃的地区。随着地表气温的升高,海河流域降水量呈现明显减少的趋势,其气候变得更为干燥。对数据(1956—2005年)分析表明,海河流域20世纪80年代以后的年均降水量低于1980年代以前的降水量。不仅降水呈现持续下降趋势,而且持续性干旱的情况也越来越严重(王金霞等,2008)。

1961—2007年,海河流域地表水资源量在波动中逐渐减少(郝立生等,2009),水库入库水量相应减少,水库用于城市供水和抗旱水量增加,从而影响水电产量。以河北省岗黄水库(岗南、黄壁庄)为例,岗黄水库流域自20世纪60年代以来降水量呈减少趋势,年入库量与年降水量呈显著正相关关系($r=0.605$),1970年西柏坡电厂建成并发电以来,年发电量明显受入库量限制,1970—2006年,西柏坡电厂发电量与年入库量相关系数高达0.891,可见降水量减少直接影响水电厂的生产和运营(图5.3)。另外,随着气候变暖,地下水资源不断下降,人类活动又对水资源提出更高的需求,1996年开始岗黄水库成为石家庄市城市生活水源地,年供水量迅速上升(图5.4),使本就减少的库存量面临更大风险,进而影响了水电量。

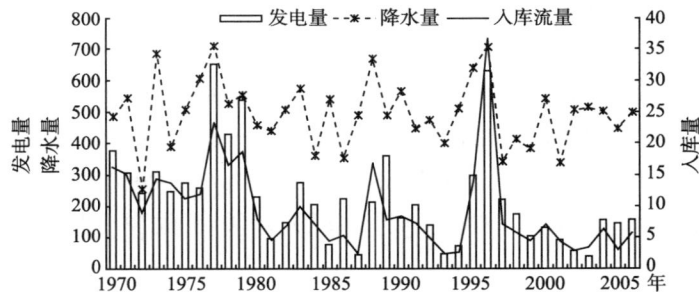

图 5.3　黄壁庄水库入库量(亿 m^3)、发电量(1×10^5 kW·h)与流域降水量(mm)

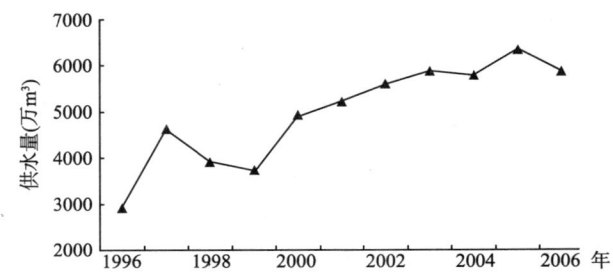

图 5.4　黄壁庄水库历年为城市供水量

三、对能源的有利影响

气候变化对能源系统(能源开发、输送、供应等)有着广泛的影响。而能源的需求是随着气候变化而变化的。统计表明,不同行业对能源的需求和消费有很大差别,生活能源消费在中国能源消费中占第二位(中国统计年鉴,1990—1999);生活能源消费中煤炭和电力是最主要的能源品种,其中煤炭消费主要用于居民冬季取暖。

冬季气温升高,使取暖耗能减少,对能源的可持续利用非常有利。有关研究表明,与气候有关的采暖需求可以用采暖度日指数加以估算。将整个取暖季节的度日值累加起来,可用作全年取暖需求的一个指标,一个时段的采暖度日总量一般与该时段总加热量成正比。因此,度日和燃料消耗之间的关系被假定为线性的,即采暖期度日值变化可以反映出冬季采暖耗能的变化。

> **专栏**
>
> 度日是计算热状况的一种单位,是某一时段内各日平均气温与某基准温度之差的总和。中国以5℃作为采暖度日的基础温度。一段时期内的度日总量可反映出该时段温度的高低,度日越大表示温度越低,采暖需求越大(陈裕,黄朝迎,2000)。

研究表明,1961—1999年采暖度日为减少趋势,特别是1987年以来这种减少趋势更加明显,说明冬季采暖能耗亦呈减少趋势(陈裕,黄朝迎,2000)。根据采暖期间日平均气温≤5℃的负积温来表征采暖强度,对比北京市1961—2000年的采暖强度,得出北京市采暖强度有减弱的趋势,1990年代比1970、1950年代少100℃左右(轩春怡等,2003)。

采暖期长度也可用作反映采暖期耗能的度量指标,在假定每月采暖能耗不变的前提下,采暖期长短可反映出采暖期能耗的大小。采暖期长,相应能耗就多;采暖期短,相应能耗就少。海河流域1985—2004年较1980年以前相比,采暖期长度缩短0~10 d,其中北部缩短5~10 d;1995—2004年与1980年前相比,采暖期长度缩短5~10 d的范围明显扩大,海河流域一半以上区域缩短超过5 d,局部超过10 d(陈莉等,2006)。北京市1961—2000年采暖期也有缩短趋势,1990年代比1960和1970年代缩短近10 d,比1980年代缩短5 d左右(轩春怡等,2003)。

冬季气温变暖,采暖期度日减少、采暖期缩短,冬季供热能耗减少。研究表明,气候变暖理论上使中国北方地区冬季供热耗能需求降低的比率普遍在5%~20%,其中内蒙古中部、华北地区、新疆部分地区降低20%以上(陈莉等,2006)。

第三节 新能源资源的开发情况、前景

随着传统能源的日趋紧张和环境问题的日益显现,积极寻求可替代的可再生能源成为最现实的选择。中国正大力优化能源结构,以促进能源的多元化、清洁化。积极发展水电、核电,加大石油、天然气的开发和使用力度,加强风能、太阳能等新能源的研究与开发工作。中国的清洁能源比重正逐步提高。在中国一次能源消费结构中,煤炭比重由1990年的76.2%下降到2002年的66.1%,同期石油、水电比重分别由16.6%、5.1%提高到23.4%、7.8%(中国电力,2004)。

海河流域具有丰富的风能和太阳能等可再生能源资源,发展清洁可再生能源,不仅可以保护环境,还可调整和优化区域的能源结构,保障能源安全。进入21世纪以来,河北省紧紧抓住战略机遇,认真贯彻落实中央关于能源发展的一系列方针政策,扎实推进新能源建设,各项工作取得了突飞猛进的发展。并积极利用CDM发展机制,加速与国际间的合作,开发挖掘了一批CDM项目,包括风力发电、钢铁厂高炉煤气联合循环发电、水泥厂余热发电、秸秆发电、垃圾填埋场沼气发电、水电等项目,为加强区域能源的发展积极努力。就河北省而言,其新能源主要有风能、太阳能、生物质能和海洋能(潮汐)等。

一、风能

风能是一种无污染的可再生能源,它取之不尽,用之不竭,随着生态环境保护的要求和能源需求的不断提高,发达国家均已把它当作可开发利用的最主要能源之一,开发它的重要性和利用价值日趋提高。中国10 m高度可开发和利用的风能储量超过10亿kW,仅次于美国、俄罗斯,居世界第3位,陆上风能资源丰富的地区主要分布在三北地区(东北、华北、西北)、东南沿海及附近岛屿(申宽育,2010)。自20世纪80年代起,中国已陆续建立风电场(张振国,2004)。中国风电事业经过近20 a的发展,到2004年年底总装机约74万kW,具有极大的发展空间。中国已开始从战略高度来关注重视可再生能源的发展,并将重点建设包括河北在内的7个千万千瓦风电基地。国家发改委已将2020年风电的发展目标设定为3000万kW,其中河北250万kW,占全国第一(曹欣等,2004)。

河北省具有丰富的风能资源,其风能资源丰富区和可利用区蕴藏着大量的可再生风能资源储量。河北省风能资源丰富区主要分布在的张家口、承德坝上开阔地区(冀北高原)和秦皇岛、唐山、沧州沿岸地区,称为"一线两地"。该区域年平均风速5～8 m/s,年风功率密度在150 W/m² 以上(图5.5),该区域年风能储量1107万kW,风能资源技术开发量为869万kW,风能可开发利用面积7378 km²,占全省陆域面积3.9%,该区全年有一半以上时间风能可以利用,风能资源十分丰富。此区域地形十分开阔,距离京、津较近,且处于华北电网腹地,上网条件便利,均具备建设大型风电场的条件。河北省风能资源可利用区(年风功率密度在50～150 W/m²)主要分布在冀北高原部分地区、冀西北南部山区、桑洋盆地、沿海一些地区。该区域年风能储量2219万kW,风能可开发利

用面积 27444 km²，占全省陆域面积的 14.6%。本区全年有三分之一以上的时间风能可以利用，具有较好的风能资源，适宜于开发利用。

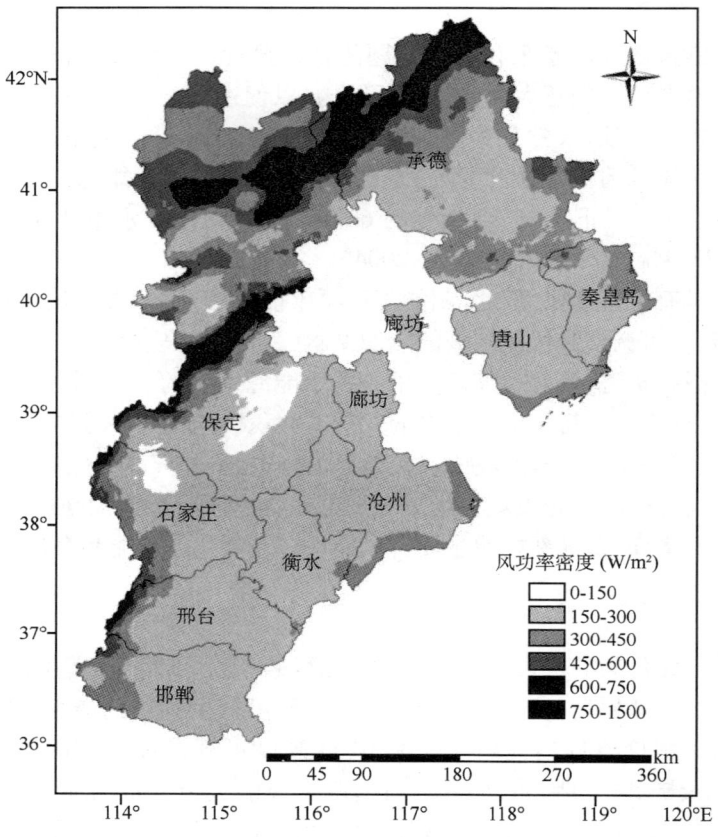

图 5.5　河北省年平均风功率密度分布

河北省张家口、承德两地及秦皇岛、唐山、沧州沿海一线具有丰富的风能资源，风能资源丰富区交通便利、风电场建设条件好，非常适宜大型风电场的建设。资料显示，河北省风电项目虽早在 1995 年开始建设，但大规模开发风电却是近两年才开始的。截至 2005 年年底，河北省已建成承德地区围场县红松、丰宁鱼儿山，张家口地区张北县长城和满井、尚义县大满井五个风电场，总装机容量为 10.825 万 kW。2006 年年底，河北省已建成围场县红松、张北县长城和满井、尚义县大满井、丰宁县鱼儿山和康保卧龙山六个风电场，总装机容量为 325.75 MW，跃居全国排行第二。2009 年年底，河北省总装机容量达到 280.2 万 kW，目前，河北省风电累计装机容量已达 580 万 kW。目前有 30 余家企业在河北省坝上地区及沿海进行测风及风电场前期工作，其中包括龙源电力、国华能源、北京节能投资公司、中电投、中广核、河北建设投资公司等大型企业。

为加快风力发电建设，国家发改委"十二五"规划确定，在未来 5 a 中，要大力推进风电规模化开发建设，充分利用张家口、承德地区风能资源，全力推进千万千瓦级风电基地建设,加快开发利用秦、唐、沧沿海及海上风能能资源,启动沿海及海上百万千瓦级风电基地建设。

二、太阳能

中国拥有丰富的太阳能资源,太阳能较丰富的区域占国土面积的 2/3 以上,年辐射量超过 6000 MJ/m² (中国能源编辑部,2006)。目前,中国太阳能利用多以光伏电池与太阳热能综合利用为主(温敏等,2004)。中国太阳能利用发展水平处于国际领先地位。到 2003 年年底,全国太阳能热水器使用量已达到 5000 万 m²,占全球使用量的 40% 以上,已安装太阳能光伏电池 4 万 kW,太阳能光伏电池的制造能力已超过 4 万 kW,制造厂有 10 多家,2003 年的实际产量超过 1.5 万 kW(戴彦德,任东明,2005)。中国太阳能丰富地区主要集中的西藏和西北地区。

河北省太阳能资源在全国处于较丰富地带,仅次于青藏及西北地区,年太阳总辐射平均值为 5200 MJ/m²,全省每年接收的太阳辐射能约为 7.48×10^{15} MJ,相当于 263 亿 t 标准煤的能量,是河北省 2005 年能源消费的 223 倍。

河北省太阳能资源比较丰富,空间分布为北部多南部少,全省年太阳总辐射量在 4800~5900 MJ/m²,年日照时数为 2100~3000 h。其中,冀西北及冀北高原为 5600~5900 MJ/m²,日照时数在 2800~3000 h,属全省太阳能资源最丰富地区。

目前,河北省以太阳能光伏发电和风力发电为主导,逐渐形成了天威英利、晶龙集团、中航惠腾为龙头的拥有自主知识产权的产业集群[1]。有统计显示,2008 年河北保定市生产的太阳能硅片、电池及组件产量达 282 MW,占全国总量的 15.7%,居国内第二、世界第六。2009 年,英利集团宣布投资 60 亿元的 800 MW 太阳能电池组件四期项目即将开工建设;总投资 126 亿元的"六九硅业"一期工程也已经投产,这一系列新动作将河北太阳能产业的扩张计划再次前移一步。针对河北省具有丰富的太阳能自然资源且技术相对成熟的情况,河北省拟立法推广使用太阳能,加强民用建筑节能管理,在有条件的城市和地区推广使用太阳能光伏照明系统,到 2005 年年底,全省累计推广太阳能热水器 404.87 万 m²、太阳房 149.62 万 m²。2010 年 4 月 26 日,河北唐山首座太阳能发电站——中恒 60 kW 光伏电站在曹妃甸工业区正式投入运行,年总发电量约 15 万 kW·h。

三、生物质能

海河流域是主要农业生产区。河北是农业生产大省,是农作物秸秆和油料植物最主要的分布区,发展生物质能源产业具备有利条件。近年来,河北省委、省政府高度重视生物质发电建设。截至 2008 年上半年,河北省成安、威县、晋州等地秸秆电厂均相继投入商业运营。《河北省"十一五"生物质能发电规划及 2020 年远景目标》中规划,"十一五"期间全省生物质能发电装机达到 100 万 kW。

---

[1] 河北新能源发展基本情况概述. 中国风力发电网(http://www.fenglifadian.com/news/2648AB0BA.html, 2009)。

随着中国城市化进程的加快,城市垃圾已成为污染环境、制约发展的社会问题,通过安全卫生、技术可靠与经济适用的处理技术来实现城市生活垃圾的减量化、资源化与无害化已成为河北省各级政府履行公共管理职能的一项重要任务。到2005年年底,河北省农村沼气用户已达到151.9万户,池容约1520万m^3,大中型沼气527处,池容6.81万m^3;建成秸秆气化站40处,供气量为2038.8万m^3,年消耗秸秆22493.4万t。"十一五"期间,河北省谋划了秦皇岛与保定等九个垃圾发电项目,为实现垃圾的资源化奠定了基础。2007年,河北省首个垃圾发电项目——石家庄灵达垃圾发电已投入生产运营,并取得了较好的社会经济效益。

另外,2007年河北省向国家申报了4个大型沼气综合利用工程建设项目,总池容为6810 m^3,总投资为3140.97万元。

四、海洋能

海洋能作为一种可再生的清洁能源,其有效开发利用可以为改善中国的能源结构,为发展低碳经济和应对气候变化提供一条重要的途径。目前,中国潮汐能和近海风能发电已初具规模,海洋能开发具备了一定的技术积累,为海洋能规模性开发利用提供了良好基础。

海河流域东临渤海,拥有海岸线长694 km,岛岸线长199 km,有着丰富的海洋能源资源,包括潮汐能、波浪能、风能与潮流能等,其中潮汐能的开发利用价值巨大。据测定,河北、天津沿海地区的平均潮差为1.01 m,可发电能0.09亿kW·h(靳怀春,2010)。通过对河北省海湾面积大于1 km的潮汐能资源进行了计算,其总装机容量为6449 kW,年发电量为1290万kW·h(李桂香,1985)。海洋能作为新能源,其开发利用前景广阔。

五、核电

核电是核能和平利用最成功的领域,是安全、环保、经济的清洁能源,是目前现实有效、可大规模替代化石燃料的优质能源。随着中国经济发展对电力的需求不断增长,对能源结构调整和环境保护的要求不断提高,核电在满足中国未来能源需求、保护环境、保持经济可持续发展方面将发挥越来越重要的作用。中国核电经过20多年的发展,建成了浙江秦山、广东大亚湾和江苏田湾三大核电基地。

河北省为了促进河北电力的持续发展,2006年开始计划发展本省核电项目,编制完成了《河北核电项目选址阶段工作策划方案》和《河北省核电项目选厂大纲》,中核集团和中广核在河北的选址工作拉开序幕。到目前为止,河北省政府已与中国广东核电集团、中国核工业集团、中国华电集团签署开发承德、秦皇岛和沧州核电项目建设的框架协议。2010年,承德核电项目、秦皇岛抚宁核电项目初步可行性研究报告先后通过专家组审查。承德和秦皇岛核电项目分别计划建设四台百万千瓦级核电机组,项目的完成势必会为京津冀区域经济的可持续发展带来无限机遇。

六、发展前景评述

海河流域具有丰富的风能资源和太阳能、生物质能资源等,开发应用前景广阔。仅河北省区域风能资源储量就达 1107 万 kW,太阳辐射能约为 7.48×10^{15} MJ/a,相当于 263 亿 t 标准煤的能量,是河北省 2005 年能源消费的 223 倍。因此,海河流域极具开发潜力的风能资源、太阳能资源等为发展风力发电、太阳能光伏发电、太阳能热水器、日光温室等新能源产业提供了良好的资源条件。

随着海河流域的能源短缺和环境污染的加重,发展清洁可再生能源势在必行。海河流域不但拥有丰富的可再生能源,而且靠近华北电网的区域负荷中心京津地区,具备规模化发展的基础和条件。随着国家《可再生能源法》的实施,各项配套和鼓励政策的逐步落实,新能源开发面临难得的发展机遇,将进入快速发展的新阶段。

第四节 应对气候变化对能源影响的适应性措施

气候变化环境下,如何才能实现海河流域能源的可持续发展,首先必须加强开发利用技术的研究,提高能源利用效率,增强危机感,努力节约能源;努力改善能源结构,抓紧替代能源的开发;抓住机遇,加速可再生能源的发展。

一、节约能源,提高能源利用效率

能源消耗高、利用率低、资源浪费大是当前制约海河流域经济发展的一大问题,节能增效仍是一项长期而艰巨的任务。目前,能源的消费主要集中在工业、交通以及服务业、农业、居民三方面(张世坤,许晓光,2004)。因此,应优先在这些关键领域全面深入地推广节能和提高能效技术,并努力提高各级领导的节能观念,加强政府节能管理和法规体系建设,强化对用能单位的监督管理,加强能耗考核,建立能源数据库,恢复和完善经济激励机制,设立节能专项资金,促进各类企业转变经济增长方式,加强技术研究,提高使用效率,合理利用资源。以有效地缓解能源供需矛盾,增强能源的安全性,保证经济合理地快速发展。

二、开发替代能源,优化能源结构

海河流域能源供需一直以传统煤炭能源为主,虽然煤炭资源位于全国前列,但由于开发历史长,后备资源严重不足。因此,必须重视其他替代能源的开发和利用,才能保证区域经济的可持续发展。所以,应下大力气优化能源结构,一方面加强石油储备、节约用油,另一方面则开展石油替代,大力发展煤炭转化为甲醇、二甲醚及乙醇汽油、生物柴油等代油燃料,加快煤炭液化、气化,扩大废油回收利用,以确保区域经济社会发展的需要和能源供应安全。

三、抓住机遇,加速可再生能源的发展

应紧紧抓住战略机遇,认真贯彻落实中央关于能源发展的一系列方针政策,积极利用 CDM 发展机制,加速与国际间的合作,通过国家政策引导和资金投入,扎实推进新能

源建设。海河流域新能源资源丰富,风能利用已形成产业及市场,在全国处于领先水平。所以,应加快风电规模化发展,以"两地一线"(即张家口、承德坝上地区,沧州、唐山、秦皇岛沿海一线)为重点,建设风力发电基地。加速开发太阳能资源,支持相关项目的建设和研究,进一步推进太阳能资源的开发和利用。通过国家政策引导和资金投入,加快生物质能源等发展步伐,加强石油、天然气、煤层气和风能、水能、太阳能等能源的开发和利用的同时,支持在农村边远地区和条件适宜地区开发利用生物质能、地热等新型可再生能源,使优质清洁能源比重有所提高。

小结

能源是社会存在与发展的必需品,是国民经济发展的动力。气候变化不可抑制地对海河流域能源的开发利用产生了影响,其影响有利有弊。在此状况下,如何实现从实际情况出发,善于利用气候变化给海河流域能源资源带来的有利影响,规避不利影响,实现区域能源资源的可持续利用是一个值得深入关注及探讨的问题。

参考文献

《气候变化国家评估报告》编写委员会. 2007. 气候变化国家评估报告. 北京:科学出版社.
安月改. 2004. 京津冀区域近50年大雾天气气候变化特征. 电力环境保护,**20**(3):1-4.
班瑞凤,魏晓平. 2008. 中国能源结构及利用问题研究. 徐州工程学院学报(社会科学版),**23**(5):24-27.
北京商报. 2007. 北京发电能源结构调整. 环境工程,**25**(1):18.
曹代勇,张路锁,杨森丛等. 2008. 河北省能源需求的中长期预测. 中国矿业,**17**(8):28-30.
曹欣,刘亚非,孙新田. 2004. 对河北风电行业发展的几点想法. 河北省沿海经济发展研究,47-53.
陈剑敏,田鸿雁,申晓英. 2008. 河北省传统能源供需形势分析与对策. 北方经济,(15). http://www.qikan.com.cn/Article/bfjj/bfjj200815/bfjj20081517.html.
陈莉,方修睦,方修琦等. 2006. 过去20年气候变暖对我国冬季采暖气候条件与能源需求的影响. 自然资源学报,**21**(4):590-596.
陈宜瑜,丁永健,佘之祥等. 2005 中国气候与环境演变(下卷). 北京:科学出版社.
陈峪,黄朝迎. 2000. 气候变化对能源需求的影响. 地理学报,**55**(增刊):11-19.
戴彦德,任东明. 2005. 从我国社会经济发展所面临的能源问题看可再生能源发展的地位和作用. 政策与管理,**120**:4-8.
邓俊英,曹淑艳. 2008. 北京市能源发展存在的问题及可持续发展模式. 华北电力大学学报(社会科学版),(5):15-18.
电力科技信息. 2004. 中国电力,**37**(2):102.
郝立生,姚学祥,只德国. 2009. 气候变化与海河流域地表水资源量的关系. 海河水利,(10):1-5.
何琼. 2009. 中国能源安全问题探讨及对策研究. 中国安全科学学报,**19**(6):52-57.

河北省发展改革委员会. 2010. 河北省新能源产业"十二五"发展规划.
黄朝迎. 1999. 北京地区1997年夏季高温及其对供电系统的影响. 气象, **25**(1):20-24.
姬春旭,曹代勇 2007. 河北省煤炭资源利用与现状. 中国煤炭, **33**(4):22-24.
靳怀春. 2010. 解决海河流域水资源紧缺对策的思考. 中国21世纪议程管理中心(http://www.ac-ca21.org.cn/news/2004/news06-01.html).
李桂香. 1985. 关于渤海海洋能的开发和利用. 海洋通报, **4**(1):74-77.
刘宏伟. 2007. 北京市能源需求分析. 中国统计,(6):49-50.
刘庆超,张振刚,焦云朋. 2010. 变化风速下的风电场经济效益分析. 电力建设, **31**(1):77-79.
刘学锋,任国玉,梁秀慧等. 2009. 河北地区边界层内不同高度风速变化特征. 气象, **35**(7):46-53.
申宽育. 2010. 中国的风能资源与风力发电. 西北水电,(1):76-81.
谭蓉蓉. 2009. 我国对新能源的界定. 天然气工业, **29**(9):19.
王金霞,李浩,夏军等. 2008. 气候变化条件下水资源短缺的状况及适应性措施:海河流域的模拟分析. 气候变化研究进展, **4**(6):336-341.
王伟光,郑国光. 2009. 应对气候变化报告. 北京:社会科学出版社.
温敏,张人禾,杨振斌. 2004. 气候资源的合理开发利用. 地球科学进展, **19**(6):897-902.
吴普特,赵西宁. 2010. 气候变化对中国农业用水和粮食生产的影响. 农业工程学报, **26**(2):1-6.
武定军. 2006. 天津能源可持续发展的战略思考. 天津社会科学,(5):90-92.
徐太炎,仝德良,刘波. 2002. 北京市能源结构现状及今后调整方向. 北京节能,(2):2-5.
轩春怡,高燕虎,李慧君. 2003. 北京市冬季采暖气候条件分析. 气象科技, **31**(6):373-375.
杨赞行,杨立文. 2002. 河北省煤炭资源可持续供给形势浅析. 河北煤炭,(1):9-10.
杨振斌,薛桁,袁春红等. 2004. 我国风能资源开发利用现状及存在的问题.//第一届全国海洋高新技术产业化论坛文集,94-98.
曾凡刚. 2001. 化石燃料燃烧产物对大气环境质量的影响及研究现状. 中央民族大学学报(自然科学版), **10**(2):113-120.
张继坤,张永东,曹代勇. 2009. 山西省煤炭资源供需形势及需求预测. 中国矿业, **18**(7):26-28.
张军. 2006. 河北省煤炭资源有效供给能力分析. 中国煤田地质, **18**(4):1-4.
张世明,许晓光. 2004. 我国当前的能源问题及未来能源发展战略. 能源研究与信息, **20**(4):211-219.
张振国. 2004. 我国北方风能资源的开发利用现状与前景分析. 山西高等学校社会科学学报, **16**(2):67-68.
政府间气候变化专门委员会(IPCC)第四次评估报告第一工作组. 2007. 气候变化2007:自然科学基础.
中国能源编辑部. 2006. 大力促进可再生能源发展. 中国能源, **28**(12):1.
中国统计年鉴. 1990—1999. 北京. 中国统计出版社.
中华人民共和国国务院新闻办公室. 2007. 中国的能源状况与政策(上). 北京周报,(2):1-1.

气候变化对海河流域人类健康的影响和适应性对策

司丽丽,闫峰(保定市气象局)
安月改(河北省气候中心)

引言

健康是人类生存和发展的基础,人类的一切活动和权益都是建立在身心健康的基础上。当前,影响人类健康主要有四种因素:行为和生活方式因素,生物学因素,卫生医疗服务和环境因素,其中环境因素又包含了社会环境和自然环境。影响健康的四个因素中,环境因素起着重要作用,健康、环境与人类发展问题不可分割。其中,气候变化是影响疾病发生、发展的重要条件。

许多研究结果表明,气候变化影响已经导致全球疾病负担增加,而且预计未来将进一步加重这一负担。许多疾病都对多变的气温和降水量非常敏感,例如,媒介传播疾病,以及营养不良和腹泻等。

海河流域的气候变化将在不同程度上影响多种疾病的发生、流行状况。由于气温升高,大部分病原生物得以长时间存活,可能导致多种活体病菌所致疾病流行时间增长、范围更广、程度更深;而降水量的减少,将导致区域性饮水困难、水源品质恶化等问题的出现,会使水源性疾病,如地方性氟中毒、砷中毒等疾病趋于严重化。

本章从阐述气候变化对人体健康的影响入手,对海河流域内多种地方性疾病的发生、流行情况进行了分析,并依据海河流域气候变化特点,评估了气候变化对多种疾病的可能影响,同时提出了有针对性的适应对策。

第一节　概述

　　气候变化是长时期大气状态变化的一种反映,是一个多变、复杂的过程。全球气候变化带来的极端异常天气气候事件造成了严重自然灾害,影响了人类健康以及生存环境和社会的可持续发展,而人类健康状况水平是国家社会环境、自然环境、物质生活水准以及公共福利水平的综合反映。政府间气候变化专门委员会(IPCC)第四次气候变化评估报告指出,20 世纪,全球平均温度增加了 0.74℃。中国近百年来气温变化的总趋势与全球基本一致,在 1905—2001 年的 97 a 中,年平均气温上升了 0.79℃(丁一汇等,2007)。从地域分布来看,中国气候变暖最明显的地区在西北、华北、东北地区,而华北大部分均属于海河流域。

　　虽然全球变暖可带来一些地方性好处,例如在温和的气候中冬季死亡人数减少以及在某些地区粮食产量提高等,但气候变化对人体健康影响很可能主要是负面的。气候变化会影响健康的基本条件——清洁的空气、安全的饮用水、充足的食物和有保障的住所。当全球气候变化引起的生态环境发生急剧变化时,必然影响到人类健康(周晓农等,2009)。这种影响在工业革命以来变现得尤为明显,而且愈演愈烈。气候变化已加重了全球疾病负担,预计未来这一影响将更为显著(WHO,2010)。世界卫生组织(WHO)应用某种气候模型(GCM)预测显示,2030 年因气候变化引起的额外死亡危险度将增加两倍,其中疟疾、营养不良、腹泻等疾病死亡数将明显增加。更引人注目的是一些新疫病的出现,如 21 世纪以后出现的非典、禽流感、甲型 H1N1 流感等。因此,与气候变化直接或间接相关的疾病已经严重危害到了人类的健康甚至是社会安定。

　　IPCC 四次发表的评估报告中均对气候变化影响人类健康进行了关注。2009 年 9 月 16 日,全球 18 个医学组织发表联名公开信,并同时刊登在《英国医学杂志》和《柳叶刀》杂志上。这份公开信指出,气候变化可能会在许多方面影响人类健康,包括由干旱导致的营养不良、由洪水导致的霍乱以及由气温带变化导致的蚊虫传播疾病扩散等。世界上最贫困的人口将首先受到全球变暖带来的健康问题的影响,但是终究"无人能够幸免"。公开信呼吁各国政府果断行动,应对全球变暖带来的威胁(马晶,2009)。凡此种种,都证明了气候变化给人类健康带来了巨大的影响。

　　海河流域地域广阔,自然资源丰富,地形复杂,属大陆性季风气候区。四季分明,寒暑悬殊,降水集中,干湿期明显,具有冬季寒冷干燥,雨雪稀少;春季冷暖多变,干旱多风;夏季炎热潮湿,降水集中;秋季风和日丽,凉爽少雨的特点。近年,受气候变暖影响,气温明显上升,各等级降水日数减少,降水趋于减少,平均风速和大风日数均呈明显下降趋势,大雾日数呈增加趋势,冰雹日数呈减少趋势。这些气候变化对人类某些疾病产生了较大影响。本章重点介绍海河流域内较为重要的几种疾病,并论述了气候变化背景下疾病的发生演变,评估了未来气候变化对人类健康的影响,提出了具体的适应性应对策略。

第二节 对人类健康影响的途径

气候变化影响人类健康毋庸置疑,但不同的气候变化因子影响的途径不尽相同,有直接影响和间接影响之分。图 6.1 概括了气候变化对健康产生的一些重要的潜在影响(WHO,1990)。影响途径大致可以分为三类:

	直接影响 热应激反应 改变极端天气事件频率和强度 紫外线辐射增加	健康后果 与冷、热有关疾病发病率和死亡率的增加 死亡、伤害、精神障碍、公共卫生设施破坏 增加皮肤癌、眼部疾病患病率,破坏免疫系统
气候变化	间接影响 影响传染媒介和寄生虫的活性和分布范围 影响通过水和食物传播疾病的传染因子的生态环境 因气候变化或气候事件,以及相关病虫害而引起的食物,特别是作物减产 海平面上升引起的人口变迁和设施破坏 大气污染程度和生物影响,包括花粉和孢子 因对经济、设施和资源供应破坏引起的社会、经济和人口骚乱	健康后果 改变媒介传播疾病的地理分布和发病率 改变腹泻和其他有关传染病的发病率 营养不良和饥饿,以及儿童生长和发育损害 传染病增加的风险、精神障碍 哮喘、过敏性病症及其他急性和慢性呼吸系统疾病和死亡 多种公共健康后果,包括精神健康问题、营养问题、传染病、纠纷等

图 6.1 气候变化对健康的直接和间接影响(WHO,1990)

一、气候变化引起病原或与其相关因素的变化

洪涝灾害后感染腹泻、钩端螺旋体病(沟体病)等发病率增加;温度影响钉螺的分布,进而影响血吸虫病的流行(杨国静,周晓农,2001);花粉可导致过敏性疾病,气候变化可延长花粉、尘螨等过敏源的作用时间,CO_2 也可影响花粉产量的多少(赵宗群,2003)。

二、气候变化也可能超越人体某些组织或器官的耐受能力而直接导致疾病的发生

一般来自于各类自然灾害的增加,包括热浪、寒潮强度的增强和持续时间的增长导致的疾病或死亡。致命的热浪袭击是极端温度的综合体现,当气温超过一定的限度时,死亡率显著增加(Jonathan,et al.,2000)。比如在欧洲 2003 年夏季的热浪中,记录了超过 7 万例额外死亡(Robine,et al.,2008);美国芝加哥气温在持续 34~40℃ 5 d 后,死亡

率较上年同期增加 85%，至少 700 例死亡直接与气温升高有关(CDC,1995)。当然,寒潮天气的增减也会在一定程度上影响人类健康,北京 20 世纪 90 年代 5 a 资料显示,寒潮发生次数对人体健康具有一定影响(廖小燕等,1999)。

三、气候变化通过对环境胁迫影响或改变环境,间接影响人类健康

沙尘天气增加心肺病人病死率,并使反映机体免疫功能的唾液溶菌酶的活性降低(吴彭年,文万青,1996);气候还影响污染物的生产与分布,急性危害如光化学烟雾事件,最严重的是 1955 年的美国洛杉矶,气温高达 38℃,并持续一周,发生了光化学污染,致使哮喘、支气管炎流行,65 岁及以上人群死亡达每日 70～317 人(郭新彪,2004);干旱导致缺水、粮食减产,并导致饥饿、营养不良甚至死亡。如:2010 年,西南五省市出现严重旱情,截至 2010 年 3 月 16 日,有 2000 多万人因旱饮水困难,并且由于旱情发展导致生态失衡,有害物种增加,对人类健康威胁增大。

第三节 对主要地方疾病的影响

海河流域地理环境复杂,包含 7 大河流,涉及 8 个省(市、自治区),西依太行山区,东临渤海,复杂的地理环境造就了该流域多样的气候条件。气候条件的不断变化,自然、生态环境不断遭到破坏,造成了流域内地方病种类较多。碘缺乏病、饮水型地方性氟中毒、克山病、大骨节病、布鲁氏杆菌病等都曾流行一时,且是威胁该地居民的地方病,一般在贫困地区分布较多。这些疾病的发生与分布,大多与饮用不符合卫生标准的水有关。而饮水源的选择、更换与当地降水的变化密切相关。

本节选择了与气候变化直接或间接相关的地方性氟中毒、布鲁氏杆菌病两种地方病以及当前海河流域流行范围较广的手足口病,进行重点剖析与讨论。

一、地方性氟中毒

1. 流行现状

地方性氟中毒在中国分布面积广,病区类型复杂。按摄入氟的方式不同,一般分为三种类型,即饮水型、食物型、空气污染型(沈阳市地方病防治所,1984)。高氟是否会引起由此带来的其他公共卫生问题,也越来越受到人们的关注,同时,有研究对高氟区外环境氟含量测定表明,高氟病区粮食含氟量也超标,这说明高氟水对周围环境生态有一定影响。

海河流域地域广阔,河流较多。但属于资源型严重缺水地区,多年平均水资源量只有 370 亿 m^3,人均水资源量仅为全国平均的 1/7,远低于人均 1000 m^3 的国际水资源紧缺标准。同时,海河流域还是一个水质型缺水地区,流域内地下水质不达标的问题也十分严重。山区饮用高砷水、高氟水和平原区饮用高氟水、苦咸水的现象十分普遍。加之水污染防治力度不足,水污染对地表水、地下水的影响十分严重,进一步加剧了水资源的短缺。该流域内的河北、山东均在全国饮水型地方性氟中毒的重病区之列(马景等,

2002;孙殿军等,2005)。根据 2001 年河北省疾病预防控制中心统计,河北省 174 个县(区、市)中 126 个为病区县,有 8889 个病区村,其中重病区村 851 个、中病区村 3080 个、轻病区村 4958 个。病区总人口 930.87 万人,占全省总人口的 13.96%。由此可见,海河流域是全国地方性氟中毒病的重病区之一(图 6.2),海河流域南部的平原地区,将河北境内的太行山山前平原、中原平原、滨河平原全部覆盖,这一地区也是河北省地方性氟中毒病比较集中的地区。从地理环境特点来看,这一地区主要为第四系松散沉积物,这些物质主要来源于太行山及黄河,其中含有一定量的富氟矿物,如萤石、氟磷矿石、角闪石等,这些氟矿石在水中都具有一定的溶解性或被地下水中的羟基(OH^-)取代,呈离子状态进入地下水或成为土壤的可溶性氟。据河北省地方性氟中毒流行病学调查研究协作组(1983)研究报道,地方性氟中毒在河北省流行年代久远。据冀西、北高原盆地和冀中、南平原病区老年人回忆,祖辈一直患有"黄黑牙根病"、"骨头疼痛"、"弯腰驼背病"。长期以来,河北省投入了大量人力、物力进行病区改水,取得了明显的社会效益和经济效益,但由于水资源的严重匮乏,地质结构、气候等自然条件的限制和制约,地方性氟中毒病仍相当严重(陶跃华等,2001)。

> **专栏**
>
> 1. 地方病:是指在一定地区内发生的生物地球化学性疾病、自然疫源性疾病和不利于人们健康的生产生活方式密切相关疾病的总称。
>
> 2. 地方性氟中毒:地方性氟中毒是严重危害人类健康的一种地方病(孙玉富等,1996),病因主要是由于当地岩石、土壤中含氟量过高,造成饮水和食物中含氟量增高而引起,过量氟的摄入,使人体内的钙、磷代谢平衡受到破坏。其基本病症是氟斑牙和氟骨症,严重时还累及包括心血管、中枢神经、消化、内分泌、视器官、皮肤等多系统的全身性疾病。
>
> 3. 布鲁氏杆菌病:(Brucellosis,简称布病)是由布鲁氏杆菌引起的人畜共患传染病,《中华人民共和国传染病防治法》规定为乙类传染病。可经消化道、皮肤黏膜、呼吸道等多种途径侵入人体而引起感染或发病。感染布病后会产生发烧、多汗、乏力、关节肌肉疼痛、肝脏和脾脏肿大及睾丸肿大等病症,严重者可丧失劳动能力,而且容易由急性转为慢性。牲畜患病可发生流产、死胎、不孕和睾丸炎等症。布病的主要传染源即为患布病的动物,借助家畜流产物等及污染的土壤、水、饲料等广泛传播。一年四季均有发生,4—8 月为多发季节。
>
> 4. 手足口病:(英文名为:Hand-foot-and-mouth disease)是由肠道病毒引起的传染病,此病传染性强,传播途径复杂,流行强度大,传染快,在短时间内即可造成大流行(姜健康,杨金英,2009)。该病具有临床表现多样的特点,多数病例临床表现较轻,

以发热和手、足、口腔等部位的皮疹或疱疹为主要特征。少数病例出现呼吸系统、中枢神经系统损害,引起脑炎、心肌炎、肺水肿、弛缓性麻痹等症状,个别重症患儿病情进展快,导致死亡。引发手足口病的肠道病毒有20多种,包括柯萨奇病毒A组、肠道病毒71型等。

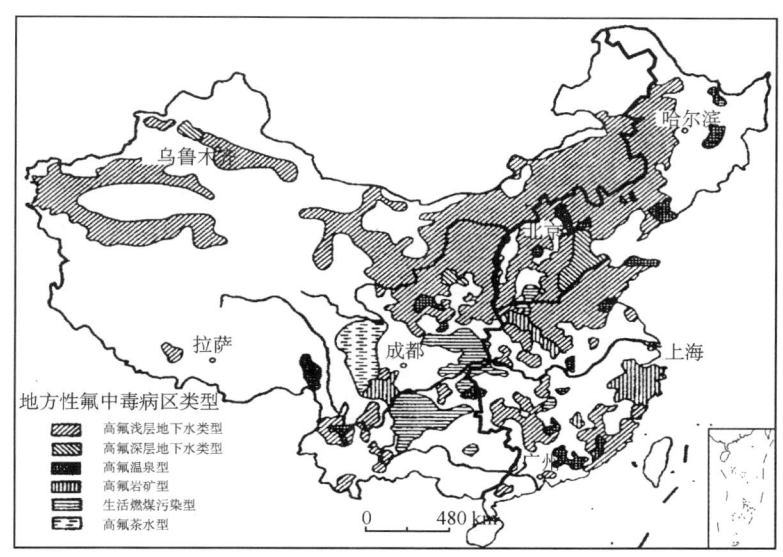

图 6.2　地方性氟中毒环境类型图(谭见安等,1990)

2. 流行个例

河北省疾病预防控制中心对河北省地方性氟中毒重病区流行状况进行抽样调查研究(吕胜敏等,2005),对当前该地该病的发生程度进行了分析。

(1)资料:针对河北省3个饮水型地方性氟中毒重病区县的非、轻、中、重病区,每个调查点的当地出生和长大的8~12岁儿童,调查氟斑牙患病情况检查;每个调查点居民饮水氟含量测定值;儿童尿氟含量。

(2)现场调查方法与诊断:①儿童氟斑牙患病情况:对每个调查点的当地出生和长大的8~12岁儿童进行氟斑牙患病情况检查。②饮水氟含量:在每个调查点采集居民饮水水样测定氟含量,水样的数量根据水源的情况确定。如为单一水源或水源少于5眼,全部采集水样进行水氟含量测定;若是多水源(5眼以上),按东西南北中的方位采集5—10个水样;若为自来水集中供水,采集水源、中段、末梢3个水样。③儿童尿氟含量:在每个调查点按30%的比例随机抽取一定名额的8~12岁儿童,采集即时尿测定氟含量。④诊断:氟斑牙诊断——采用WHO推荐的Dean氏法;氟骨症的诊断——根据地方性氟骨症临床分度诊断标准(GB19395—1996);水氟的测定——采用生活饮用水标准检验法(GB5750—85);水氟含量标准参照地方性氟中毒病区划分标准(GB17018—

1997)。

(3) 数据处理和分析:采用 WHO 提供的 EPI6 软件进行数据的统计分析。

(4) 结果与分析:由于居民饮用水的含氟量较高,个别地区氟中毒仍在流行。目前重病区的水氟中位数仍高达 2.0、3.2 mg/L,为国家规定正常标准的 2~3.2 倍,水氟含量的合格率为 0,导致儿童氟斑牙检出率居高不下。调查发现水氟含量较高的重、中病区,儿童尿氟含量也明显高于水氟含量较低的轻、非病区。

二、布鲁氏杆菌病

布鲁氏杆菌病(简称布病)流行范围甚广,世界各地均有布病报道,土耳其是该病的高发国(Doganay,Aygen,2003)。中国大多数省份都有不同程度的流行,20 世纪 50—60 年代,疫情最为严重,20 世纪 70—90 年代初,布病疫情显著下降,1992 年全国仅发生 219 例,发病率为 0.02/10 万,降至历史最低水平。但 90 年代中期—2000 年,发病率又逐渐上升。进入 21 世纪,布病疫情继续回升,2005 年全国报告新发病人为 18416 例,首次超过了历史最高水平(1963 年的 12097 例)(图 6.3)[①],5 a 内发病数增长了 531.1%。2005 年调查的全国布病疫情显示,山西为第二高发区域,河北省排在第四位,历史上河北省是布鲁氏杆菌病流行的重病区,在该省的流行历史长,分布范围广,危害严重(李建法等,1994)。根据 2001—2006 年连续 6 a 布病发病情况统计,山西省发病数曾连续几年排在全国第 1 位(任泽萍,2007)。而海河流域涵盖上述省份,由此可见,海河流域是此病的多发区。

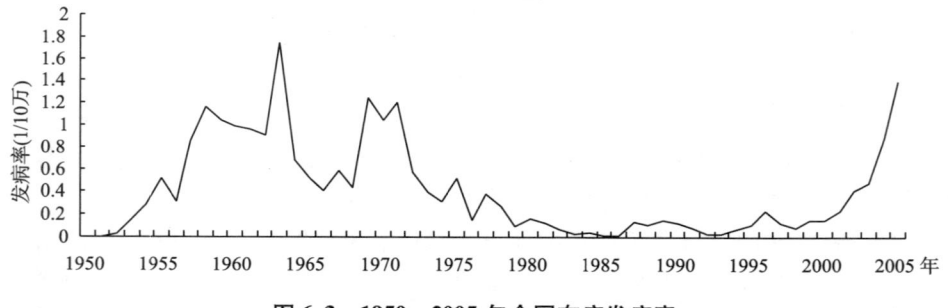

图 6.3　1950－2005 年全国布病发病率

近年来,布病的人畜疫情在中外都出现了上升势头(高福仁,关丽梅,2007;Andriopoulos,et al.,2007;孙秀华,2008)。根据河南省 2004—2008 年发病流行特征分析,该病发病呈显著上升趋势(孙建伟等,2010);另据北京解放军第三○二医院临检中心数据显示,该病 2005—2009 年发病的数量呈逐年递增之势(图 6.4)(崔恩博等,2010)。该病的发病人群以农民为主(Gür,et al.,2003),占 70%。4—8 月为高发季节,与羊只繁殖、流产及羊肉消费有一定关系(吕家锐等,2005)。

---

① 资料来源于"国家疾病报告管理信息系统"历年布病监测资料。

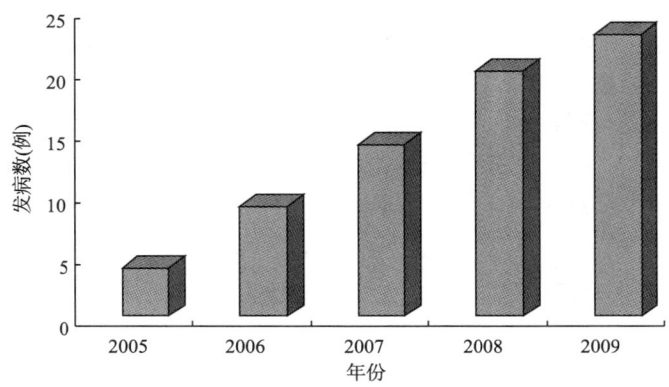

图 6.4　不同年份布病患者数量（崔恩博等，2010）

三、手足口病

1. 流行现状

手足口病（Hand,foot and mouth disease,HFMD）是一种全球性传染病,世界大部分地区均有此病流行的报导。1957 年新西兰首次报导,1958 年 Robinson 等首次报道 CoxA16 引起手足口病流行,1959 年提出 HFMD 命名。英国 1994 年四季度暴发了一起遍布英格兰威尔士的手足口病流行,监测点共观察到 952 个病例。中国自 1981 年在上海始见本病,以后北京、河北、天津、福建、吉林、山东、湖北、西宁、广东等十几个省市均有报道。1983 年天津发生手足口病爆发流行,5—10 月发生了 7000 余例,经过 2 a 散发流行后,1986 年又出现暴发（张之伦等,1987）,全国高发地区以河南、山东居前,两省份部分地区均为海河流域所辖。据中国新闻网消息,截至 2010 年 7 月 11 日,北京已报告手足口病 30 363 例,较 2009 年同期上升 120.68%,报告重症 344 例,报告死亡 12 例（中国新闻网,2010）。而截至 5 月底,河北省手足口病达 24306 例,死亡 35 例,5 月下旬日均报告手足口病 630 例,日报告最多达到 1000 多例。这些事例均表明:海河流域为手足口病高发区。

近几年该病频繁发生,河北省已连续 3 a(2007—2009 年)发病率较高。该病发现时间短,因此,当前对于此病的研究尚少,多见于临床分析。

2. 流行个例

河北省秦皇岛市气象局与疾控中心联合开展了手足口病与气象条件关系的研究（孙素丽等,2010）。该研究从疾病与气候的关系出发,运用气象流行病学的手段,发现手足口病的发病与温度、湿度存在明显的相关性,这对科学判研疾病的发展趋势和该病的预防、治疗以及卫生行政部门制定相关政策措施都具有一定的指导意义。

（1）资料:秦皇岛市疾病预防控制中心提供 2009 年全市手足口病旬发病数（根据国际疾病监测信息系统,搜集秦皇岛市 2009 年每旬的气象资料和手足口病的发病数）,秦皇岛市气象局提供 2009 年秦皇岛市旬平均气温、平均湿度。

(2)方法:利用 EXCEL 软件加载宏的数据分析功能进行数据处理。利用 mathematic 软件,进行交互式绘图。

(3)结果与分析:秦皇岛市手足口病发病呈明显的季节性分布,2009 年全市发病数自 3 月下旬开始抬头,4 月中旬明显升高,7 月中旬达到全年最高峰,然后开始逐渐下降,自 10 月上旬发病数接近 3 月下旬的水平,11 月中旬后疫情迅速进入较低水平(图6.5)。

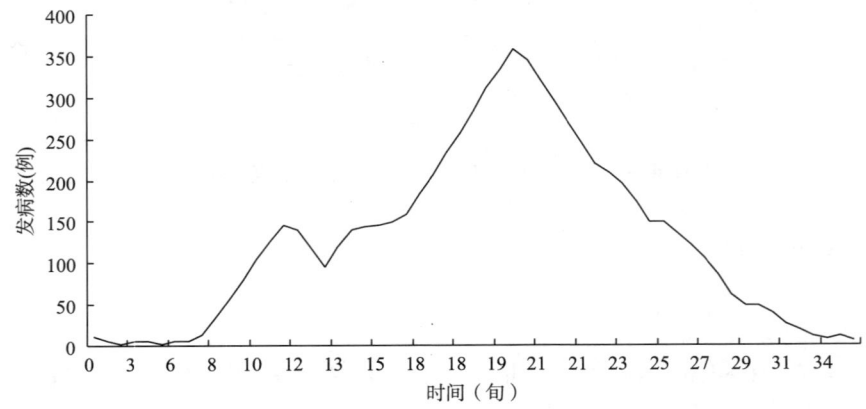

图 6.5　2009 年秦皇岛市手足口病旬发病数(孙素丽,2010)

发病高峰季节主要在春夏季,全年共发病 3361 例,其中 3 月下旬至 11 月上旬发病 3310 例,占全部病例的 98.48%。7 月上旬至 8 月中旬高发季节,5 月中旬至 6 月下旬是次高发季节,8 月下旬至 9 月下旬是第二个次高发季节。

手足口病在秦皇岛市的发病情况与气候条件有明显的相关性。与高温、高湿呈显著的正相关,每年的 7 月份是高温、高湿的鼎盛时期,也是手足口病发病数最高的时节。8 月与 6 月相比,温度和湿度相对较高(8 月平均温度 24.1℃,平均相对湿度 81.7%;6 月平均温度 21.6℃,平均相对湿度 74.3%),发病数也多于 6 月。9 月与 5 月相比,温度和湿度相对较高,发病人数也多于 5 月。进入 10 月,气温虽然比初春要高,但湿度明显减少,发病数也随之急剧下降。

第四节　未来气候变化对人体健康的可能影响

参考多模式预估结果,在不同情景下,预估的海河流域不同季节未来 20—30 年平均气温都为升高趋势,但升高幅度不同。预估结果显示,冬季气温年际波动很大,说明未来冬季冷暖年波动较大。

中国有关专家也做出预测(陈民等,2008),到 2030 年,海河流域的气温(较 2004 年的年均气温)在 A2(高排放)和 B2(低排放)情景下分别上升 1.5 和 1.3℃,降水量则不确定因素很大,在不同的情景下,增加或减少的百分率也不相同。

根据该流域内未来气候变化预估,对人体健康可能有许多方面的影响。

一、地方性氟中毒

饮水型地方性氟中毒主要是居民饮用水源含氟量较大造成,同时也与居民饮水量有一定关系。据报道,在饮用水源中含氟量一定时,氟的摄入量与气温变化有一定关系,气温高时人体饮水量大,氟的摄入量增加,体内氟含量就高,患地方性氟中毒病的几率就大(陈喜娜,藏增元,1994)。因此,海河流域气候变暖,使该流域地方性氟中毒群体增大的可能性增加,当然也与当地水源的含氟量有很大关系。此外,海河流域降水趋于减少,这将使一些地区出现饮水困难,必然会导致寻找新的水源,甚至是一些污染水源,这也将使地方性氟中毒病群体增加、个体加重的可能性增大,冀中、冀南平原,大多地势低洼,多年平均蒸发量均为降水量的7倍,极易造成氟化物富集(刘国柱,1986),如果降水量减少,此地居民患地方性氟中毒病概率将进一步增加。

二、布鲁氏杆菌病

海河流域气候变化必然导致布病进一步发生、发展,布病广泛传播和流行与气候变化关系非常密切。气候变化既作用于传染源,也影响人群易感性。气候恶劣、水草不足,病畜抵抗力下降,容易发生流产,增加传染机会,又使健康畜体体质减弱,对布病易感。恶劣气候也影响人的抵抗力,容易发病。海河流域高速发展的畜牧业与防治措施未全面落实是近年来布病疫情回升的原因之一。如果没有较好的措施减缓气候变化、环境恶化以及畜牧业免疫、防治布病,该病将在气候变暖的背景下更快速地流行暴发。

三、手足口病

根据手足口病发生季节(夏、秋季)判断,此病多发可能与气候变化有关,温度相对较高的季节可能适宜该病的发生流行。因此,气候明显变暖以来,此病也随之进入高发期。海河流域未来气候评估显示,气温仍然为升高趋势,这将使病毒活跃期延长,该病也将进一步发生流行,且每年流行期将延长。

四、其他疾病

除以上三种疾病外,海河流域由于气候变化,还有许多疾病有随之变化的倾向,并可能使大部分疾病发生范围扩大或严重度增加。

(1)冬季温暖,降雪较少,导致各种病源微生物安全越冬和繁殖,使人们更易感染疾病。例如,河北省以流行性出血热为重点的传染病疫情呈上升势头。气候变暖的趋势可导致血吸虫和其中间宿主钉螺密度的增加。血吸虫病在中国过去主要分布在长江流域和以南地区(李岳生,蔡凯平,2004)。在1988年特大洪水1~3 a后,钉螺面积增加、血吸虫病流行区扩大(周晓农等,2002)。而根据周晓农研究预测,2030年海河流域就会出现血吸虫病,到2050年将会进一步向北扩展(图6.6)(周晓农等,2004)。此外,江南一带的恙虫病,20世纪80年代以来流行的地理区域向北推进了3~4个纬度,目前山东、天津、河北、山西等地均有首次流行的报告(谢璞,陆晨,2003)。

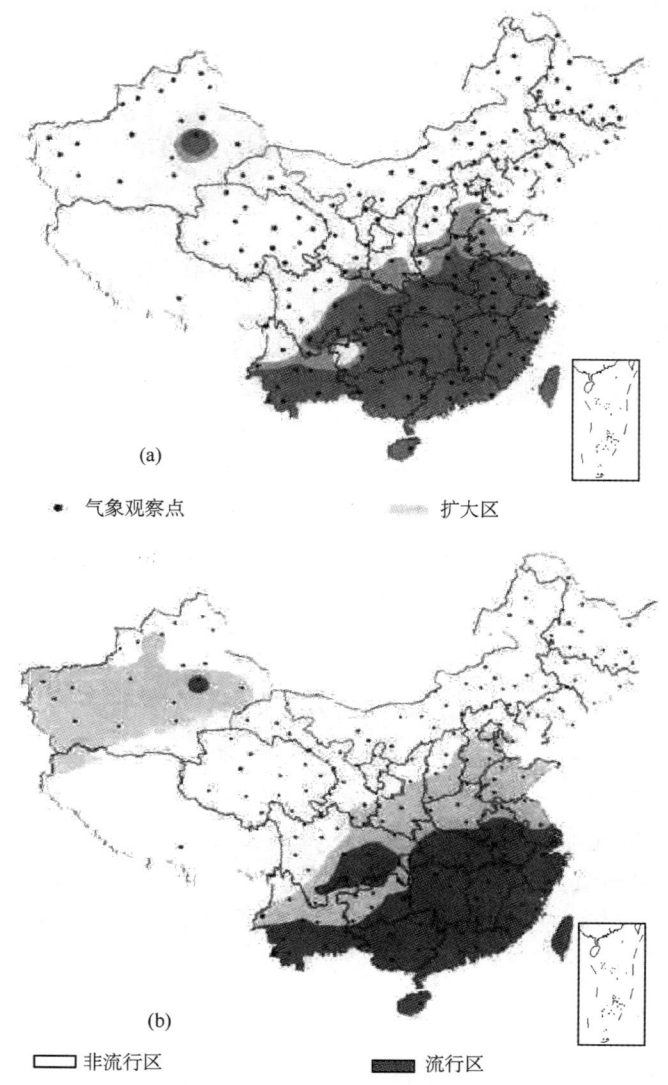

图 6.6 2030 年(a)与 2050(b)年中国血吸虫病传播空间分布预测(周晓农等,2004)

(2)研究发现,气象条件是心脑血管病发作和死亡的诱因之一(路凤,2008)。海河流域日最高气温≥35℃高温日数有所增加,大雾日数也呈明显增加趋势(安月改,2004),而这两种气象因子的异常变化正是导致心脑血管疾病发生或加重的重要因素之一。另外,大雾天气对心脑血管疾病病人影响最大(陆晨,2004)。气温的骤降或波动过大,也是诱发心脑血管疾病发生的主要原因(Ken,et al.,2007)。可见,海河流域的气候变化将显著地增加心脑血管疾病的发生率及死亡率。

(3)海河流域由于工农业污染物的大量排放,森林的大量砍伐,气候发生较大的变化,可使患过敏性疾病如枯草病、过敏性哮喘和其他呼吸系统疾病的发病率升高,而长期、反复的敏感状态导致呼吸道慢性感染以及继发的慢性阻塞性呼吸道疾患和肺心疾患的死亡发生率就相应增加。

(4)未来海河流域气候变暖可能会使粮食生产季节延长,增加粮食产量;而另一方面,气候变暖也将会使粮食作物病虫害大量繁殖与流行,并使为害季节延长。那么,这种矛盾究竟会使粮食增产还是减产,对威胁人类健康的粮食安全问题是利大于弊还是弊大于利,还有待进一步研究。

以上问题的提出,都警示我们:一方面要关注气候变化使某些疾病发病率随之变化,尤其是呈现上升趋势;另一方面气候变暖导致某些疾病疫区扩大到海河流域。因此,采取有效的策略,积极应对已经存在以及未来可能发生的问题是当前亟待解决的问题。

第五节　适应性对策建议

海河流域气候变化对人类健康的影响已不可避免。如何适应气候变化,如何根据气候变化特点,以趋利避害成为当前亟待探求的问题。根据海河流域气候变化对人类健康影响的特点,提出了以下适应性对策:

一、以监测预防为主,防治与气候变化相关的疾病

气候变化有可能会改变受多因素影响的疾病,对于与气候变化相关疾病的监测十分重要,监测到位,即可以更好地预防或减少疾病的发生与流行。美国国家安全科学委员会在20世纪80年代提出了科学研究—危险度评价—危险度管理之间的关系,并在1994年做了补充和修改。目前,这一框架结构被称为"环境健康危险度评价",其风险评价方法已被法国、荷兰、日本和中国等许多国家和一些国际组织如经济发展与合作组织(OECD)、欧洲经济共同体(EEC)等广泛接受。

专栏

环境健康危险度评价

环境健康危险度评价研究是跨医学科学、生物科学、环境科学和人口学等学科的交叉学科,其评价成果可供管理工作者使用。把研究工作、评价工作和管理工作有机结合起来,才能使这项工作真正发挥经济、社会和环境效益。关于气候变化对人类健康的影响,特别需要从这一方面开展工作。环境健康危险度评价方法包括以

下 4 个方面:1. 危险识别。评审化学物质的毒性及流行病学资料,确定有毒物质是否已对生态环境和人体健康造成损害,并评定其等级。2. 剂量—反应关系评价。定量估算暴露人群中不良健康效应的发生率与暴露水平的关系。3. 暴露评价。测量或估计人群对某一化学物质暴露(指该化学物质进入体内或接触体表)的强度、频率和持续时间,也预测化学物质进入环境后的暴露水平。4. 风险描述。给出对人群产生某种危害的概率,并确定其可信程度或不确定性,以正规文件形式提供给危险管理人员,作为其管理决策的依据。中国已经开展了这方面的工作(Kan,et al. 等,2004),但发展不快(周家斌等,2010)。

评估气候变化对健康的监测,需要收集数据,再运用适当的分析方法,以确定出哪些疾病是气候变化引起的,进而重点监测这些疾病发生数量与程度的变化。目前,全球已经建立了监测大气的世界天气监测网(WWW)、全球大气监测网(GAW)、监测陆地的全球陆地观测系统(GTOS)和监测海洋的全球海洋观测系统(GOOS)。全球气候观测系统正在建设中,中国的相应系统也已启动,但所有这些系统中都很少有涉及人体健康的资料(周家斌等,2010)。目前,在海河流域、甚至是全国应建立健全此类监测系统,以满足当前的需要。另外,在监测的过程中要有重点,根据区域气候变化特点,重点监测可能大流行、大发生以及当前没有、但未来随着气候变暖可能会发生的疾病。例如:上文提到的血吸虫及恙虫病,在今后就有可能是海河流域的主要疾病,应对其提早关注,并提前做好预防准备,可向当前疫区了解、借鉴相关经验。

此外,还应做好相邻区域的联合监测工作,针对不同性质的病区采取不同措施进行防治。例如:针对布鲁氏杆菌病,即应加强省际、区域性布病联合监测防治,严格进行输入、输出地羊只检免疫,彻底杜绝传染源的异地扩散。

二、南水北调,解决由于水源问题引起的地方病

地方性氟中毒、砷中毒等由于水源引起的地方病,需要通过改水治理来根治,但传统的打井方法虽然在部分地区缓解了中毒病情,但由于水资源的缺乏,地下水的过度超采,机井报废速度越来越快,投资越来越高,低含量水越来越难寻找,且38%的改井水氟仍然超标,有的地方找不到好水源。此外,由于资金和管理不善等原因,理化降低元素含量效果不好。目前改水降毒最根本的方法就是引用外来可用水源,因此,南水北调工程在解决地区水资源缺乏的同时,是从根本上消除高氟、高砷等水源,根治氟、砷中毒等由水源引起的地方病的有效措施,可以从根本上解除病区人民因病致残、因病致贫的祸根,南水北调工程是一项"健康工程"、"幸福工程"和"生命工程",同时也是适应气候变化的水利工程,是解决地方病的有利途径。

三、建立多部门合作机制,积极开展气候变化与健康影响的相关研究

气象环境与人体健康研究是一个多学科交叉合作研究的新领域,需要大气科学、环

境科学和医学科学等多学科广泛深入的交叉合作研究,方能取得显著成效,同时还需要社会科学界和全社会的广泛关注。

应对气候变化、保护人类健康给我们提出了很多新的课题,应将气候变化对健康影响作为优先工作领域,并加强对这方面研究的投入,凝聚多方力量,形成一个整体性的格局,开展气候影响健康与疾病的风险评估和气候风险区划研究。主要研究内容有:针对海河流域气候特点、居民健康特质,开展病菌的滋生、传播、爆发过程与气候的关系研究,确定有利和不利的天气、气候条件;研究疾病气候评估模式;应用地理信息系统技术,集成疫情、气候和其他环境数据库,进行疾病气候区划,确定各季节、各地区传染病防治的重点;建立疾病的气候监测、预警实时业务系统,建立为公共服务的信息制作、发布系统,探索恶劣天气与健康影响的预测模型和预警预报系统,制定有效的应对措施;建立气候变化与健康风险的公众交流平台,加强公众的防范意识,动员全民参与,为进一步研究有效的干预手段奠定基础。为社会提供准确、及时、权威的疾病监测、评估、预测、预警、防御等各类信息服务。

目前人们对大气污染影响健康的方面关注较多,而对优良气象条件(涉及山区、海滨、森林、瀑布等)对健康益处的研究不够深入。加强此项研究对促进气象医疗、气象保健、老年医学的发展将是非常有益的。要加紧对这些课题的研究,加大科研投入力度,加快研究成果转化,使应对气候变化更加科学、理智,为人类能够更好地应对气候变化、保护自身健康提供科学依据。

小结

气候变化影响人类健康已成为不争的事实,且这种影响覆盖全球。本章概述了气候变化影响人类健康的途径,分析了海河流域气候变化特点,选择与气候变化直接或间接相关的地方性氟中毒、布鲁氏杆菌病两种地方病以及当前海河流域流行范围较广的手足口病,进行了重点剖析与讨论。评估了该流域气候变化对三种疾病的影响:海河流域气候变化,将使该流域上述三种疾病的患病群体增大、程度加重,其中,布鲁氏杆菌病更有可能快速流行爆发,且随着气候变暖,手足口病的流行期也将有所增强。此外,针对本流域内花粉过敏症、心脑血管疾病的发生发展进行了评估,并做出了随着气候变暖,未来血吸虫病及恙虫病将会扩散到海河流域的预判断。针对海河流域气候变化对人类健康的影响评估,提出了三点适应性对策:即以监测预防为主,防治与气候变化相关的疾病;南水北调,解决由于水源问题引起的地方病;建立多部门合作机制,积极开展气候变化与健康影响的相关研究。

参考文献

安月改. 2004. 京津冀区域近50年大雾天气气候变化特征. 电力环境保护,20(3):1-4.

北京手足口病进入发病高峰. 2010. 今年已 12 例死亡. 中国新闻网. http://www.chinanews.com.cn/jk/2010/07—15/2404127.shtml.

陈民,尹雅清,赵天佑. 2008. 海河流域蒸发量评价. 水利水电工程设计,27(2):20-22.

陈喜娜,藏增元. 1994. 尿氟含量与气温变化的关系. 内蒙古地方病防治研究,19(4):160.

崔恩博,鲍春梅,郭桐生等. 2010. 布氏菌病的流行趋势及诊断. 传染病信息,23(1):20-22.

丁一汇,任国玉,赵宗慈等. 2007. 中国气候变化的检测及评估. 沙漠与绿洲气象,1:1-10.

高福仁,关丽梅. 2007. 布氏杆菌病 128 例临床分析. 中国伤残医学,15(4):58-59.

郭新彪. 2004. 大气污染对人体健康的影响. 见:杨克敌等编. 环境卫生学(第五版). 北京:人民卫生出版社. 66-68.

姜健康,杨金英. 2009. 2006—2007 年聊城市手足口病流行病学资料分析. 预防医学论坛,15(2):166-167.

李建法,高秀萍,王书义等. 1994. 河北省布鲁氏菌病的地理流行病学. 地方病通报,9(1):56-57.

李岳生,蔡凯平. 2004. 中国血吸虫流行趋势及面临的挑战. 中华流行病学杂志,25(7):553-554.

廖小燕,赵宗群,赵宗慈. 1999. 气温及冷空气对北京市心血管疾病死亡率的影响. 中国全科医学杂志,8:56-57.

刘国柱. 1986. 地方性氟中毒防治手册. 北京:华夏出版社.

陆晨. 2004. 疾病发病与特殊天气过程的相关特征. 气象科技,32(6):429-432.

路凤. 2008. 气象因素与心血管疾病关系的研究进展. 国外医学卫生学分册,35(2):83-86.

吕家锐,郝宗宇,邓文斌等. 2005. 河南省 1996—2003 年人间布鲁氏菌病疫情监测结果分析. 中国热带医学,2(5):234-235.

吕胜敏,马景,章和平等. 2005. 河北省地方性氟中毒重病区地方性氟中毒流行状况抽样调查. 中国地方病防治杂志,20(6):359-361.

马晶. 2009. 应对气候不力将成人类健康灾难. 光明网 http://www.gmw.cn/CONTENT/2009—09/17/content_982850.htm.

马景,杨世明,王海森. 2002. 1991—1999 年河北省地方性氟中毒监测点监测结果分析. 中国地方病学杂志,(5):380-382.

任泽萍. 2007. 1996—2006 年山西省布鲁氏菌病疫情分析. 疾病监测,22(7):466-467.

沈阳市地方病防治所. 1984. 沈阳市地方性氟中毒的流行病学研究. 中国公共卫生,6(4):254-257.

孙殿军,赵新华,陈贤义. 2005. 全国地方性氟中毒重点病区调查. 北京:人民卫生出版社. 121-123.

孙建伟,许汴利,郭万申等. 2010. 河南省 2004—2008 年 7 种人兽共患病流行特征分析. 现代预防医学,37(8):1562-1564,1566.

孙素丽,卢宪梅,任敏. 2010. 手足口病与气象条件的关系. 第 27 届中国气象学会年会气候环境变化与人体健康分会场论文集,508.

孙秀华. 2008. 2004—2007 年菏泽市布鲁氏菌病资料分析. 预防医学论坛,14(7):650-651.

孙玉富,滕国兴,赵新华. 1996. 地方性氟中毒病区划分指标与标准的研究进展. 中国地方病学杂志,15(3):169-170.

陶跃华,王海森,程淑. 2001. 河北省南水北调中线工程供水区地方性氟中毒调查. 中国地方病杂志,20(5):354-357.

谭见安,李日邦,朱文郁. 1990. 我国医学地理研究的主要进展和展望. 地理学报,45(2):187-201.

吴彭年,文万青. 1996. 自然灾害流行病学. 见:耿贯一编. 流行病学第三卷(第二版). 北京:人民卫生出版社.

谢璞,陆晨. 2003. 气候变化与人类健康. 见:气候变化与生态环境研讨会会议论文预印本. 136.

杨国静,周晓农. 2001. GIS 和 RS 在寄生虫病防治研究中的应用. 中国寄生虫病防治杂志,**14**(1):64-66.

张之伦,肖明华,罗云秋. 1987. 1986 年天津市流行的手足口病. 天津医药. (11):672-675.

赵宗群. 2003. 气候对人类健康的潜在影响及预防对策. 气候变化通信,**2**(3):15-16.

周家斌,徐永福,王喜全. 2010. 关于气象与人体健康研究的几个问题. 气候与环境研究. **15**(1):106-112.

周晓农,杨国静,孙乐平等. 2002. 全球气候变暖对血吸虫病传播的潜在影响. 中华流行病学杂志,**23**(2):83-86.

周晓农,杨国静. 2009. 气候变化影响人体健康和社会安全. 中国气象报. 2009—9—21 第 3 版.

周晓农,杨坤,洪青标等. 2004. 气候变暖对中国血吸虫病传播影响的预测. 中国寄生虫学与寄生虫病杂志,**22**(5):262-265.

Andriopoulos P, Tsironi M, Defteteos S, *et al.* 2007. Acute bruce-llosis:presentation, diagnosis and treatment of 144 cases. *Int. J. Infect. Dis.* **11**(1):52-57.

CDC. 1995. Heat-related mortality-Chicago. *MMWR*, **7**:577-579.

Doganay M, Aygen B. 2003. Human brucellosis:an overview. *Int. J. Infect. Dis.* **7**(3):173-181.

Gür A, Geyik M F, Dikici B *et al.* 2003. Complications of bruce-llosis in different age groups:a study of 283 cases in south-eastern Anatolia of Turkey. *Yonsei. Med. J.* **44**(1):33-44.

Jonathan A P, David E, Johnl. 2000. The Effects of Changing Weather on Public Health. *Annual Review of Public Health*, **21**:271-307.

Kan Haidong, Chen Bingheng, Chen Changhong, *et al.* 2004. An evaluation of public health impact of ambient air pollution under various energy scenarios in Shanghai, China. *Atmos. Envi-ron.*, **38**:95-102.

Ken H D, *et al.* . 2007. Diurnal temperature range and daily mortality in Shanghai, China. *Environ Res*, **103**(3):424-431.

Robine J, M, *et al.* 2008. Death toll exceeded 70,000 in Europe during the summer of 2003. *Les Comptes Rendus/Série Biologies*, **331**:171-178.

Robinson C R, *et al.* 1985. Report of an outbreak of febrile illness with pharyngeal lesions and Exanthem; Toronto, Summer 1957 Isolation of group A coxsaekievirus. *Canad. Med. Assoe J.*, **79**:615.

WHO. 2010. 气候变化与人类健康. http://www.who.int/globalchange/zh/index.html.

海河流域气候变化适应性对策综合评估

曹丽格,许红梅,翟建青(国家气候中心)

引言

气候变化是当今世界各国共同面临的严峻挑战,中国是受气候变化影响严重的国家之一,鉴于当前全球范围内减缓气候变化政策的实施现状,适应气候变化更具现实战略意义。气候变化适应性评估的研究目的主要是通过开发和建立一些先进、有效的分析方法和工具,对气候变化脆弱性及适应能力进行科学评估。第二章到第六章分别介绍了气候变化对海河流域的水资源、农业、自然生态系统、能源和人体健康等不同领域的影响、脆弱性和适应性措施,但是要全面了解气候变化对整个区域的综合影响,就必须进行多学科的全方位研究,把环境、经济、社会等各子系统以及它们之间的相互联系和作用结合起来综合考虑,系统分析方法为这种综合评估提供了一个有效的研究框架。本章将根据海河流域可持续发展目标的需要,采用不同评估方法,对目前海河流域的适应性措施进行综合评估,并提出适应气候变化的行动建议。

> **专栏**
>
> 气候变化是人类社会可持续发展面临的长期、严峻的挑战,减缓和适应气候变

化是应对气候变化挑战的两个有机组成部分。适应性是"指自然和人为系统对新的或变化的环境做出的调整能力"。适应气候变化是指自然和人为系统对于实际的或预期的气候刺激因素及其影响所做出的趋利避害的反应。适应能力是指"某系统适应(包括气候变率和天气极端事件及其后时间)、减轻潜在损失、利用机遇或对付气候变化后果的能力"。提高适应能力将是应对气候变化不利影响和促进可持续发展的重要手段。相对减缓措施而言,如何根据现有的科学知识,积极调整人类的行为,通过提高防御和恢复能力,适应气候变化并将气候变化的影响降到最低,是人类社会现实而紧迫的任务。

气候变化适应主要包括主动适应和被动适应。人类采取主动的适应措施比使自然系统恢复其适应气候变化的能力有更大的作用,有计划地适应可以补充自动的适应。适应是人类应对气候变化的明智选择和积极行为,这种适应行动应是全球性的,而且对于那些对气候变化敏感的发展中国家和地区尤其重要。(IPCC,2001)

专栏

气候变化适应对策研究

在气候变化影响和适应对策研究中,许多科学家对定义适应对策和措施作了很大的努力,Burton 认为对气候的适应是一个人们努力争取减少气候对自身健康和财富的不利影响,同时合理利用所存在的气候环境所提供的有利条件的过程;Smit 定义气候适应对策为人们对短期和长期的气候变化以及极端灾害天气采取的调整措施以增强社会经济活动的生存能力以及降低脆弱性;认为适应意味着任何调整措施,无论是被动还是主动,其目的都是减少气候变化的预期不利影响;Stakhiv 提出,气候变化的适应包括为了降低整个社会对气候变化脆弱性而采取的所有人类行为或者是经济结构的调整措施;IPCC 将适应定义为系统的实施、运作过程、或结构在未来可能或实际的气候变化条件下能够调整程度或者适应能力。适应行为可以是自发的也可能是规划的,它能够在实际过程中付诸实施以响应已发生的或者是预期的气候变化(殷永元,2002)。

一般来讲,适应对策可以分为两大类:自发的和有意识的规划适应对策,前者通常是短期的、战术上的适应,与具体气候变化直接相关;而后者更加偏重战略,是长期的、主动的,通常由政府部门制定并作为部分政策的适应措施。

第一节 适应性对策评估方法

由于在气候变化适应对策评估中,那些影响人类和生态系统的重要气候参数都得考虑,因此实际的评价分析相当复杂,使建立气候变化适应政策或者战略成为一项非常复杂的工作。殷永元(2002)总结和介绍了当前已经在自然资源和环境研究中广泛使用的决策分析工具,各种适应对策评估工具的关键特性及其优缺点,简要阐述常用的评价适应对策的两种途径:第一种途径,主要是利用气候变化影响评价模型,测试短期、即时或者自发性适应措施的有效性,所用的方法以 IPCC(Carter, et al., 1994)气候变化影响和适应对策评估技术指南中列举的方法工具为代表;第二种途径,主要是评价预期的或者规划的适应对策和政府政策,即有意识的规划适应对策的评估则常与政策分析联系在一起,以 UNDP/GEF 提出的适应政策框架(APF)(Lim, et al., 2005)为主。也就是说,第一种途径的评估,即自发性适应对策的评估,多与气候变化影响的评估直接相关,而第二种途径的评估工具一般总是与政策评价和分析有关(Stratus Consulting Inc., 1999)。采用不同途径的评估工具对适应对策的评价方式和分析过程是不相同的,海河流域的适应性对策评估可以参考以下评价工具。

一、气候变化影响评价框架

联合国环境规划署(UNEP)组织一个在气候变化影响评价和适应战略领域的专家组,共同编写了一部评价气候变化影响和适应对策的使用手册。该手册对不同的方法进行了综述,内容覆盖了几个农业、水资源、自然生态系统等几个关键经济部门,提供了用以评价气候变化影响和适应对策详细的步骤(图 7.1)。

在中国的实际应用中,气候变化影响研究首先是"未来气候情景设计",再分析其对农业、自然生态系统、能源和社会经济、人体健康的影响,再提出相应的对策和措施并对气候变化的影响、脆弱性和适应性评估。如果对某个区域的气候变化的适应性措施进行综合评估,可以从以下四点出发:第一,明确和评价当前气候影响和胁迫力;第二,确定未来气候变化状况下,可能变得更为严重的气候影响和胁迫力;第三,评价适应当前气候的措施、政策和行为;第四,召开研讨会以选择未来适应气候变化的政策方案(殷永元,2002)。图 7.2 所示为区域气候变化影响评估研究框架。

到目前为止,大部分气候变化影响和适应对策评价研究都是采用所谓的"方案驱动"的研究方法,选择和设定各种气候变化情景成为整个评价过程中最为关键的一步。在未来气候变化情景和社会经济情景的驱动下,可以接着进行气候变化对人类和生态系统影响的评估。一旦明白生态系统和社会经济系统会遭受到气候变化影响,这些系统或部门将会自发响应或适应,通过预期的适应措施和对策来减轻气候变化造成的损失。但是,这种评估途径代表了常规的步骤,需要耗费大量的时间、精力和资源进行气候变化情景的选择和应用以及影响评价,实际工作中往往没有足够的时间和经费从事适应对策评估研究。

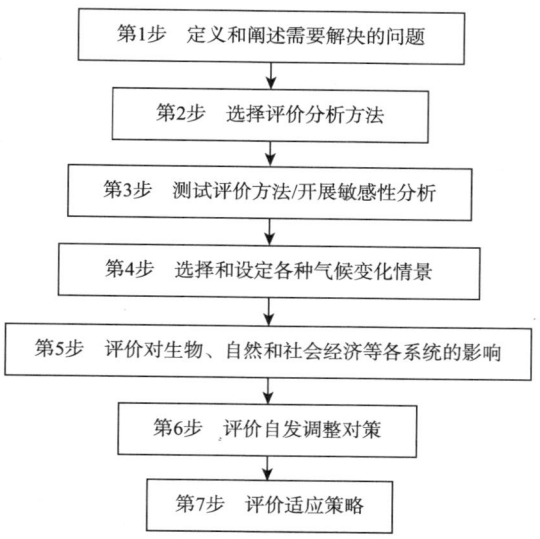

图 7.1　IPCC 气候变化及适应对策评价指南的 7 个评估步骤（Carter, et al., 1994）

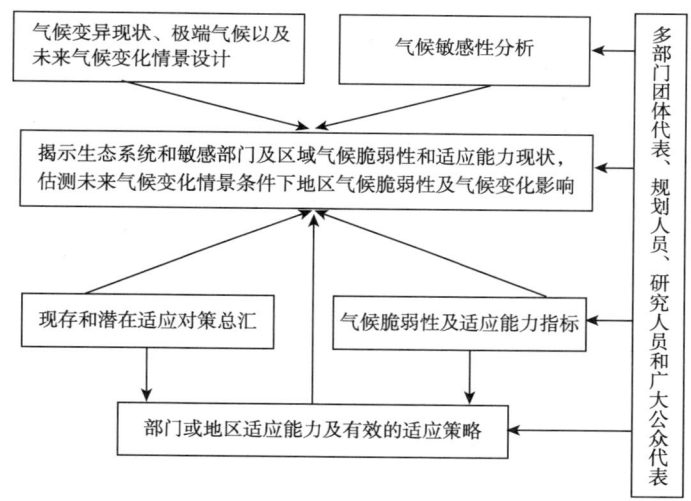

图 7.2　区域气候变化影响综合评估研究框架（殷永元, 2002）

同时，"气候变化情景驱动"模式使得在适应政策的制定和评价方面存在一些缺陷。首先，对于许多从生物、自然和社会经济等其他领域转到气候变化影响研究项目中的研究者来说，适应性是一个新的概念，在研究设计过程中常缺乏对适应措施和政策评价的考虑。其次，有些时候适应对策评价的考虑是放在影响评价完成之后，但所剩时间和资源的有限性，制约了进一步对适应对策能力的详细评价。最后，为了使新的适应对策更为有效，适应对策应当建立在掌握足够多的气候变化对生态和人类经济社会系统影响的信息基础上，但是目前还很难从研究工作中得到足够的定量影响信息。

近年来，在"气候变化情景驱动"模式之外，使用常规的气候变化影响评价工具之外,气候变化研究引入了一些新的研究方法和工具来进行适应对策评价,许多在决策科学、多标准评价以及系统分析领域开发和建立的方法和工具也可以被用于适应措施的评价,它们能够有效地将气候变化影响评估与区域可持续能力联系在一起。

二、政策分析评价工具

政策分析评价工具可以评价不同的措施和政策,目前已经在如决策理论、管理科学、资源管理和系统工程等多个学科有广泛的应用。目前相对比较完整的有关适应对策评估的方法和工具介绍,是由《联合国气候变化框架公约》(UNFCCC)所属科技顾问机构向第10次缔约国会议提供的摘要(FCCC/SBSTA/2000/INF.4,以下简称SBSTA摘要)(Stratus Consulting Inc.,1999)。SBSTA摘要根据不同研究目的将决策工具进行了分类:包括普遍通用的分析(适用于多部门)、水资源部门、沿海资源、农业部门和人类健康等领域。虽然这些决策工具只能够进行适应对策选项的一般评价,但是它们很容易被应用到不同的区域和环境下,也能够和特定工具结合使用以形成综合评价系统。这类决策工具分为初始调查工作、经济分析和通用模型3大类,详见表7.1。

表7.1 适于多部门的决策工具(殷永元,2002)

初始调查	经济分析	通用模型
专家诊断	不确定性和风险分析	TEAM模型
适应对策筛选	费用—效益分析	CC:TRAIN/VANDACLIM
适应决策矩阵	费用—效率分析	

初始调查工具包括专家诊断、适应对策筛选和适应决策矩阵,这些方法适宜于确定潜在的适应策略或者缩小合适对策的范围,这些工具分析过程相对简单、费用也不高,多使用定性判断,定量数据判断较少。其中,基于Excel或者Lotus软件的适应决策矩阵(Adaptation Decision Matrix,ADM)可用来分析适应措施的费用效益,帮助研究者比较费用和效益。例如,研究者可以在矩阵上部列出政策目标,在矩阵下部列出各种适应策略,也包括不采取任何措施的策略;通过专家诊断、研究和分析对每个适应策略进行从1到5的打分,来表达该策略对于达到政策目标的不同满意程度。研究者在评价过程中也可以给每个政策目标设定不同的权重值,然后对每个策略的得分进行加权求和。这种方式特别适合策略的效果很难货币化或者不能统一单位时。当然,要提供丰富基础信息给研究者作为打分的依据,否则打分过程将过于依赖于主观判断。

经济分析工具包括财务分析工具,费用效益分析工具和不确定性—风险分析工具。这些工具专门用来确定哪一个对策是最为经济有效的。一旦在最终选择的对策清单确定后,可以帮助研究者决定最合适的对策。

通用模型工具包括TEAM、CC:TRAIN等,这些工具强调多部门、跨领域的不同适应策略,一般被用来评价特定区域的几个部门所关注的选项。

三、多标准评价工具

多标准评价工具包括目标规划（GP）、模糊模式识别（FPR）、神经网络技术（NN）以及多层次分析（AHP）过程技术。对于适应对策评价过程中涉及的多标准、多团体参与的特性，多标准评价工具是较好的分析技术，各种适应策略间可以相互比较，有序地、系统地评价。虽然大部分多标准评价工具开发的最初目的并不是气候变化影响评估或者适应对策评价研究，但是当给定一系列可能适应政策后，多标准评价工具能够在这些可选方案中确定满意的政策。

（1）目标规划（GP）

Yin（2004）根据多种可持续性指标，应用综合土地评价研究方法（ILAF）进行了适应对策评价。ILAF 的目标规划模型在政策分析方面可以用于估计潜在的适应政策对实现区域可持续目标的可能效果，从而使规划人员或者是决策者在政策贯彻之前明确掌握其是否恰当以及效率如何。在政策分析过程中，一种潜在的适应政策可以被设定为一个政策情景，在模型中，则通过调整模型参数或者结构来表示这一政策情景的条件，并通过考察各种政策对许多相关目标（指标）的各种影响，对其进行评价。为了评估不同适应政策对实现区域可持续性的效率，通常与保持区域现状条件不变的基准方案作比较。通过加入一些特定的气候变化适应措施到基准方案中，就可以产生替代对策情景。评估模式分别计算政策情景和基准方案的结果，对给定的一系列不同的政策情景方案，通过反复运行评估模型，针对这一系列政策情景的计算结果进行对比，从而确定各种不同评价政策是否与规定的可持续性目标或者指标相吻合，进而确定满意的或比较满意的政策或者适应措施，确保在气候变化条件下区域的可持续能力。然而，目前还没有真正的在气候变化适应政策评价方面的模型应用实例。

（2）模糊模式识别

如何确定适应措施以便有效地解决与气候变化有关的问题是一项极富挑战性的工作。基于气候变化研究工作中的不确定性，以模糊集合理论为基础的模糊模式识别技术被尝试用来将各种适应措施进行分类以反映这些措施的效率。Yin（2004）阐述了一种应用模糊识别方法的综合政策评估研究方法。该方法把北美五大湖流域进行洪水影响分析和可持续流域政策评估联系起来，其综合研究框架则将多社区咨询、模糊模式识别方法以及其他分析洪水管理对区域可持续性的技术综合在一起。模糊模式识别方法被用于多标准评估，在众多可持续性指标的基础上，提供可行的方法对一系列适应对策进行总体能力水平的综合分析，从而给决策者提供科学信息用来挑选更满意的和更有效的措施以实现可持续的水资源发展。

（3）神经网络

神经网络技术是又一种可用来确定满意的适应对策的评估方法。神经网络技术试图模仿人类大脑的计算结构以提供智能功能，如学习和形态识别。神经网络由许多非线性处理单元（神经元或者是节点）组成以并行方式运作。这些节点以权重的方式连接。在神经网络训练学习期间可以调整权重从而提高神经网络的性能。一般神经网络的基本结构由一些各种处理单元之间的关系组成,这些关系通过使用数学公式来表达。

在适应对策评估中,运用神经网络模型的步骤首先是由决策专家用驯化算法驯化神经网络,来自数据库驯化数据并行输入神经网络。通过随机选择权重值和内部阈值,对神经网络进行驯化,然后依次用驯化数据进行驯化。在神经网络的另一侧指定相应的适应对策,对每一驯化数据进行实验,不断调整权重直到权重收敛。当连续几次输出不再变化而且最后一次时相对于最可能的选项的输出为优先值,其他的输出为低时,就认为神经网络是收敛的。应用神经网络对于环境参数和气候变化适应对策,国际上已有许多案例。

(4) AHP 评价法

结合多种标准,多层次过程分析法(AHP)也能够有效地用于确定满意的适应对策。AHP 已经被广泛地应用在资源规划中的不同政策评价、资源配置、开展灵敏度分析等方面。另外,在发达国家和发展中国家的工程项目区位选择方面也有应用。当应用于适应对策评价时,AHP 要求决策者提供每个对策对于每一个标准的相对重要性的判断。AHP 的结果是一个有着优先级顺序的适应对策系列表。该系列表指出决策者对各个适应对策的偏好程度排列,决策者一次比较两个选项(逐步成对比较),根据每一个选项对实现整体目标的贡献来确定其相对重要性。Yin(2004)在加拿大不列颠哥伦比亚省乔治盆地进行气候变化适应对策中运用 AHP 评估方法,取得了较好的研究成果(缪启龙等,1999)。

四、适应对策评估与可持续发展

在 UNEP 资助和组织的各国气候变化影响和适应对策评估国际项目中,一些专家提出以研究目前生态和社会系统对气候异常和变化的脆弱性出发的新的研究方向。这种方向与常规的主流气候变化影响和对策评估途径不同,不是以未来气候情景驱动的,而是首先搞清现状条件下气候异常的脆弱性和存在的各种不同类型的适应对策,以此为基础对未来气候变化影响和适应对策进行评估。适用于评价一个国家范围的社会和经济发展的当前适应计划和措施,而不是仅仅针对单独的经济部门。在新的评估框架内,对已有的常规方法做了非常重要的改进,重点放在以下关键方面:

(1)确定最大的和最关注的气候变化脆弱性;

(2)确定已有适应措施中极具效率的措施;

(3)增强经济分析;

(4)建立适应对策的优劣次序排列;

(5)发展国家水平上的适应策略,将它们整合到国家经济和可持续发展规划中;

(6)增强适应能力;

(7)支持适应方面的创新、扩充以及有教育意义的方案;

(8)确保社区和公众的参与;

(9)强调适应对策区域之间的协调;

(10)将更多的精力转移到目前的气候风险、影响和适应方面,将它们作为基准适应分析的一部分;

(11) 明确地将适应对策考虑包含在气候变异性和异常事件以及长期气候变化中；

(12) 开发应用刻画未来气候情景的新方法，使得气候和天气变量与适应决策更为相关；

(13) 改进社会经济情景确立、测试和应用解析框架，帮助增强评价脆弱性和适应能力；

(14) 详细说明目前发展政策以及提议的未来行动计划，尤其是那些可能会导致增加气候变化脆弱性甚至是错误适应的行动；

(15) 把那些削减自然灾害和灾难预防的措施及气候变化适应策略与对策综合考虑；

(16) 将以前的适应对策研究重新定位到探讨政策方面；

(17) 收集和公布与适应和适应能力有关的数据；

(18) 将更多的精力放在目前和未来气候变化脆弱性方面；

(19) 综合考虑其他的大气、环境和自然资源问题。

可以说新的评估框架不是从气候情景角度出发，考虑到所在地区的具体脆弱性和相应的适应对策，结合目前和未来的环境和自然资源等问题，从可持续性发展的角度，对适应性对策进行综合评价，在原来的框架上有了新的突破。

第二节 主要领域适应气候变化的对策评估

海河流域是气候变化敏感区，根据气候模式预测，21世纪海河流域还继续保持增温趋势，到2100年三种模式预测增温幅度为2.5~4.5℃。升温在年内分布上，海河流域春冬季节增温明显，夏季增温幅度相对较小[①]。目前海河流域人均水资源仅有293 m^3，不足全国的1/7，世界的1/24，远远低于世界人均1000 m^3 水紧缺的警戒线，成为全国七大流域人均水资源最少的地区。海河流域在气候变化影响的适应性措施主要集中在水资源、农业、自然生态系统、能源和人类健康等几大领域。

> **专栏**
>
> 气候变化及其引发的极端事件增加，对交通、通信等基础设施，城市供电、供暖、制冷、供水等生活设施，流行病、海岸带、农业和生态系统都有很大的影响。目前形成的体系，都是与当前气候相适应的结果。

---

① 引自王建华在中日第24届河工坝工会议的交流发言《气候变化对中国水资源影响与对策》，2009年12月8日，http://www.chinawater.net.cn/zt/24zrhg/

> 气候变化后一些设施将不能适应气候变化而处于脆弱状态,个别关键设施不能适应气候变化而受损,将使整个社会系统处于瘫痪状态,从而使社会经济发展停滞。如2008年低温雨雪冰冻天气导致的供电中断、铁道停运、机场停运、高速公路堵塞,干旱经常性引起的作物绝收、饮水不足,城市洪涝、高温,生物灭绝,滑坡与交通阻塞,都需要依据气候变化趋势,全面规划,研究与其相适应的基础设施建设方案,采取相应的适应机制,以确保社会的可持续发展。

一、水资源

海河流域的水资源形势非常严峻,气候变化使其脆弱性增大(郝立生等,2009)。相关地方政府采取了一系列适应性对策,包括按照水资源和水环境承载能力,推进水利和经济社会的协调发展,努力建设节水型社会,积极探索建立水权制度和水市场,促进水资源优化配置,改革水的管理体制,加强水资源的统一管理等措施。

王金霞等(2008b)运用中国科学院农业政策研究中心开发的中国水资源模型,模拟分析了气候变化条件下海河流域的水资源短缺状况及相应的适应性措施的有效性。结果表明,随着社会经济的发展,到2030年海河流域的水资源短缺比例将提高25%,气候变化将使水资源短缺比例进一步提高2%~4%。为了缓解水资源的短缺状况,既可以采取供给管理的适应性措施(如南水北调和提高洪水利用能力等),也可以采取需求管理的适应性措施(如水价政策和采用节水技术),它们在缓解水资源短缺方面都具有一定的有效性。通过对南水北调、提高洪水利用能力、农业节水技术、混合水价政策和灌溉用水政策等适应性措施进行多标准评估中,选择了双赢选择、适应效果、成本有效性、适应灵活性、实施顾虑以及知识水平6个指标,在与专家讨论和相关文献分析的基础上,为各个指标分配了如下的权重:双赢选择最重要,权重是9;其次是适应效果和成本效率,权重分别是7和6;实施顾虑权重是5、知识水平权重是4和适应灵活性权重是3。得到的多标准评估结果如图7.3所示。

由图7.3可见,不同适应性措施的得分不同,需求管理的适应性措施得分普遍高于供给管理的适应性措施。其中,采用混合水价政策的得分最高(3.53),这意味着与其他适应性措施相比,它是应对气候变化的一种更为可行的措施。采用农业节水技术得分为1.89,可以被认为是应对气候变化次优的措施。实行单一灌溉水价政策的得分为1.71,仅次于采用农业节水技术的措施,远低于混合水价的措施。两种供给管理的适应性措施的得分都低于需求管理的措施。其中,实施南水北调的分数稍高,为1.68,而采用工程措施来提高洪水利用能力的措施得分仅为1.41。实际上南水北调的中线和西线工程已经正式开工,但多标准评估结果表明,除了南水北调工程,我们可能会找到一些更可行、更有效的适应性措施。实施需求管理措施可能更具可行性。在需求管理中,混合水价政策可能是一种最优的策略选择,次优策略为采用农业节水技术。

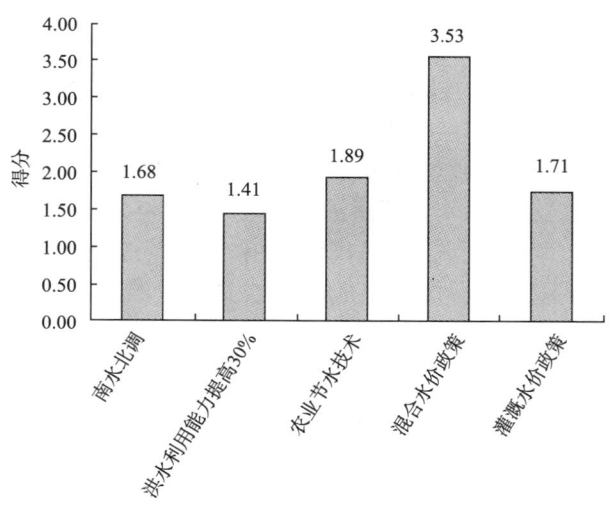

图 7.3 各种适应性措施的多标准评估得分（王金霞等，2008b）

夏军等（2008a，2008b）就未来气候变化对中国水资源的潜在影响建构了定性描述分析、半定量与定量分析以及适应性对策评估框架,对海河流域的密云水库进行案例分析显示:由于降水变化和人类活动的影响,近年来密云水库入库流量持续减少。对未来气候变化的预测表明:从长期来看入库流量可能会增加,但中、短期内还会继续减少,有必要采取适应性对策,如密云水库上游地区实行水田改旱地,同时对上游地区农民进行经济补偿;建设 160 km 水渠从河北省的滦河引水到潮河,增加入库流量;建议污水处理及其他水源保护工程,促进污水再利用等,来保证北京的水资源供应。李浩等（2008）通过将气候变化对工程项目的影响以及适应性措施的经济效益分析框架运用于密云水库水供给项目,评估分析结果显示,采用水田改旱地、引滦入潮、污水处理等适应性措施,在技术上和经济上将是可行的。

二、农业

在农业领域,海河流域目前的主要适应性措施包括:根据气候变化特点调整农业生产结构、大力发展节水农业、加强基础设施建设和合理安排农业生产结构,减少病虫害的影响。特别是采取措施大力加强农业基础设施建设和农田基本建设工作,改善农业生产的生态环境等。

事实上,海河流域的农村和农业的用水制度也随水资源的短缺发生改变。王金霞等（2008a）通过对中国北方 7 省 500 多个村开展的多次大规模实地调查,结果表明,随着水资源短缺程度的加大,农民不仅会将集体产权和集体管理的机井转变成个体产权和个体管理的机井,还会自发性地形成地下水市场;另外,农民在采用节水技术方面会做出较敏感的反应。农民对水资源短缺的反应一方面可能会缓解水资源短缺的矛盾,另一方面也可能使得水资源短缺现象更为严重。对河北省的调查表明,在 20 世纪 80 年代初,93%的机井归集体所有,然而到了20世纪90年代末期,集体产权的机井已经减少到了36%,与此同时,个体产权的机井从7%上升到了64%(单以红等,2007)。

除了集体所有的机井逐步转变为个体所有,由于灌溉用水的需求,农民自发的形成了地下水交易市场,导致机井数量迅速增加,机井深度从数十米到超过200 m。因此,政府不能忽视而应该重视农民对水资源短缺的反应,运用相关的政策和制度措施(诸如水价、水资源费、水资源管理制度改革,水权、财政和信贷等政策)来合理地引导农民对水资源短缺的反应,尽量减少其潜在的负面影响,促进水资源和社会经济的可持续发展。

夏军等(2008a)讨论过气候变化对中国水资源影响的适应性评估与管理框架,提出一个气候变化影响决策评估工具,通过未来气候变化对中国水资源潜在影响的定性描述分析、半定量与定量分析以及适应性对策评估系统,对海河流域的农业水资源进行研究,显示海河流域是中国最缺水的区域,干燥的气候和地下水的过度开采,已导致地下水位下降,地面下沉,水质退化,预计未来气温升高很可能会导致灌溉量的增加,从而加剧水资源的供需矛盾。提出两个适应性管理对策,包括提高水价和改善排灌设施,增加对农业的支持和服务、改善农业管理、加强对森林和环境的监测、促进制度发展等措施,提高水资源灌溉效率。

在目前海河流域的一些极度缺水地区,农业用水居然占总用水量的绝大部分。白洋淀流域人均水资源总量只有116 m^3,仅相当于全国平均值的5.3%左右,属于极端缺水地区。2006年,白洋淀流域用水总量达到32.17亿 m^3,其中农业用水26.96亿 m^3,工业用水3.95亿 m^3,城镇居民生活用水1.26亿 m^3,分别占水资源总量的83.8%、12.3%和3.9%。根据目前的用水结构分析,降低全社会用水总量的最大潜力在农业。因此,调整种植结构、改进灌溉方式、发展节水农业是中国应对农业生产长期气候风险的当务之急。在干旱和半干旱以及干旱化趋势明显的地区,必须采取选育抗旱作物品种、秸秆覆盖抑制蒸发、少耕免耕深翻改土、化学节水等措施,努力降低农业生产和全社会的用水量(郑国光,2009)。

三、自然生态系统

海河流域温带森林是受人类活动干扰较大的森林。海河流域森林资源现状仍处在一个恢复发展阶段,由于海河流域开发历史较长,人类活动影响较大,森林资源受人类活动影响较大(王志民,2002)。目前,随着国家林业政策和法规的出台,本区森林资源处于恢复发展阶段(国家林业局,2009)。

海河流域水资源过度开发,河湖生态用水、农业用水被严重挤占,地下水超采严重,生态环境遭到严重破坏。水资源短缺加重了海河流域湿地生态系统的恶化情况(刘春兰等,2007)。平原主要河道约一半干涸;年均超采地下水80亿 m^3,形成了6万 km^2 浅层地下水和5.6万 km^2 深层地下水超采面积;大量湿地急剧减少,导致许多水生生物灭绝。过去全流域湿地约有1万 km^2,现在只剩下1000多平方千米,锐减了90%左右。白洋淀等12个主要平原湿地水面面积由2694 km^2 降至538 km^2,减少了5/6。

四、能源

海河流域能源以煤炭为主,新能源的开发力度逐年增大,气候变化对能源的影响有利有弊。气温升高、干旱加重,致使能源需求加大,对能源发展不利;但冬季气温升高可减少冬季供热耗能,有利于能源的持续利用。由于大雾天气增加,电力设施安全运营风险加大。而平均风速减小,对于可利用风能资源有一定影响,而气温升高,降水量减少,使得水电产量减少。

气候变化对能源活动、包括从生产到消费的各个环节都会产生影响,气候变化直接或间接影响到能源活动中能源供应和能源消费两大方面。气候变化对能源的间接影响评估指对为了应对气候变化而采取的各种政策措施对能源活动造成的影响的评估,比如节能措施对能源需求的影响、温室气体减限排措施对能源供应结构的影响等。为了应对气候变化对能源的影响,海河流域应加强能源开发利用政策引导,制定能源发展规划,发展低碳能源和可再生能源,改善能源结构,保障未来能源供应,加强国际合作项目,提高应对气候变化的科研支撑能力。

五、健康

海河流域气候条件的变化以及自然、生态环境不断遭到破坏,使得流域内地方病种类较多,特别是碘缺乏病、饮水型地方性氟中毒、克山病、大骨节病、布鲁氏杆菌病等成为威胁居民健康的主要地方病,特别是在贫困地区,饮用水源的水质等问题,与当地降水的变化密切相关。降水量的减少,将导致区域性饮水困难、水源品质不能保证等问题的出现,会使水源性疾病,如地方性氟中毒、砷中毒等疾病趋于严重化。海河流域气候变化,将使该流域上述三种疾病的患病群体增大、程度加重,其中,布鲁氏杆菌病更有可能快速流行爆发,且随着气候变暖,手足口病的流行期也将有所延长。

随着气候变暖和南水北调工程,未来血吸虫病及恙虫病将会扩散到海河流域。所以在人类健康领域,海河流域各省重视监测预防,防治与气候变化相关的疾病,通过南水北调来解决由于水源问题引起的地方病,建立多部门合作机制,加强气候变化与健康影响的相关研究。

六、综合评价

海河流域是中国政治文化中心和经济发达地区,水资源及生态环境的好坏直接影响到流域1亿多人民的正常生活和生产,也关系到北京、天津、河北、河南、山西、山东、内蒙古和辽宁8省市区经济社会的持续健康快速地发展。

海河流域由于生态环境、产业结构和社会经济发展水平等方面的原因,适应气候变化的能力较弱,如不能及时、有效地采取适应措施,气候变化带来的损失风险非常高。因此,适应是海河流域应对气候变化中更为现实和更为紧迫的问题。环渤海区域作为海河流域重要的经济增长区,受到气候变化的影响非常显著。该地区的经济可持续发展需要主动适应气候变化影响,迎接与气候变化相关海平面上升、流域水资源短缺、生态环境恶化等挑战。

第三节 适应气候变化案例

海河流域是中国政治、经济、文化中心和经济发达地区,绝大部分位于环渤海经济区内,是继长江三角洲、珠江三角洲之后中国经济第三个"增长极"。海河中部平原是中国粮食主产区,事关国家粮食安全;滨海平原是新兴经济区,天津滨海新区、河北曹妃甸循环经济区格局已经形成;西部、北部山区为国家能源基地。流域内各省结合本地经济特点,采取了积极适应措施,减少气候变化所带来的影响,包括跨流域的水资源调度、农业灌溉专项计划等。

一、河北省农业灌溉行动计划

河北省是受气候变化影响最严重的省份之一,包括农业、水资源、北部生态脆弱区,以及沿海地区等,在这些领域加强适应气候变化能力建设、政策措施的支持、发展规划等方面,继续与国家发展改革委员会和科技部相关部门合作,在农业、森林和其他自然生态系统、水资源、海岸带及沿海地区、防灾减灾等重点领域,制定和采取了一系列的适应计划和行动。

考虑到农业用水占全省总用水量75%左右。河北省采取各种措施,使得节水灌溉面积累计达到3600多万亩,占全省有效灌溉面积的54.7%。每年可节水25亿m^3。但是,目前全省还有3000多亩农田没有采取节水灌溉工程设施。井灌区农田灌溉水利用系数平均为0.7左右,比先进国家和国内先进地区低20%到30%。河北省水利部门测算,如果河北省的灌溉水利用系数达到0.85左右,则全省井灌区年节水近30多亿m^3,加上南水北调增加的30多亿m^3的水量,河北省用水量可基本得到满足。

为达到农业用水的可持续发展,河北省制订了《农业灌溉行动计划》,加快实施以节水改造为中心的大型灌区续建配套建设,加快丘陵山区和干旱缺水地区雨水集蓄利用工程建设,推进农业结构调整和种植制度改革;强化对现有森林资源和其他自然生态系统的有效保护;推进城乡水务一体化建设,完善水资源实施监测管理系统;研究应对海平面升高的适应性对策;提高重大气象灾害预报的准确率和时效性。河北省制定了《农业灌溉适应气候变化行动计划建议报告》,未来将在大中型水利工程难以覆盖的地方,引导农民因地制宜地兴建一批水窖、集雨池等积水灌溉工程;在山区每3~5亩旱作农田建一座简易水池、水窖、水囤或其他储水设施。预计到2015年,全省计划投资17.5亿元,新增旱作集雨补溉工程蓄水面积1000万m^3,全面提高水资源优化利用程度,提高河北省适应气候变化的能力。

二、海河流域水资源调度

海河流域是中国政治文化中心和经济发达地区,同时也是水资源十分短缺,生态与环境严重恶化的地区。近年来,受气候变化和经济发展的共同影响,为缓和海河流域水资源紧张局面和生态危机,海河流域实施了多次较为成功的水资源调度,例如"引滦入津"工程,从滦河潘家口水库调水入天津市和河北省唐山市,自 1983 年 9 月通水以来,为天津提供了一个稳定可靠的水源,有效缓解了天津市用水的紧张状况。截至 2008 年年底,潘家口水库累计供水 328.9 亿 m^3;其中,向天津市供水 140.5 亿 m^3,向唐山市供水 37.2 亿 m^3,向滦河下游农业供水 151.2 亿 m^3。

根据海河流域年度配置水量和调配情况,必要时实施跨流域的应急调度。应急供水调度是以解决城市用水短缺为重点而实施的水量调度措施。由于海河流域环抱首都北京和天津等重要的大中型城市,特殊的地理位置加上相对短缺的水资源,更兼流域内水资源日益紧张,水事纠纷频发,实施应急水量调度已成为解决缺水地区水资源危机的常见手段。为了解决天津市的水源危机,1972、1973、1975、1982、1983 年五次从河南省人民胜利渠引黄河水接济天津。2000 年以来,又连续五次实施引黄济津应急调水,自黄河下游位山闸引水,经位山三干渠至临清立交穿卫运河,进入清临渠、清凉江,经清南连渠入南运河至天津九宣闸,经南运河进入天津市区。其中 2000、2002、2003、2004 年四次共向天津市调水 15.88 亿 m^3,2009 年调水 2.2 亿 m^3。2010 年 10 月引黄济津潘庄线路应急调水工程顺利通水,这是 2000 年以来实施的第六次引黄济津应急调水,计划引黄 10 亿 m^3,天津市九宣闸收水 5 亿 m^3,输水时间约 140 d。同时,天津市为了节约用水,一直在削减用水量较大的水稻种植面积。宝坻区水稻种植面积由以往的 20 万亩左右减少到一半。津南区是著名水稻品种小站稻的主产区,正常年份该区种植水稻 4 万多亩,但是目前已经大量减少,一半是因为缺水,一半是因为节水。

北京市所在的海河北系连续遭遇了 1997—2007 年 11 个连续枯水年,奥运会前期北京市密云、官厅两大水库蓄水量减少,地下水严重超采,北京市在采取强化节水、增加应急水源地供水量和扩大再生水利用等措施后,2008 年仍缺水 3 亿 m^3,水资源形势比较严峻。为保障 2008 年奥运会的供水安全,水利部组织实施了河北省岗南、黄壁庄、王快、西大洋 4 座水库向北京市调水,共调水 4.3507 亿 m^3,有力地保障了奥运会的供水安全。自 2003 年至 2009 年,水利部连续 7 a 组织山西、河北两省的东榆林、册田、壶流河、友谊、云州等水库向北京市的官厅和密云水库实施集中输水,累计输水量已达 4.5 亿 m^3,对保障北京供水安全起到了重要作用。

在应急调水保障重大城市的供水安全之外,海河流域还实施了部分生态调水。海河流域拥有"华北明珠"白洋淀、衡水湖等众多天然湿地,但由于人为的生态破坏,海河平原白洋淀等 12 个主要湿地水面面积比 20 世纪 50 年代减少了 80%,甚至一度出现了干涸现象。面对这种严峻的形势,水利部和海河委员会适时组织实施了引黄济淀、引岳入衡等生态补水调度,成功地应对了流域水生态危机,有效地保证了淀区及周边群众生活、生产用水安全。

第四节 适应性对策建议

海河流域是气候变化的脆弱区和敏感区,经济发展程度较高,受资源环境制约明显,适应气候变化是海河流域实现可持续发展目标过程中迫切需要解决的重大问题之一。为了避免气候变化给流域经济和生态环境造成不良影响,充分利用气候变化对流域部分地区或部门发展可能带来的机遇,趋利避害,保障社会经济可持续发展,除了要认真采取水资源、农业、森林(草原)等方面的适应对策之外,还需要重视适应和减缓气候变化影响的综合对策,促进和保障流域经济社会全面、协调、可持续发展。

一、加强海河流域的水资源综合管理

要通过海河流域的综合规划,优化水资源配置,构建安全高效的城乡供水保障体系,通过建设南水北调东中线,沟通流域水系,组成海河流域"二纵六横"的水资源配置格局。合理配置引江水、当地地表水和地下水、引黄水以及非常规水等多种水源,统筹协调生活、生产、生态用水,受水区和非受水区用水,城市和农村用水。按照全面建设节水型社会,实施总量控制和定额管理的要求,加大农业节水、工业节水和城市节水力度,统筹灌溉规划、城乡供水规划,以及区域产业布局调整建议规划等,保障饮水安全、粮食安全。

二、构建良好生态环境保护与修复保障体系

确立河流生态功能,明确生态环境保护与修复目标,确定基本生态水量,开展北运河等生态修复试点,保障白洋淀、七里海等重要湿地生态用水。提出水域纳污的水管理能力保障体系,提高流域社会管理和公共服务能力,健全流域水法规体系,完善规划体系,建立新型的流域管理与区域管理相结合的水资源管理体制和高效的协商机制。处理好流域治理开发和保护与修复的关系,海河流域水资源短缺、水生态环境恶化,仅仅靠修建水库、实施跨流域调水是不能从根本上解决水资源问题的,必须立足于节水型社会建设,提高用水效率和效益,逐步控制地下水超采,修复河流和湿地生态。

三、高度重视海平面上升带来的风险

国家海洋局在发布的《2009年中国海平面公报》中,特别提到海河流域有关适应海平面上升的有关对策,其中,天津滨海新区应严格控制建筑物高度与密度及地下水开采,有效减缓地面沉降,减少海平面的相对上升幅度;曹妃甸工业区应密切关注海水入侵和土壤盐渍化灾害的影响,合理调配水资源,兴修水利设施,规划海水养殖区范围,缓解海平面上升所带来的海水入侵的影响(国家海洋局,2010)。

各级地方政府应高度重视海平面上升的影响,加强海平面影响调查工作,掌握海平面上升对本地区的影响状况,充分考虑海平面上升因素。并且在沿海重点经济区开展海平面上升影响评价和脆弱区划,作为重要指标纳入当地经济发展规划和区划中。根据海平面上升的监测预测成果修订堤防设施标准,加强滨海湿地等海岸带生态系统防护建设,减缓因海平面上升而导致的海岸侵蚀。

四、将适应气候变化纳入经济和社会发展规划

气候变化将对流域的资源和生态环境系统产生不容忽视的影响,特别是对农牧业、

渔业和林业等敏感的经济部门,以及水资源和各类生态系统等。这些影响有一些性质比较清楚,更多的是存在着大量的不确定性。但我们不能坐等把所有问题都搞清楚了再行动。应该在现有认识的基础上,选择有利于对付气候变化及其影响问题和有利于促进经济发展与社会进步的"无悔对策和措施",并将它的实施问题纳入到各区域经济建设和社会发展长远规划中去,以便未雨绸缪、趋利避害,确保流域社会经济可持续地、健康地发展。

为了避免气候变化给流域经济和生态环境造成不良影响,充分利用气候变化对流域部分地区或部门发展可能带来的机遇,趋利避害,保障社会经济可持续发展,除了要认真采取水资源、农业、森林(草原)等方面的适应对策之外,特别需要重视适应和减缓气候变化影响的综合对策,促进和保障流域经济社会全面、协调、可持续发展。

小结

海河流域是受气候变化影响最敏感的区域之一,气候变化将导致海河流域水资源量减少,对于海河流域地下水资源影响很大,特别是在遭遇连续干旱时,气温升高影响更大[①]。海河流域的温度变化和水资源变化均将对农业、工业、生活和生态需求产生影响,其中,气温升高将带来的作物需水变化以及降水变化导致的作物利用有效降水的变化,气温升高带来工业冷却用水需求增加,温度升高导致饮用、洗涤等生活需水量增加;气温升高和降水变化综合影响生态需水。海河流域湿地面积与20世纪50年代相比减少了70%以上,水污染加剧,地表水功能区有72%水质不达标,地下水也受到不同程度的污染[②]。因此,在海河流域采取积极、合理的适应性策略显得十分迫切和关键。

本章在前几章的基础上,着重阐述了海河流域气候变化影响适应性措施的综合评估情况,总结了气候变化对水资源、农业、自然生态系统、能源和人体健康等方面的影响,分析了海河流域在气候变化背景下经济社会可持续发展所面临的困难,并有针对性地提出了该区域经济社会发展适应气候变化的行动建议。

参考文献

单以红,唐德善,陆海曙,2007. 水银行:水资源市场化的有效途径. 生产力研究,(3):66-67.
国家海洋局. 2010. 2009年中国海平面公报.
国家林业局. 2009. 应对气候变化林业行动计划.
郝立生,姚学祥,只德国,2009. 气候变化与海河流域地表水资源量的关系. 海河水利,(5):1-4.

---

① 引自王建华在中日第24届河工坝工会议的交流发言《气候变化对中国水资源影响与对策》,2009年12月8日,http://www.chinawater.net.cn/zt/24zrhg/。
② 引自水利部副部长矫勇在海河流域综合规划审查会议上的讲话,2010年6月2日。

李浩,夏军,严茂超,李璐,2008. 气候变化综合评估工具——以密云水库供水项目为例. 自然资源学报,**23**(6):1044-1054.

刘春兰,谢高地,肖玉. 2007. 气候变化对白洋淀湿地的影响. 长江流域资源与环境. **16**(2):245-250.

缪启龙,田广生,殷永元. 1999. 长江三角洲地区气候变化影响和适应对策综合评估研究. 南京气象学院学报,**22**:479-486.

王金霞,黄季焜,张丽娟等. 2008a. 北方地区农民对水资源短缺的反应. 水利经济,**26**(5):1-3.

王金霞,李浩,夏军等. 2008b. 气候变化条件下水资源短缺的状况及适应性措施:海河流域的模拟分析. 气候变化研究进展,**4**(6):336-340.

王志民. 2002. 海河流域水生态环境恢复目标和对策. 中国水利. (4):14-17.

夏军,Thomas Tanner,任国玉等. 2008a. 气候变化对中国水资源影响的适应性评估与管理框架. 气候变化研究进展 **4**(4):214-219.

夏军,李璐,严茂超等. 2008b. 气候变化对密云水库水资源的影响及其适应性管理对策. 气候变化研究进展,4(6).

殷永元,王桂新. 2004. 全球气候变化影响评价:方法和应用. 北京,高等教育出版社.

殷永元. 2002. 气候变化适应对策的评价方法和工具. 冰川冻土,**24**(4):426-432.

郑国光. 2009. 科学应对全球气候变暖 提高粮食安全保障能力. 求是,第 23 期.

Carter T R, Parry M L, Harasawa H, et al. 1994 IPCC Technical Guidelines for Assessing Climate Change Impacts and Adaptations. Department of Geography, University College, London, 1994. 79-91.

IPCC. 2001. *Climate Change* 2001: *Impacts, Adaptation, and Vulnerability. Summary for Policymakers*. A Report of Working Group II of the Intergovernmental Panel on Climate Change. Geneva, Switzerland.

Lim B, Spanger-Siegfried E, Burton I, Malone E and Huq S(eds.). 2005. Adaptation Policy Frameworks for Climate Change: Developing Strategies, Policies and Measures, Cambridge University Press, Cambridge, U. K.

Stratus Consulting Inc. 1999. Compendium Of Decision Tools To Evaluate Strategies For Adaptation To Climate Change, Final Report FCCC/SBSTA/2000/MISC. 5. UNFCCC Secretariat, Bonn, Germany, 159-197.

Yin Y Y. 2004. Methods to link climate impacts and regional sustainability *J. Environmental Informatics* **2**(1):1-10.

第八章

海河流域应对气候变化减缓对策

刘学锋,向亮(河北省气候中心)

引言

　　气候变化既是环境问题,也是发展问题。近百年来,气候呈现以变暖为主要特征的变化,目前国际科学界认为,目前的变暖极有可能是由于人类活动影响所致(IPCC,2007),而人类活动中温室气体的排放对气候变化具有至关重要的作用,应对气候变化的核心问题是控制温室气体排放。按政府间气候变化专门委员会(IPCC)减缓气候变化工作组的定义,减缓气候变化是指人类通过削减温室气体的排放源和/或增加温室气体的吸收汇而对气候系统实施的干预(何建坤,2006)。为了减缓气候变化,人类社会可以选取相应的手段或措施,控制或减少温室气体排放,或通过绿色植物吸收大气中的二氧化碳,从而减少大气温室气体浓度。这些措施或手段的应用,对社会经济系统必然产生一定的影响。

　　在可持续发展前提下应对气候变化,全面协调发展、适应和减缓之间的关系,建立一个有利于区域发展的环境是目前十分关切的问题。海河流域作为中国十大流域之一,在全国社会经济发展中占有举足轻重的作用,在保证可持续发展的背景下,需要积极采取减缓措施,控制和减少温室气体的排放,增加碳汇功能。本章主要针对海河流域气候变化影响的特点,介绍了本区温室气体排放现状,提出适合于该流域的减缓气候变化的政策建议。

第一节　温室气体减排现状

引起全球变暖的温室气体主要是二氧化碳、甲烷和氧化亚氮等。据有关部门测算，海河流域包括的京、津、冀区域和山西部分区域温室气体排放总量呈逐年增长趋势。

2005 年河北省温室气体排放总量为 5.9 亿 t 二氧化碳当量，其中二氧化碳排放量为 5.6 亿 t，甲烷为 0.21 亿 t 二氧化碳当量，氧化亚氮为 0.09 亿 t 二氧化碳当量。从 2000 年到 2005 年，温室气体排放总量年均增长率为 18%。据观测结果，河北省近地面大气二氧化碳、甲烷、氧化亚氮浓度平均每年分别增长 1.95 ppmv[①]、9.02 ppbv[②] 和 0.75 ppbv。河北省 2005 年一次能源消耗量为 1.41 亿 t 标准煤，占能源消耗总量的 71.4%，排放二氧化碳 3.21 亿 t，占二氧化碳排放总量的 57.3%。2005 年河北省化石燃料燃烧人均二氧化碳排放量为 4.69 t，比全国高 1.1 t；万元 GDP 化石燃料二氧化碳排放量为 5.55 t，比全国高 82.6%（河北省人民政府，2008）。

2005 年北京所有排放源 CO_2 排放总量 1.491 亿 t（去除外调电为 1.104 亿 t），林业部门的碳吸收汇为 0.0274 亿 t，扣除这部分碳吸收汇之后，2005 年北京 CO_2 净排放量为 1.463 亿 t（去除外调电为 1.076 亿 t），CH_4 排放总量为 20.592 万 t，N_2O 排放总量为 0.410 万 t。2007 年北京所有排放源 CO_2 排放总量 1.13 亿 t（不含外调电），林业部门的碳吸收汇为 0.0274 亿 t，扣除这部分碳吸收汇之后，2007 年北京 CO_2 净排放量为 1.103 亿 t（不含外调电），CH_4 排放总量为 20.90 万 t，N_2O 排放总量为 0.42 万 t（北京市人民政府，2010）。

2008 年天津市温室气体排放总量为 1.473 亿 t 二氧化碳当量，比 2000 和 1990 年分别增加 105% 和 182%。在 2008 年温室气体排放总量中，二氧化碳排放 1.44 亿 t（其中化石燃料燃烧导致的二氧化碳排放量为 1.20 亿 t，占 83.1%；工业过程占 16.8%），甲烷排放 241 万 t 二氧化碳当量，氧化亚氮排放 91 万 t 二氧化碳当量。2008 年，森林碳汇 41 万 t 二氧化碳，扣除碳汇后，温室气体净排放 1.469 亿 t 二氧化碳当量。二氧化碳排放主要来自第二产业。2008 年排放的 1.44 亿 t 二氧化碳中，第二产业排放 1.27 亿 t，占 88.4%；第一产业排放 117 万 t，占 0.8%；第三产业排放 1230 万 t，占 8.5%；居民生活消费排放 327 万 t，占 2.3%。按 2005 年不变价计算，2008 年单位 GDP 化石燃料燃烧的二氧化碳排放为 2.11 t/万元，比 2000 和 1990 年分别减少 36.7% 和 71.1%；人均化石燃料燃烧二氧化碳排放 10.18 t，比 2000 和 1990 年分别增加 63.7% 和 96.2%（天津市人民政府，2010）。

2007 年山西省温室气体排放总量为 6.23 亿 t 二氧化碳当量，比 2000 年的 2.81 亿 t 增加 121%，比 1990 年的 2.23 亿 t 增加 179%；二氧化碳排放 4.30 亿 t，其中化石燃料燃

[①] 1 ppmv = 10^{-6} v/v，v 指体积。

[②] 1 ppbv = 10^{-9} v/v，v 同上。

烧导致的 CO_2 排放量为 3.65 亿 t，占 84.9%，比 2000 年的 1.68 亿 t 增加 117%，比 1990 年的 1.18 亿 t 增加 210%；工业过程导致的 CO_2 排放量为 0.61 亿 t，占 14.2%；CH_4 排放 1.88 亿 t 二氧化碳当量，绝大部分来自煤炭采掘和采后排放；N_2O 排放 0.04 亿 t 二氧化碳当量；森林碳汇增加 0.08 亿 t 二氧化碳，扣除碳汇后温室气体净排放 6.15 亿 t 二氧化碳当量。

山西省 CO_2 排放主要来自第二产业。2007 年全省排放的 4.30 亿 t 二氧化碳中，第一产业排放 0.09 亿 t，占 2.11%；第二产业排放 3.95 亿 t，占 91.69%；第三产业排放 0.12 亿 t，占 2.84%；居民生活消费排放 0.14 亿 t，占 3.36%。2007 年全省单位 GDP 能耗 2.76 t 标准煤/万元（2005 年不变价），比 2000 年的 2.98 t 标准煤/万元减少 8%，比 1990 年的 5.49 t 标准煤/万元减少 50%；单位 GDP 化石燃料燃烧的 CO_2 排放为 6.89 t/万元（2005 年不变价），比 2000 年的 7.46 t/万元减少 8%，比 1990 年的 13.71 t/万元减少 50%；人均化石燃料燃烧 CO_2 排放 10.77 t，比 2000 年的 5.18 t 增加 108%，比 1990 年的 4.06 t 增加 165%（山西省人民政府，2009）。

第二节 主要成就与挑战

一、主要成就

海河流域是中国政治、文化中心，是环渤海重点经济发展区域，近年来流域内各省（市、区）坚持以科学发展观为指导，积极落实节约资源和环境保护的基本国策，通过大力开展节能、产业结构优化调整、提高能源利用效率、发展可再生能源、大力开展植树造林、控制人口增长等措施，大力推进减缓气候变化的相关工作，在控制温室气体排放方面取得了积极成效。

1. 调整优化产业结构，促进向低碳循环经济转轨过渡

根据海河流域地方特色，积极推进国民经济全面协调可持续发展，深入进行结构调整，着力增强自主创新能力，努力构建集约型、节约型、生态型发展模式。根据流域资源和环境容量有限的情况，不再发展高耗能、高耗水和高污染的产业。一方面通过改造提升传统产业，提高传统优势行业的技术水平和产业集中度，延伸产业链，增加产品附加值，产业内部结构得到优化与升级。另一方面大力发展以知识经济为核心的现代服务业和高新技术产业，继续压缩重化工业和常规制造业的规模。同时，必须统筹协调，加快产业结构调整和升级，促进全流域向循环经济和低碳经济转轨和过渡。目前已在河北唐山建立了曹妃甸循环经济示范区，在北京推动北京水泥厂余热利用等国家级循环经济试点项目的实施，开辟了走循环经济发展之路。流域内初步形成了以高新技术产业为引领、以优势产业为支撑、整体快速协调发展的格局。

2. 坚持节能优先，提高能源效率，节能效果明显

积极贯彻"开发与节约并重、节约优先"的方针。流域内各省市制定了节能专项规

划,鼓励节能技术的研究、开发、示范与推广,引进和吸收先进节能技术,建立和推行节能新机制,加大促进能源资源节约利用政策措施的实施力度,有效地促进了节能工作的开展。2006年河北省万元GDP能耗为1.895 t标准煤,同比下降3.09%,扭转了"十五"以来逐年递增的趋势;万元工业增加值能耗为4.19 t标准煤,同比下降5.59%。全社会节能量为743.88万t标准煤,相当于减少约0.17亿t的CO_2排放;山西省单位GDP能耗由1990年的5.49 t标煤/万元下降到2007年的2.76 t标煤/万元(以2005年不变价计算),年均下降3.97%。按环比法计算,1991—2007年的17 a间,通过产业内部结构优化升级和能源利用效率提高,累计节能5377万t标准煤,相当于减排二氧化碳1.29亿t。2008年,天津市占工业能耗65%的20户"千家企业"万元产值能耗同比下降22.4%,实现节能70万t标准煤,"十一五"期间累计节能259万t标准煤,超额完成国家下达的"十一五"节能目标。北京市严格推进不符合首都功能定位的高耗能、高污染、高排放企业退出工作,2000—2007年共搬迁了约200家工业企业,关停北京焦化厂,搬迁有机化工厂、化二股份,推进了首钢压产搬迁,退出"五小"企业。工业节能降耗成效显著,万元工业增加值能耗从2000年的2.79 t标准煤下降到2007年1.21 t标准煤,相应地累计减少CO_2排放2800万t。

3. 积极发展可再生能源,努力调整能源结构

流域内各省市积极发展低碳能源和可再生能源,改善能源结构。加强了石油、天然气、煤层气和风能、水能、太阳能等能源的开发和利用,支持在农村边远地区和条件适宜地区开发利用生物质能、地热等新型可再生能源,使优质清洁能源比重有所提高。截止到2006年年底,河北省的风电装机容量已经达到32.6万kW,占当时全国风电装机容量的12.5%。到2005年年底,河北省农村沼气用户已达到151.9万户,大中型沼气工程125处;开发利用地热井点136处,种植、养殖利用面积分别为135.07和114.46 hm^2。秸秆发电装机容量为2.4万kW,垃圾发电2.4万kW;推广太阳能热水器404.9万m^2。2005年河北省可再生能源利用量已经达到559.77万t标准煤,占能源消费总量的2.8%,相当于减排1246.6万t二氧化碳。2007年,山西省水电、煤层气发电装机突破100万kW,其中水电装机16万kW;2007年又核准可再生及新能源发电项目18个、总装机容量43.6万kW。北京大力发展优质能源,实施以天然气替代煤炭为主的能源结构调整,煤炭占能源消费总量比重由1990年的76.9%下降到2007年的38.0%,天然气由1.4%上升到9.0%。同时积极发展可再生能源,2007年可再生能源(不含传统生物质能)消费量占能源消费总量比重达2%。

4. 开展植树造林和绿化,森林碳汇有较大增加

森林是陆地生态系统的主体,在吸收二氧化碳、转化碳方面发挥着主导作用。随着海河流域重点林业生态工程的实施,植树造林取得了较大成绩。到2005年年底,河北省林业用地面积858.1万hm^2,占全省总土地面积的45.7%,有林地达到434.1万hm^2,森林覆盖率为23.3%,比2000年增加了3.8个百分点。同时积极实施天然林保护、退耕还林还草、草原建设和管理、自然保护区建设、城市绿化等生态建设与保护政策,进一步

增强了林业作为温室气体吸收汇的能力。1980—2005 年河北省林木生长累计净吸收约 2.17 亿 t 二氧化碳;2008 年,天津市林地面积 18.05 万 km^2,活立木总蓄积量 525 万 m^3,林木覆盖率达到 19.3%,比 2000 年增加 3.3 个百分点,到 2008 年森林碳汇累计增加 260 万 t 二氧化碳;2007 年山西省全省有林地面积 347 万 hm^2,活立木总蓄积量 8846.96 万 m^3,森林覆盖率 14.12%,比 1990 年增加 6.0 个百分点,森林碳汇增加了 6882 万 t 二氧化碳当量。

5. 控制人口增长,减少了能源消费

海河流域各省、市坚持计划生育的基本国策,有效控制了人口增长,对经济可持续发展和减少能源消费起到了积极作用。2005 年河北省人口出生率为 12.8‰,自然增长率为 6.1‰,计划生育率 94.7%,连续 14 a 完成了国家下达的人口计划,继续保持了低生育水平。到 2005 年河北省累计少出生人口 3400 万,相当于年减少 CO_2 排放约 1.5 亿 t。山西省 2007 年人口出生率为 11.31‰,自然增长率为 5.33‰,比 2000 年分别低了 1.94 和 2.15 个千分点。通过计划生育,2000—2007 年山西省累计少出生 6.44 万人。天津市 2008 年人口出生率为 8.1‰,自然增长率为 2.19‰,比 1990 年分别低了 7.52 和 7.64 个千分点。通过计划生育,1990—2008 年天津市累计少出生 6.6 万人。

6. 完善政策措施,初步建立了应对气候变化制度体系

海河流域各省、市在坚持科学发展观战略思想指导下,以建设资源节约型、环境友好型社会为目标,制定了一系列法规和政策措施。先后颁布了各省、市节约能源条例、加强节能工作的决定、节能减排综合性实施方案等措施。同时根据各省、市地方特色,先后出台了《河北省防范和应对全球变暖引发极端天气气候事件工作方案》、《中新天津生态城管理规定》、《山西省湿地保护工程规划》、《山西省行业结构调整实施办法》等。上述政策的发布,为海河流域应对气候变化提供了相应的制度支撑,并取得良好效果。

二、主要挑战

海河流域位于环渤海区域,正处于经济快速发展时期,气候条件差、生态环境脆弱、水资源缺乏、能源结构单一、经济结构不尽合理,易受气候变化影响,海河流域应对气候变化的形势严峻,任务艰巨,面临诸多挑战。

1. 对现有经济发展模式提出了挑战

人均资源短缺是制约海河流域经济社会发展的长期因素。在目前技术水平下,海河流域要达到工业化国家平均发展水平,能源消费总量必然要持续增长,人均能源消费和 CO_2 排放将达到较高的水平。因此,必然带来温室气体排放的增加。在全球应对气候变化的大形势下,经济发展与资源环境的矛盾尤其尖锐,为了减缓温室气体排放,海河流域将面临调整产业结构,转变经济发展方式,实现新型的、可持续发展模式的转变还面临着严峻挑战。

2. 对依赖化石燃料的能源结构提出了挑战

海河流域是能源结构以煤为主重要地区之一,水电、风电、生物质发电和太阳能光

伏发电等可再生能源开发滞后,缺乏市场竞争力,在能源生产和消费量中所占比重较低。2005年河北省一次能源消费构成中,煤炭高达89.9%,比国际平均水平(27.8%)高62.1个百分点,比全国高21个百分点。单位热量燃煤CO_2排放比使用石油、天然气分别高出约36%和61%。山西省煤炭资源丰富,能源消费几乎全部来自煤炭。海河流域能源结构调整在一定程度上受到资源结构制约,提高能源利用效率又面临着技术和资金上的障碍,大幅提升可再生能源比重还需很长时间。因此,应对气候变化对流域能源结构调整提出了重大挑战。

3. 对区域和企业技术创新能力提出了挑战

随着海河流域社会经济的发展,区域发展和企业竞争力的提高主要依靠自主创新来实现,但目前在应对气候变化方面的人才和科技储备还比较薄弱,激励创新的体制、机制还不够完善,研发投入不足,重点研究开发优势产业在节能降耗、清洁生产、加工转化方面的核心技术和关键技术,加大科技成果转化力度方面还亟须加强。在全球应对气候变化形势下,在低碳技术研发和产业化的制度机制和市场环境等方面面临严峻挑战。

4. 对应对气候变化能力提出了挑战

海河流域是气象灾害多发地区之一,各类自然灾害连年不断,多年干旱少雨。与全国其他区域相比森林覆盖率低,水土流失和土地荒漠化严重,农业生态环境非常脆弱,水资源形势相当严峻。同时面临着气候监测及灾害预警体系和应急响应能力不足,基础设施建设滞后,抵御气候灾害的能力较弱,对于不断增加的极端气候事件预防和应对措施不充分等,面临着应对气候变化能力不足的巨大挑战。

第三节　减缓对策建议和节能减排重点领域

海河流域在减缓气候变化方面虽然作出了巨大的努力并取得了一定的成效,但在诸多方面仍面临着重大挑战,如何在今后应对气候变化工作中探索出生态与经济协调发展、人与自然和谐共生局面,制定出适合地方特色的减缓对策是我们必须深入思考的重大战略问题。

1. 减缓对策建议

海河流域内各省、市应坚持在可持续发展框架下积极推进减缓气候变化的政策和行动,在调整经济结构,转变发展方式,大力节约能源、提高能源利用效率、优化能源结构,加强林业建设等方面做出努力,减少二氧化碳的排放,增加碳汇和碳储存及碳封存能力。

通过推进产业结构调整,促进规模化发展。加快转变经济增长方式,发展高新技术产业和服务业,努力提高高新技术产业和服务业在国民经济中的比重。大力发展循环经济,淘汰高耗能工艺和设备,强化能源节约和高效利用,建立低碳经济发展模式和低碳社会消费模式。加快节能技术开发、示范和推广,加大依法实施节能管理力度,努力减缓温室气体排放。

优化能源结构,发展可再生能源。采取有力措施,促进太阳能、风能、沼气、地热等新能源和可再生能源利用及核能开发和建设,加快生物柴油能源林基地建设等,提高原油、天然气在能源消费结构中的比重,进一步控制煤炭需求总量,相应减少二氧化碳排放。

强化重点行业管理,减少工业过程中温室气体排放。加强对煤炭、化工、水泥、石灰、钢铁、电石等重点行业生产过程的控制和管理,发展循环经济,提高资源利用效率,推进清洁生产,最大限度减少工业过程中的温室气体排放。

推广先进适用技术,减少农牧业温室气体的排放。结合海河流域的气候和自然条件,通过推广减蒸降耗示范技术、低排放的半旱式栽培技术,采用科学合理的灌溉方式,优化配置肥料资源,合理调整施肥结构,提高肥料利用率,实现节约用肥,控制农牧业温室气体的排放;研究开发优良反刍动物品种技术和规模化饲养管理技术,加强对动物粪便、废水和固体废弃物的管理,加大沼气利用力度,努力降低甲烷排放强度。

加强林业管理,增加碳汇吸收。通过实施植树造林、退耕还林还草、天然林资源保护、能源林基地和农田基本建设等措施,加强重点工程建设,有效提高森林覆盖率,增加有效林地面积,大力改善林业碳汇吸收的能力,实现流域内碳汇吸收能力得到明显增加。

充分利用清洁发展机制(CDM),推动应对气候变化工作开展。通过开展 CDM 合作,有利于引进发达国家减少温室气体排放的能源、环保等方面的先进技术,促进产业技术升级和技术创新,进一步加强气候变化领域的国际合作,为减缓气候变化作出贡献,实现企业、国家和社会共赢。因此,流域内各省市应该抓住有利时机,抢抓机遇,尽快、尽多的开发 CDM 项目,推动 CDM 工作的开展,推进节能减排目标的实现。

2. 节能减排重点领域

优化能源结构与发展清洁能源:加快火力发电技术进步,淘汰落后小火电机组,大力发展大型联合循环机组等高效、洁净发电技术。大力发展煤层气产业,将煤层气勘探、开发和矿井瓦斯利用作为加快煤炭工业调整结构、提高资源利用率、防止环境污染的重要手段,最大限度地减少煤炭生产过程中能源浪费和甲烷排放。大力发展风能、太阳能发电,推进生物质能源的开发和利用,研究开发深层地热发电和海洋能发电技术,推动发展核电,制定清洁、低碳能源开发利用的鼓励政策。促进能源结构优化,减缓由能源生产和转换过程产生的温室气体排放。

提高能源利用效率与节约能源:在冶金行业紧紧围绕产品优化、企业整合、布局调整,积极延伸下游产业链,降低系统成本,减少污染排放。在企业内部加快新技术、新工艺、新装备的推广应用,利用高新技术推进冶金工业的节能减排;在焦化行业依靠科技进步,采用先进工艺和设备,使所有保留的焦化项目能耗、物耗指标优于国家焦化行业准入条件要求,吨焦煤耗减少 0.1 t 以上;在建筑节能方面,进一步推广"节能、节水、节材、节地"建筑,积极推进新型建筑体系,推广应用高性能、低耗能、低耗材、可再生循环利用的建筑材料;在交通运输方面加快节能型综合交通运输体系建设,重点发展电气化铁路、高速公路和管道运输。控制高耗油、高污染机动车发展,严格执行乘用车、轻型商用车燃料消耗量限值标准,鼓励发展和使用低油耗、小排量环保型汽车。在轻工业方面,重点发展节能降噪技术、健康功能技术、变频控制技术、磁控管照明技术、新型光波技术、绿色环保技术、清洁生产技术等。

加强农牧业管理与发展生态农业:提高农业综合生产能力,调整种植、养殖业结构,促进农业向高产优质发展;改革传统耕作方式,推行农业标准化,发展节约型农业;通过实施农业面源污染防治工程,推广化肥、农药合理使用技术,大力加强耕地质量建设,实施新一轮沃土工程,科学施用化肥,引导增施有机肥,全面提升地力,减少农田氧化亚氮排放。普及推广节水灌溉、水肥一体化、物理和生物措施控制病虫害、铺反光膜、生物覆盖、二氧化碳气肥等资源节约型、循环利用型现代生产技术。

加强林业管理与增加碳汇:加强林业法制建设,加快制定天然林保护条例、林木和林地使用权流转条例等专项法规;加大执法力度,完善执法体制,加强执法检查,扩大社会监督,建立执法动态监督机制。大力开展植树造林。积极推进集体林权制度改革和国有林场改革,建立经营主体多元化、权、责、利相统一的林业经营体制,充分调动农民和其他社会主体造林、育林、护林的积极性,促进森林资源总量增加和质量提高,加快形成完备的森林生态系统。搞好林业重点生态工程建设。积极探索新型生态农林关系,培育城市森林体系,实现绿网、水网交融发展。通过有效实施上述举措,保护和增加陆地碳贮存和吸收汇。

小结

气候变化对海河流域的经济、社会和环境总体上具有不利影响,需要实施相应的减缓对策。2005 年河北省、北京市温室气体排放总量为 5.9 亿 t、1.491 亿 t,2007 年山西省温室气体排放总量为 6.23 亿 t、2008 年天津市温室气体排放总量为 1.473 亿 t。海河流域内所属省份积极编制本省(市)的应对气候变化行动方案,并在决策和生产实践中,做了大量应对气候变化的努力,实施了一系列的减缓措施,取得了一定的成效。根据海河流域社会经济发展情况、本身特点和面临的挑战,海河流域在可持续发展的前提下,除了继续做好调整经济结构,转变发展方式,大力节约能源、提高能源利用效率、优化能源结构外,还需改善土地利用方式、加大生态环境保护、增加碳汇功能,特别是针对水资源变化和农业的不利影响,采取加强水资源管理,建设节水型社会和调整种植业结构,促进农业向高产优质发展相应的措施,保证流域水资源安全和粮食生产安全。

参考文献

北京市人民政府. 2010. 北京市应对气候变化方案.
何建坤. 2006. 中国应对气候变化对策的综合评价. 气候变化研究进展. 2(4):147-153.
河北省人民政府. 2008. 河北省应对气候变化实施方案.
山西省人民政府. 2009. 山西省应对气候变化方案.
天津市人民政府. 2010. 天津市应对气候变化方案.

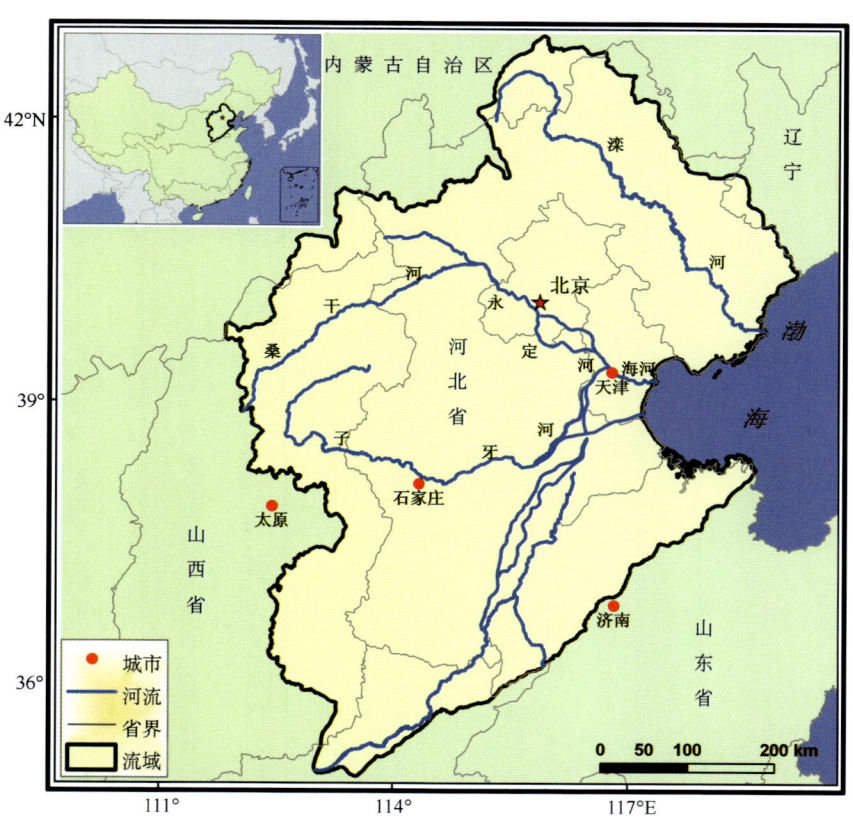

海河流域图